KB072379

수변공간계획

Waterfront Planning

이한석, 강영훈, 김나영 _저

씨아이알

발 간 사

수변공간의 가치가 새롭게 인식되고 이에 대한 연구와 교육이 본격적으로 시작된 지는 불과 십 수년밖에 되지 않았습니다. 그동안 수변공간개발은 바닷가를 대상으로 진행되어 오다가 급기야 강의 수변공간이 항간의 관심을 받게 되었고 강가에 친수공간을 만드는 사업이 많이 시행되었습니다.

그러나 이 책은 바닷가 수변공간, 특히 해양도시의 수변공간을 대상으로 이 공간을 친환경적으로 계획하여 시민 모두가 즐기는 친수공간을 만드는 데 역점을 두었습니다. 즉, 이 책의 기본이념은 '지속 가능한 수변공간의 활용'에 있습니다.

대학에서 '수변공간계획'을 가르친 지 십 년 이상 지났으나 아직 변변한 교과서가 없는 실정에서 이번에 그간 모아온 강의 자료와 연구결과들을 정리하여 대학생과 설계실무자들에게 도움이 되고자 이 책을 만들게 되었습니다.

이 책은 대학에서 '수변공간'의 계획 및 디자인을 공부하는 학생들의 교과서로 사용하기 위한 것이며, 이와 더불어 수변공간 관련 프로젝트를 수행하는 설계실무자들도 참고하면 좋을 것입니다.

이 책은 2014년에 발간된 『해양건축계획』의 자매편이라고 할 수 있습니다. 『해양건축계획』이 수변공간에 들어서는 건물 및 시설물의 계획에 관한 내용을 다루고 있다면, 이 책은 수변의 공간계획에 관한 내용을 다루고 있기 때문입니다. 따라서 수변공간을 제대로 이해하고 잘 계획하기 위해서는 이 책과 함께 『해양건축계획』을 공부하고 참고하면 좋을 것으로 생각합니다.

이 책은 크게 세 부분으로 구성되는데, 먼저 총론부분으로 1장과 2장에서는 수변공간 및 친수공간에 대한 전반적인 개념을 다루고 있으며, 다음은 계획부분으로 3장에서 7장까지 워터프런트계획, 수변경관계획, 수변방재계획, 수변환경계획, 수변레저공간계획을 다루고 있습니다. 마지막은 항만부분으로 8장과 9장에서 최근 이슈가 되고 있는 항만재개발과 어촌·어항개발에 대한 내용을 다루고 있습니다.

이 책의 발간을 계기로 '수변공간'과 관련하여 다양하고 심도 있는 전문도서가 계속 발간되기를 바라며, 이를 통해 우리나라의 해양도시에서 안전하고 수준 높은 수변공간이 지속적으로 조성되기를 바랍니다.

이 책은 내용이나 형식 측면에서 아직 부족한 부분이 많은데, 이 부분은 향후 지속적으로 수정하고 보완하겠습니다.

이 책이 나오기까지 귀중한 자료 및 도움을 주신 분들과 '해양건축디자인연구실'에서 함께 연구했던 변량선 교수님, 정원조 박사님, 조재호 박사님, 조형장 박사님, 심미숙 박사님께 감사드리며, 우리나라 친수공간 연구의 선구자이신 고(故) 장만붕 님을 추모하며 깊은 존경과 사의(謝意)를 보냅니다. 또한 이 책을 흔쾌히 출간해주신 도서출판 씨아이알 관계자분들께도 심심한 감사를 드립니다.

2016년 새 아침
아치섬에서 저자 일동

C·O·N·T·E·N·T·S

04 수변경관계획

05 수변방재계획

06 수변환경계획

07 수변레저공간계획

08 항만재개발

09 어촌·어항개발

CHAPTER 01
수변공간

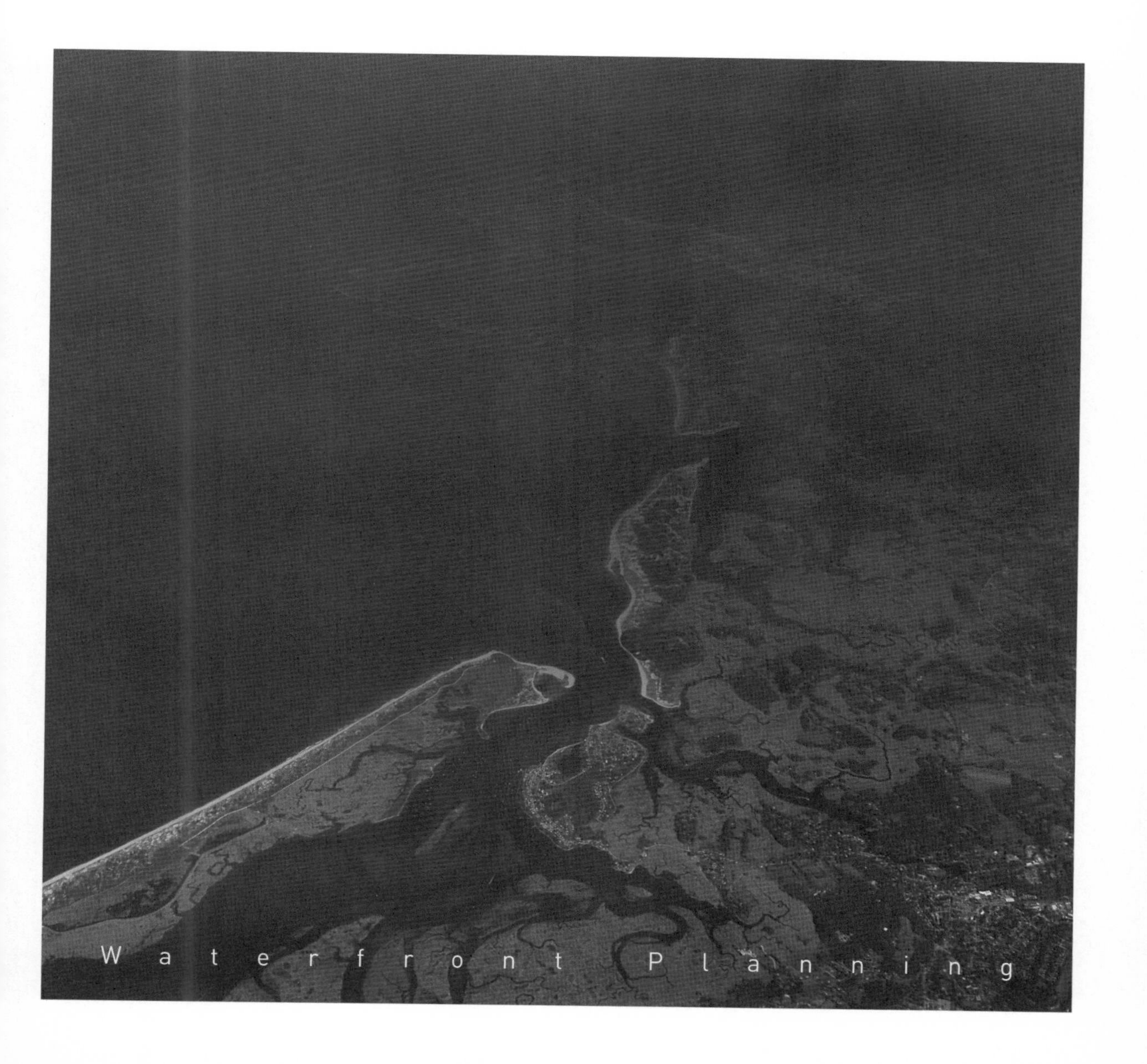

수변공간

1.1 수변공간의 개념

인간의 삶은 '공간'이라는 장(場)에서 이루어진다. 따라서 공간은 그곳에 들어 있는 내용 때문이 아니라 그 자체로서 인간의 정신적·사회적·경제적 삶에 근본적으로 영향을 미친다. 공간이 인간의 삶에 주는 영향을 파악하여 인간의 삶에 바람직한 공간을 만들어내는 행위가 바로 '건축'이다.

지금까지 건축에 대한 우리의 관심은 주로 육지에 머물러 있다. 건축공간은 당연히 땅 위에 지어야만 하는 것으로 알고 있으며, 어쩌다 땅속에 건축공간을 만들어볼 생각을 하고 실제 이루기도 한다. 이와 같이, 건축공간이라 함은 근본적으로 땅(토지)을 전제로 하고 있다.

이러다보니 인구는 증가하고 도시는 개발되는데 토지는 늘 부족하기만 하다. 따라서 토지가격은 상승하고, 부족한 토지를 효율적으로 이용하기 위해 더욱 밀집된 건축공간을 만들게 되고, 건축공간은 땅에서 격리되어 허공에 쌓이게 되었다. 이런 상황에서 우리가 삶의 공간으로서 수변공간에 눈을 돌린 것은 최근의 일이다.

수변공간은 육지와 물이 만나는 경계에 형성되는 공간으로서 수역과 육역으로 구성되며, 인간의 다양한 사회생활과 밀접한 관계를 가진 장소이다. 수변은 육지와 비교하여 훨씬 풍요로운 환경을 가지고 있으며, 또한 생활공간으로서 육지가 가질 수 없는 다양한 장점을 가지고 있다.

이제 우리도 생활공간으로서 수변공간에 대해 깊은 관심을 기울여야 한다. 부족한 땅을 확보하기 위해 점거하고, 파헤치며, 개발하고, 이용해야 할 대상으로서가 아니라, 인간의 삶과 바람직한 관계를 맺는 생활공간으로서 접근해야 할 것이다.

그림 1.1 수변공간

지금까지 수변공간에서는 오랜 전통과 역사를 가지고 있는 어업을 중심으로 한 수산기능과 물류·수송이 중심인 교통 및 항만기능이 대부분을 차지하고 있었다. 그러나 최근에는 수변공간이 업무 및 거주를 위한 장, 에너지 개발 및 각종 폐기물의 처리를 위한 장, 해양목장 등 새로운 수산기능을 위한 장, 석유 및 화학제품 등의 저장을 위한 장, 그리고 해양공원이나 마리나 등 레저·레크리에이션을 위한 장으로서 적극적으로 이용되고 있다.

수제선[1]을 중심으로 육역과 수역으로 구성되는 수변공간은 인간에게 친근한 공간일 뿐 아니라 현재 많은 인구가 거주하고 있으며, 지구환경문제에 결정적인 역할을 한다. 이와 같이 수변공간은 인간의 삶을 영위하기 위한 생활공간으로서 역사적으로 뿌리 깊고, 질(質)적으로도 우수할 뿐 아니라, 일상생활에 적합하며, 쓰임새가 광범위하고 다양하다.

또한 수변공간은 공공공간(public space)이다. 바다는 개인이 배타적으로 소유할 수 없는 공적인 자원인 것처럼 수변공간도 본질적으로 개인이 독점할 수 없고, 시민 누구나 자유롭게 이용할 수 있는 공적인 공간이다. 따라서 수변공간은 시민의 자유로운 접근이 가능하며, 장소의 공유에 따른 시민의식의 연대가 만들어지는 공간이기도 하다.

한편 수변공간은 바다라는 자연에 접하는 자연공간이며, 인류 역사상 많은 문화와 역사가 축적된 문화공간이고, 수평면의 바다가 존재함에 따라 탁 트인 조망을 가진 공간이다. 그리고 수변

1 수제선이란 물이 육지와 만나서 형성되는 선을 의미함.

공간에는 활력이 넘치는 자연생태계와 우수한 경관이 있다.

그러나 수변공간은 바다에 면하기 때문에 접근성이 떨어지고, 토지이용이 다양하지 못하며, 도시생활을 위한 기반시설이 정비되어 있지 못할 뿐 아니라, 태풍이나 해수면 상승 등에 의한 자연재난에 취약한 공간이기도 하다.

표 1.1 수변공간의 개념

구분	계획레벨	공간레벨	행위레벨	기능레벨	유사어
연안 coastal zone	국토계획	국토·지방	국토정책 지역거점	기능배치(조닝)	코스탈존(coastal zone) 베이에리어(bay area)
워터프런트 waterfront	도시계획	지방· 도시지구	도시재개발 지역핵	주거·작업· 휴식	수제역(水際域)
수변 waterside	지구계획 시설계획	지구·수제선	디자인 친수성 창조	휴식	수제공간(水際空間), 임해부(臨海部) 리버프론트(riverfront)

출처 : 이한석·도근영 공역, 『워터프론트계획』, p.3

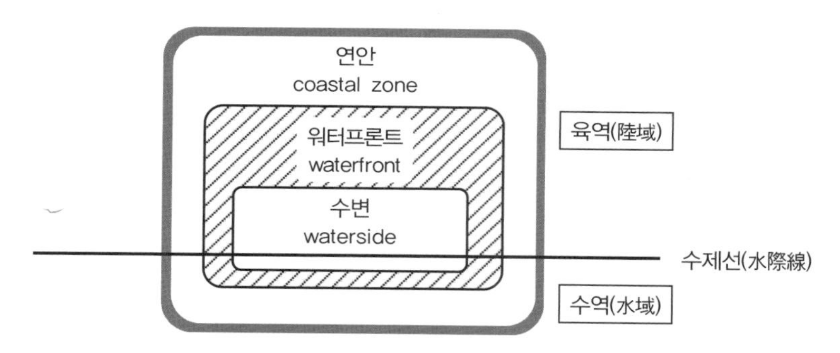

그림 1.2 수변공간의 범위

출처 : 이한석·도근영 공역, 『워터프론트계획』, p.3

수변공간은 '워터프런트(waterfront)'라고도 부른다. '워터프런트'란 일반적으로 수변지역 혹은 수변공간을 의미하는데 그 가운데에서도 주로 항만이 차지하는 수변지역을 의미하였다.

그러나 최근에는 워터프런트가 일반적인 수변공간이라는 의미 이외에 노후화되고 황폐화된 항만이나 산업단지 등을 재개발하여 시민들이 자유롭게 이용할 수 있도록 정비한 친수공간을 의미하게 되었다.

또한 수변공간과 유사한 의미의 용어로는 연안(沿岸, coastal area)이 있다. 연안은 국토계획적인 관점에서 바라본 수변공간으로서, 우리나라에서는 「연안관리법」에 의해 관리하고 있다.

수변공간의 범위는 취급의 관점과 분야에 따라 다르게 정해진다. 수변공간에서 시민의 일상생활을 고려하는 경우에 육역은 물과 관련된 인간생활을 지원하는 범위, 그리고 수역은 물가에서의 인간생활에 영향을 미치는 범위로 정한다. 여기서 인간생활이란 바다를 조망하는 것이나 물을 접촉하는 것을 비롯하여 물가에서 일어나는 모든 삶의 행위를 의미한다.

실제로 연안에서 육역의 범위는 일반인이 쉽게 걸어서 바다에 갈 수 있는 거리인 500m까지 영역으로 정하는 경우가 많다. 「연안관리법」에서는 연안을 연안육역과 연안수역으로 구분하고, 연안육역은 물과 육지의 경계선으로부터 500m 이내의 육지지역 및 무인도서로 정하고, 연안해역은 해안선으로부터 영해외측한계(통상 해안선으로부터 12해리)까지로 정하고 있다.

연안의 이용 측면에서는 수심을 기준으로 하여 수심 50~100m 범위의 영역을 연안수역으로 정하기도 한다. 따라서 연안의 개발을 위해서는 수심 50m까지 영역을 연안수역의 범위로 정하는 것도 타당성이 있다.

그리고 해안경관의 조망 측면에서는 사람이 수변에서 수역을 볼 경우, 혹은 수역으로부터 육역을 볼 경우 대상이 되는 경관요소의 형태나 색에 대한 인식이 가능한 근경역 혹은 중경역(해안선을 기준으로 육역이나 수역 모두 200~500m 이내)이 연안의 범위가 될 수 있다.

1.2 수변공간의 특성

1) 자연의 특성

바다와 육지가 만나는 수변공간은 육지 혹은 바다와 다른 자연의 특성을 가진 공간이다. 지형·지리·기상·공간·생태·법제도·개발현황 등에서 육지나 바다와 다를 뿐 아니라, 수변공간에서는 항상 무언가 새로운 일이 일어나고 있다.

수변공간의 지형을 보면, 하천에서 유출되는 토사는 하구에 삼각주를 만들고 이것이 흘러서 해안을 형성한다. 해안에 운반된 돌, 조약돌, 실트, 점토 등은 층을 형성하며 순차적으로 퇴적하여 충적층의 토지를 만든다. 그러나 이 토지는 아직 젊고, 바다의 작용으로 침식·퇴적·침하를 일으켜서 해안은 변형하며 불안정하다.

수변공간의 환경을 보면, 육지에서 운반된 영양분이 많은 담수는 해수와 섞여서 기수역(汽水域)을 구성한다. 이러한 영역에서는 그 특성에 맞는 생태계가 형성된다. 햇빛이 도달하는 천장(淺場)·간석에서는 많은 유전자와 종이 발생하고, 복잡한 생산·소비·분해가 활발하게 이루어져 그 과정에서 유해물질은 제거되며 산소 등 유용한 것이 생산되어 자연정화가 이루어진다. 그리고 수변공간에서는 각종 동식물이 태어나 성장하며 많은 담수어 및 해수어도 알을 낳기 위해 모인다. 수변공간에서는 지리적 특성·기상·해상·수질·다른 생물계의 영향 등으로 인해 복잡한 생물상이 구성된다.

그림 1.3 수변공간의 자연환경

한편 수변공간에서는 지리적 특성으로 인해 사람과 사람의 교류가 활발하게 이루어진다. 다양하고 많은 물자교환은 산업을 발전시켜 교역의 장을 만들고, 세계적인 경제체계를 만들어내기에 이르렀다. 그리고 한 나라의 문화는 수변공간에서 다른 문화를 받아들여 전통문화와 융합함으로써 새로운 문화를 만들어낸다. 따라서 내륙에서 볼 수 없는 국제적인 도시가 수변에 형성된다.

2) 이용의 특성

수변공간의 이용특성은 수역의 지리적 조건에 따라 큰 차이가 나타난다. 먼저 폐쇄성 수역의 수변공간에서는 일반적으로 정온한 수역을 가지고 있기 때문에 옛날부터 어항이나 항구 등으로서 이용·개발이 진행되어 도시화가 되었고, 수변경관도 매력적인 곳이 많다. 따라서 이러한 수변공간은 역사적 혹은 문화적 유산이 풍부하고, 경제적으로도 가치가 높아서 자칫하면 문화적 혹은 환경적 측면을 무시하고 사업성 위주의 개발 가능성이 크다.

다음으로 외해에 면하는 개방성 수역의 수변공간은 쯔나미(津波)·고조(高潮)·강풍·조류 등의 영향을 직접 받기 때문에 개발에는 불리한 조건을 가지고 있어서 도시화가 늦어진 곳이 많다. 이러한 수변공간은 개발이나 이용을 위해 상당한 투자가 필요하고, 개발에 따른 환경파괴나 경관훼손 등이 쉽게 발생할 수 있다. 따라서 수변공간의 자연적인 특성을 가능한 보전하고 최소한의 개발만을 행하는 것이 바람직하다.

한편 수변공간의 공간적 특성으로서 내륙의 시가지와 비교하여 수평적 확장성을 들 수 있으며, 특히 하구·하천합류부·만곡부(灣曲部) 등은 다이내믹한 공간을 형성하고 있어서 이러한 공간적 특성을 충분히 살린 이용계획의 수립이 요구된다.

또한 수변공간은 조류를 비롯하여 수생동식물의 서식처로서 역할이 크고 생태적으로 아주 민감한 곳이다. 따라서 수변공간의 이용에서는 생태계에 미치는 영향을 파악하여 영향완화조치(mitigation)[2]를 실시할 필요가 있다.

수변공간의 이용 측면에서 살펴보아야 할 중요한 조건을 정리하면 다음과 같다.

첫째, 지형적 조건으로서 수역은 정온해야 한다. 따라서 어느 정도 닫혀 있는 만이나 후미진 곳 등이 개발에 좋은 지형적 조건이다.

둘째, 경관조건으로서 배후에 구릉지나 산이 있고, 앞바다에 섬이 있다면 뛰어난 수변경관을 구성하여 이용의 잠재력이 크다.

셋째, 수변공간은 지형조건이 항상 변화되고, 특히 매립지에서는 지반이 불안정한 곳이 많아 태풍 등에 의해 자연재해를 입을 가능성이 크다. 이 때문에 수변공간의 이용은 강풍, 침수, 해일 등 재해요인에 대비하여 안전한 곳으로 한정된다.

그림 1.4 수변의 매립지

넷째, 수변공간은 토지이용·수역이용·교통조건·인구·산업·역사 등이 독특하기 때문에 이용을 위해서는 이러한 특성을 면밀히 파악해야 한다. 그리고 육역의 입장에서 일방적으로 이용을 결정할 것이 아니라, 변화가 쉽지 않은 수역의 상황을 충분히 고려하여 육역과 수역이 상호 좋은 영향을 미치고, 주변의 토지이용이나 수역이용과 조화 및 연속성을 고려하여 이용한다.

2 미티게이션(mitigation)이란 인간의 행동은 환경에 어떠한 영향을 미친다는 것을 전제로 하여 이 영향을 완화하려는 목적으로 하는 행위를 말함.

수변공간의 개발자 입장에서 보면 수변공간은 낮은 지가, 단순한 권리관계, 큰 이용규모, 자유도가 높은 이용가능성 등 장점을 가지고 있다. 즉, 수변공간에는 도시기능을 수용할 수 있는 도시기반시설이 정비되어 있지 않아 시가지보다는 비교적 지가가 낮은 형편이다.

토지에 얽힌 권리관계(토지소유·건물소유·건물이용 등)를 살펴보면 육역은 역사적으로 권리관계가 비교적 단순하여 이용에 유리한 조건이 많으나, 수역의 경우에는 어업권이란 권리관계가 있어서 이용에 장해요인이 된다. 하지만 수변공간은 내륙의 도시에 비하면 이용에 따른 부담은 비교적 작다고 할 수 있다.

특히 수변공간에서는 이용규모를 비교적 크게 할 수 있다. 대다수 매립지는 물론 항만이나 산업시설의 부지는 상당히 규모가 큰 토지이다. 이렇게 이용규모가 크면 개발 잠재력도 크다. 이외에도 수변공간에서는 수역이 있어서 인접부지로부터 받을 수 있는 불필요한 영향이 줄어든다. 즉, 해당 부지의 이용자유도가 높아서 그만큼 이용자 의도대로 개발하기 쉽다. 그러나 이용규모가 크고 이용자유도가 높은 만큼 체계적이고 합리적인 개발이 요구되고, 특히 개발결과에 대해 사업성뿐 아니라 공공성 확보를 위한 노력이 필요하다.

3) 이용자와의 관계

이용자 측면에서 수변공간의 특성으로는 먼저 기상(氣象)조건, 즉 기온·습도·수온·풍속·풍향 등을 들 수 있다. 특히 신체가 직접 느끼기 쉬운 낮은 기온이나 강한 바람 등은 수변공간의 이용을 어렵게 하거나 불편하게 하므로 공간 구성·시설물 배치·식재 등에 의해 이를 경감시키는 것이 필요하다.

또한 염분·파랑·해류·조석(潮汐)·고조(高潮)·동결 등 해상(海象)조건은 육지에서 경험할 수 없는 것으로서 수변공간에 따라서 조건과 양상이 다르며, 특성을 파악하기조차 어려운 경우도 있어서 충분한 조사와 검토가 필요하다.

무엇보다 수변공간이 사람들로부터 관심을 얻는 것은 '물의 존재' 때문이다. 물은 생명의 근원이며 사람의 오감을 자극한다. 수변공간에서 물의 효용에는 물의 물리적 성질을 활용하여 사람들을 편리하게 하는 '이수성(利水性)'과 마음이나 정서의 활성화에 관계되는 '친수성'이 있다.

이와 함께 수변공간은 수생생물의 서식처이며, 동시에 오염된 물을 정화시키는 작용도 하고 있다. 이와 같이 수변공간에서의 물은 육지나 시가지에서 수경(修景)을 위한 물 혹은 시설물의 일부분으로서 물과는 달리 수변공간의 존재 자체를 위한 본질이다.

그림 1.5 수변, 수면, 하늘

수변공간에서는 수면과 하늘이라 하는 광대한 스케일의 공간도 중요한 특성 가운데 하나이다. 이로 인해 수변공간의 이용자는 밀집된 시가지에서 얻을 수 없는 개방감이나 해방감을 얻을 수 있다. 또한 바다와 하늘이 배경(ground)이 되기 때문에 인공적인 시설물이나 공간들은 여기에 어울리는 그림(figure)이 되도록 적절한 골격과 산뜻하고 알기 쉬운 모양을 가져야 한다.

더불어 수변공간에서는 역사성과 유행성도 중요하다. 수변공간에는 오래된 역사가 축적되어서 숨 쉬는 곳이며, 한편으로는 시시각각 변화하는 사회적·경제적·문화적 현상에 민감한 유행이 꽃피는 곳이다. 또한 수변공간은 인간의 감성에 작용하여 깊은 정서적인 감동과 영혼의 충족을 경험하게 하는 곳이다.

이런 정서적 작용을 일으키는 요소로서 광대한 수면, 파란 하늘, 점점이 떠 있는 섬, 수면으로 튀어나온 곶(岬), 만곡의 해안선, 흰 모래사장, 푸른 송림 등이 있다. 그리고 파도나 너울, 수면에 반사된 햇빛이나 달빛, 수면에 거꾸로 반사된 도경(倒景), 일출과 일몰, 시원한 바닷바람, 철썩이는 파도소리와 해조음(海潮音), 짜릿한 바다냄새 등 자연요소와 선박, 크레인 등 항만시설, 교량, 건물의 스카이라인, 야간조명 등 인공요소가 중요한 감성적 요소이다. 그러나 무엇보다 공간 그 자체가 가장 중요한 감성요소이며, 이렇게 다양한 요소들을 잘 조직하여 조화로운 수변을 만드는 것이 중요하다.

이상에서 설명한 바와 같이 수변공간이야말로 인간이 가지고 있는 자연향수의 욕구, 행동향수의 욕구, 문화향수의 욕구를 모두 만족시킬 수 있는 환경으로서의 자질을 갖추고 있다.

1.3 수변공간의 변화

수변은 모든 문화와 지역에서 가장 원초적인 매력의 대상이다. 사람들은 자연스럽게 수변에 거주하였고, 바다는 생활의 터전이었다. 수변의 소규모 어촌마을은 항구도시로 커나가다가 산업혁명 이후에는 거대한 항만도시로 성장하였고, 오늘날에는 인간중심의 수변도시로 변모하고 있다.[3]

산업혁명으로 산업과 무역이 번성함에 따라 수변공간은 상업적 혹은 산업적으로 활발하게 이용되기 시작하였다. 특히 상업용 및 군사용 선박의 크기와 숫자가 늘어나게 되었고, 이에 따라 수변공간에는 조선소와 같은 대규모 공장과 창고가 들어섰으며, 대형 선박이 정박하기 위한 항만도 건설되었다.

수변공간을 차지한 항만 주변에는 시장과 광장이 들어서고, 도시에서 가장 번화하고 바쁜 곳이 되었으며, 선박들이 항구를 들어오고 나가는 모습은 그곳에서만 경험할 수 있는 특별한 경관이 되었다. 항만은 20세기에 들어서 규모가 더욱 커졌으며, 차츰 시민들로부터 멀어져 갔고, 다만 어항이나 소규모 항구 정도만 시민들에게 개방되었다.

대규모 항만은 도시공간과 단절되었고, 점차 도시기능과 갈등을 일으켰으며, 쾌적한 도시환경과 시민 삶의 질 향상에 골칫거리가 되었다. 또한 선박의 대규모화, 항만기술의 발전 등으로 인해 기존 항만이 쓸모없어지고, 새로운 항만이 개발되면서 도심에 위치한 항만을 재활용하려는 움직임이 일어났다.

그림 1.6 항만의 수변공간

그 결과 수변공간의 대부분을 차지했던 항만은 도시외곽으로 물러나고, 도심 항만공간은 시민을 위한 친수공간이 된다. 항만에 대부분 의존했던 도시경제도 항만을 비롯한 여러 해양산업으로 다양화되고, 항만 자체도 화물을 저장·운반·가공하는 화물 위주의 단일기능 항만에서 친

3 Laurel Rafferty, Leslie Holst, "An Introduction to Urban Waterfront Development", pp.8~9 참조.

수·해양관광·해양레저·해양문화 등을 포함하는 복합기능의 항만으로 변하고 있다.

이와 같이 수변공간이 새롭게 변화되고, 도시공간과 통합되며, 새로운 도시환경이 되고 있다. 수변공간은 시민들의 일상생활과 밀착되고, 문화적 욕구를 충족시키며, 지속 가능한 친환경의 공간이 되고 있다.

이것은 지금까지 수변공간을 대상으로 수립한 이용계획의 재검토와 새로운 비전의 수립이 필요함을 의미한다. 수변공간에 대한 새로운 비전과 계획을 통해 수변에는 시민의 안전·건강·복지의 실현을 위한 도시시설과 수준 높은 문화·레저·교육을 위한 기반시설이 정비되어야 한다.

한편 옛날부터 물자와 정보가 계속하여 교류하고 집적된 수변공간이 새로운 산업공간으로서 중요하게 되었다. 수변공간은 공항·항만·육상터미널이 일체가 된 물류기능, 끊임없이 정보를 집적하고 새로운 정보를 생산하며 교류하는 정보기능, 시민과 방문객들에게 윤택함과 풍요로움을 제공하는 여가환경기능 등 세 가지의 기능이 갖추어진 산업공간이 된다.

수변공간은 수많은 세월을 통해 자기만의 독특한 방식으로 형성되어왔고, 자신의 기억과 스토리를 풍성하게 가지고 있으며, 지역적 특성과 지형을 이용하여 특별한 삶의 무대로서 자리잡고 있다. 과거에는 수변공간에서 산업·교통·어업·침수방지 등이 가능하였지만, 이제는 레저나 주거가 더 중요한 용도로 자리 잡고 있으며, 탈산업화시대에 수변공간은 새로운 생활공간으로 변모하고 있다.

1.4 수변공간의 이용

우리는 좁은 국토공간과 과밀한 인구 덕택으로 일상적인 삶의 터전인 생활공간의 부족에 시달리고 있다. 이런 상황에서 유인도와 무인도를 포함하여 3,300여 개 섬과 15,000여 km에 달하는 해안선을 따라 존재하는 수변공간은 귀중한 생활공간을 제공한다.

특히 다목적으로 이용 가능한 수심 2m 이내 수역은 우리나라 전체 육지공간의 약 20%를 차지한다. 이러한 형편에서 연안에 위치한 지방자치단체나 주민들은 수변공간을 잘 개발하여 소득을 높이고자 한다.

정부에서도 수변공간을 국가의 중요한 공간자원으로 인식하여 다양하게 이용하기 위한 중·장기적인 대책을 마련하고, 친환경적인 수변공간의 이용을 위해 부유식 구조물 등 다양한 기술의 개발과 법제도의 정비에 적극 나서고 있는 형편이다.

또한 수변의 항만공간은 도시와 어울리는 워터프런트로 개발하고, 신규 항만공간은 친수성 항만공간으로 개발하며, 거대한 콘크리트 구조물을 친수성 구조물로 바꾸려는 시도들이 다양하게 진행되고 있다.

구체적으로 수변공간의 이용수법을 알아보면 신개발(New development), 재개발(Redevelopment), 회복(Rehabilitation), 보전(Conservation), 전용(Conversion) 등이 있다.[4]

신개발은 매립지와 같이 새로운 토지의 조성을 의미하는 반면에, 재개발은 기존 토지이용을 폐기하고 새로운 토지이용을 구축하는 것이다. 또한 회복은 기존 토지이용을 바꾸지 않고 부정적 영향을 주는 일부 건물이나 기능을 제거하여 수변의 양호한 환경을 되살리는 수법이다. 이에 대해 보전은 기존의 것을 남기는 것을 원칙으로 하고, 물리적인 변화를 최소한으로 억제하는 수법이다. 전용은 보전의 일종으로서 주로 기존 건물을 물리적으로 보전하면서 기능을 다른 것으로 바꾸는 것이다. 수변공간에 선박을 계류하여 레스토랑이나 호텔 등으로 이용하는 것이 전용의 한 예이다.

수변공간에서 이들 다양한 이용수법은 실제로 병용되고 있으며, 최근에는 회복이나 전용이 빈번하게 눈에 띈다. 수변의 역사나 독특한 분위기를 갖는 건물과 시설물 등을 그대로 남겨서 새로운 건물과 조화되도록 회복시키거나 혹은 시민이 요구하는 기능으로 전용하는 수법이 많이 이용되고 있다.

그림 1.7 수변공간의 이용

현재 수변공간의 이용과 관련된 우리의 상황을 구체적으로 살펴보자.

첫째, 수변공간에 대한 인식에 관한 것으로서, 육지 중심의 시각으로 수변공간을 바라봄으로써 수변공간을 육지의 잉여공간 혹은 보조공간 정도로 취급한다.

4 김성귀, 『해양관광론』, pp.315~323 참조.

둘째, 수변공간의 이용에서 경제적인 개발의 오랜 관습을 바탕으로 육지공간에서 시행해 왔던 무자비한 개발양태를 답습하고 있다. 즉, 수변공간의 본질적 특성을 고려하지 않은 채 수역매립이나 대형 구조물의 건설을 통한 점거방식의 개발이 행해지고 있으며, 이로 인해 자연생태계가 파괴되고, 시민들이 수변공간에서 멀어지고 있다.

셋째, 최근에 늘어난 여가시간과 증가하는 오락의 욕구로 인해 질 낮은 위락시설 및 숙박시설이 무계획적으로 수변공간에 들어서고 있다. 최근에는 대규모 관광레저시설들이 단기간에 가시성과 사업성을 목표로 들어서고 있어서 부작용을 일으키는 경우가 많다.

넷째, 수변공간을 기능적 측면에서 접근하는 바람에 수변공간이 가진 정신적·문화적 가치에 대한 배려가 부족하다. 이와 더불어 외국의 유명 사례를 답습함으로써 우리 고유의 수변문화, 인간생활과 수변공간의 전통적인 관계 등을 무시하는 경우가 많다.

다섯째, 수변공간의 종합적이고 합리적인 이용을 위한 국가·광역·지역·도시 차원의 체계적인 장기플랜이 미비하며, 따라서 정치적 혹은 정책적 목적에 의해 짧은 안목의 계획안이 마련되고 있다. 이에 더하여 수변공간의 이용 및 보전에 대해 적절한 법제도가 미비하여 관리와 이용이 비합리적으로 이루어지는 경우도 많다.

여섯째, 사계절 내내 복합적인 수변공간의 이용이 활성화되지 못하고, 종류와 특성이 다양한 수변공간의 효율적인 활용이 부족하며, 대도시에 근접한 일부 수변공간에만 일시적으로 집중적인 이용이 발생하고 있다.

일곱째, 소중한 수변공간인 갯벌, 도서, 어촌·어항 등이 무분별한 개발 등으로 인해 훼손되고 있다. 특히 도서(섬)는 해양영토의 거점이며 해양문화 측면에서 중요한 존재임에도 불구하고 낙후된 가운데 황폐해져 가고 있으며, 생태적으로 가치가 높은 갯벌은 사라져가고 있다.

그림 1.8 수변공간의 개발 및 훼손

우리와 비슷한 여건의 일본 사례를 살펴봄으로써 수변공간의 이용에 대한 교훈을 얻을 수 있다. 일본은 인구 대비 협소한 육지공간의 한계를 극복하기 위해 1970년대부터 수변공간을 생활공간으로서 활용하려고 국가 차원에서 많은 노력을 기울였다. 특히 국민들의 여가선용과 정서적 만족을 위해 수변공간에 다양한 종류의 레저시설과 친수공간을 조성하였다.

일본에서 제3차 해양개발붐이 1980년대 중반부터 시작되어 1990년대 말까지 지속되었으며 이 시기에 수변에 메가시티(mega-city) 구상을 비롯한 많은 계획안이 제안되었다. 이들 계획안의 대부분은 도시가 가지고 있는 토지부족 문제, 폐기물처리 문제, 교통혼잡 문제, 에너지부족 문제 등을 해결하기 위한 대응책으로서 수변공간을 활용하는 것이었다.

수변공간에 계획된 용도를 살펴보면, 업무나 주거용 시설, 레저시설 등을 중심으로 복합기능을 갖는 계획안이 다수를 차지하고 있으며, 폐기물처리장, 공항 등 단일기능의 특색 있는 계획안도 제시되었다. 이들 계획안의 대부분은 주로 민간 기업에서 만든 것으로서 수변공간이용의 특성을 분석해보면 다음과 같은 유형으로 분류된다.

첫째, 복합도시형으로서 대도시 근교에 위치한 수변공간에 도시문제의 해결을 위해 대규모 복합형 도시를 계획한다.

둘째, 거점개발형으로서 낙후된 연안지역의 개발을 위한 거점으로서 비교적 중규모의 특성화된 도시를 계획한다.

셋째, 기반시설형으로서 교통망 설치를 중심으로 사회기반시설의 정비를 목표로 계획한다.

넷째, 도시생활형으로서 시민들의 삶의 질 향상을 위해 문화·레저·스포츠 등 생활환경을 친환경적으로 계획한다.

그림 1.9 일본의 수변공간이용

이상과 같은 계획안에는 공업사회로부터 정보사회로의 변화에 의한 산업구조의 전환, 세계경제화로 대표되는 사회정세의 변화, 첨단과학기술의 발전 등을 기초로 하여 수변공간을 적극 활용하려는 의도가 나타나 있다.

그러나 이들 계획안의 공통적인 문제점은 자연생태계 및 자연에너지 등 수변공간이 가지고 있는 고유한 특성과 자질에 대해 충분히 배려하지 못했다는 것이다.

특히 육지공간과 다른 성질을 가지고 있는 수변공간을 육지공간의 대체물로서 이용하려는 안이한 사고방식이 큰 문제였다. 다시 말하면 대도시의 육지공간이 안고 있는 도시문제를 해결하기 위해 수변공간을 육지처럼 이용하려고 계획했던 것이다.

한편 1990년대 버블경기가 붕괴되자 수변공간이용계획안의 수가 급격히 줄었다. 이런 가운데 1990년대 이후에 발표된 계획안에서는 지속 가능성의 개념을 반영한 계획안과 국제사회에서 일본의 역할을 강조한 계획안이 눈에 띈다.

이들 계획안의 목표로서 지구환경문제의 해결, 새로운 환경창조, 국제경제의 활성화를 위한 거점정비 등이 제안되었으며, 시설의 특색으로는 부유식 인공시설 및 수변공간의 네트워크를 들 수 있다. 기대효과로는 수변공간을 통한 국제교류, 수변공간개발에 따른 환경부하의 경감과 생태계 회복 등이 공통적으로 나타났다.

이상과 같은 일본의 사례를 통해 우리 수변공간을 전망해보면, 수변공간은 시민의 생활 자체를 차원 높게 만드는 생활공간과 지역의 활성화를 위한 거점이 되어야 할 것이다.

전자는 시민의 일상생활과 밀착되어 삶의 질을 향상시키는 도시공간이며, 후자는 지역의 경제활성화뿐 아니라 동북아시아의 평화와 새로운 국제질서 수립에 기여하고, 지속 가능한 지구환경을 만드는 데 중요한 수변공간이다.

이러한 전망을 바탕으로 수변공간의 미래를 살펴보면 두 가지의 흐름을 예측할 수 있다. 하나는 미래형 수변도시가 새로운 사회 시스템과 사회적 요구를 충족시킬 수 있는 생활공간으로서 전개될 것이다. 즉, 풍요로운 삶이 전개되는 새로운 공간으로서 수변도시가 나타나게 될 것이다.

또 다른 흐름은 경제회복과 국제사회의 요구에 대응하고 국가 경쟁력의 강화를 위해 수변공간이 새로운 거점으로서 정비될 것이다. 결국 국토공간의 미래는 수변공간을 사람·정보·문화·물류의 거점으로서 어떻게 활용하는가에 달려 있다고 하겠다.

이를 위해 향후 수변공간에서는 정보기반시설의 정비, 지식산업 거점시설의 정비, 오픈스페이스의 정비, 도시 폐기물처리시설의 정비, 항만물류 기지의 정비, 수도권 기능의 분산에 따른 거점도시의 정비, 레크리에이션 공간의 정비 등이 이루어질 것이다.

그림 1.10 수변의 항만공간

세부적으로 살펴보면, 수변공간이 새로운 사회시스템을 위한 생활공간으로서 정착하기 위해 먼저 고도 정보사회에 적합한 정보기반시설이 정비되고, 이를 바탕으로 하여 수변공간이 중심이 된 지역 네트워크가 형성될 것이다.

더불어 수변공간이 기존의 작업환경·물류환경·여가환경을 넘어서 진정한 생활환경으로서 정비되어 생활하는 사람들의 안전·건강·복지의 실현을 위한 주거시설이 마련되고, 질 높은 문화·여가·교육의 혜택을 누리기 위한 생활기반시설이 갖추어진다.

또한 수변공간이 국제 물류와 비즈니스 공간으로서 그 유용성과 부가가치가 한층 높아질 것이므로 첨단 항만물류 및 비즈니스 환경이 확립되고, 수변공간의 청정에너지를 활용하는 대체에너지 시스템의 정비가 이루어진다.

수변공간을 둘러싼 이러한 변화에 의해 다양한 이용수요가 크게 증가하여 연안을 포함한 수변공간의 효율적인 이용이 추구되고, 수변공간에 거주하는 인구는 증가할 것이며, 새로운 수변문화가 발달될 것이다.

특히 수변공간에서 첨단물류기지의 확보를 지속적으로 추진할 것이며, 갯벌과 같이 자연환경의 가치가 큰 수변공간에 대해서는 더욱 보전에 힘쓰고, 이와 함께 훼손된 수변공간에 대해서는 복원작업도 활발하게 일어날 것이다.

최근 지구환경문제가 시급하게 됨에 따라 수변공간에 대한 접근방식이 달라지고 있다. 수변공간에서는 독특한 친수성과 인간의 친수행위가 조화되며, 자연환경과 인공환경이 어울려 생명활동이 활성화되고, 자연생태계에의 부담을 최소화하는 지속 가능한 환경이 조성될 것이다.

또한 수변공간은 경제적 합리성이나 생활의 편리성을 기반으로 인간 생활에 진정한 풍요로움을 제공해야 하고, 이와 함께 친수성을 최대한 활용하여야 한다. 수변공간의 최대 매력은 인간이 오감을 통해 편안함을 얻을 수 있는 것이다. 즉, 정서적 마음의 편안함·육체적 건강의 편안함·지적인 정신의 편안함이다. 따라서 수변공간은 이러한 매력이 마음껏 발산되는 환경으로서, 도시의 핵심적 가치를 지닌 친수공간이 될 것이다.

한편 수변공간은 항상 바다로부터 안전을 위협받는 상황에 처해 있다. 따라서 언제 닥칠지 모르는 태풍·해일·지진·호우 등에 미리 대비해야 한다. 최근에는 지구온난화 및 이상기후현상으로 인해 해수면이 상승하고, 강력한 슈퍼태풍이나 집중호우의 가능성이 높아지고 있기 때문에 수변공간의 안전에 대한 위협은 더욱 커지고 있다.

그림 1.11 수변공간의 자연재해대책

따라서 수변공간에서 자연재해 예방대책과 재난 시 피난 및 복구대책을 체계적으로 수립해야 한다. 지금까지 재해대책이 주로 제방이나 호안 등 해안구조물에 의한 방재에 중점을 두었다면, 이제는 도시관리 차원에서 수변공간에 대한 종합적 안전대책이 마련되어야 한다.

수년 전 태풍 매미가 내습했을 때 수변의 고층건물과 아파트들이 심각한 피해를 입었던 것을 보더라도 수변공간과 그곳의 건축물에 대한 방재계획, 특히 강풍과 침수에 대비한 안전대책을 마련해야 한다.

CHAPTER 02

친수공간

친수공간

2.1 친수공간의 개념

세계적으로 친수란 용어는 1970년대 초부터 사용되기 시작했다. '친수'는 처음에는 좁은 의미에서 물놀이, 낚시 등 물을 이용한 레크리에이션 기능을 의미하였지만, 점차 생태계 보전 및 경관을 통한 심리적·정서적 만족 등의 개념을 포함하여 물이 가지는 '친환경적 기능' 전부를 상징하는 넓은 의미로 사용되었다.

이와 같은 친수의 개념이 등장한 것은 수변공간에서 산업화와 난개발 등으로 인해 물이 본래 가지고 있던 친수성이 손상되고 수변공간이 정상적으로 친수기능을 발휘하지 못하게 되었기 때문이다.

친수공간이란 일반적으로 친수성(親水性)이 풍부한 수변공간을 의미하는데, 영어로는 워터프런트(waterfront)라는 말이 1980년대 중반부터 일반화되었다. 친수공간은 수변공간 가운데 시민들이 자유롭게 접근하여 물에 가까이 갈 수 있고, 다양한 형태로 물을 즐길 수 있는 친환경적 공간이다.

친수공간에 대한 큰 오해 중 하나는 수변의 녹지공간만을 친수공간으로 여기는 것이다. 물론 수변의 녹지공간은 친수공간의 하나이지만 친수공간의 전부는 아니다. 이 외에도 수변산책로, 수변광장, 해수욕장 등 시민이 자유롭게 접근하여 물을 즐길 수 있는 공간이 곧 친수공간이다.

일본 풍경학의 대가인 나카무라 요시오(中村良夫)는 친수공간이란 '1차적인 수변기능인 항만

활동뿐 아니라 여타 도시활동 모두를 수용할 수 있는 유연성과 규모를 가진 장소로서, 모든 도시민이 이용 가능한 공공공간'이라고 풀이하고 있다.[1]

그림 2.1 친수공간

이러한 친수공간에는 '물의 효과'와 '공간의 효과'가 함께 작용하고 있다. 물의 효과는 물의 물리적 성질과 작용하는 모습에 의해 발생하는 것으로서, 일상생활을 편리하게 하는 '편리성(便利性)'과 마음을 쾌적하게 하는 '친수성(親水性)'이 있다. 또한 공간의 효과에는 물이 존재하는 공간에 의해 주변 공간이 통일되고 질서가 부여되는 '경관성(景觀性)'이 있다.

이와 같이 물과 공간의 시너지 효과로 인해 친수공간은 사람들이 스트레스를 해소하는 장소이면서 동시에 편안함과 휴식, 그리고 흥미와 즐거움을 얻는 장소가 된다.

친수공간을 정확하게 이해하기 위해서는 '친수성'에 대한 이해가 필요하다. 친수성은 인간이 물과 친해지고 물을 즐길 수 있는 환경의 질(質)로서 수변공간의 어메니티(amenity)를 의미하며, 인간생활과 관련하여 친수공간이 가지고 있는 가장 중요한 특질이다.

친수공간에서의 친수성이란 인간에게 일시적인 심리적 효과를 가져다주는 성질뿐만이 아니라 일상적으로 작용하여 수변공간의 거주환경 및 생활환경의 질을 향상시키는 특성을 의미한다.

친수공간의 친수성 정도는 '친수성이 높다 혹은 낮다.'라고 표현하는데, 친수성의 높고 낮음은 사람이 물에 가까이 가고, 물을 볼 수 있고, 물을 접촉할 수 있는 가능성과 깊은 관계가 있다. 왜냐하면 인간은 물을 보고, 물에 접근하고, 물에 접촉하며, 물을 즐기고자 하는 본능인 '친수욕구'를 가지고 있기 때문이다.

이렇게 친수욕구를 만족시키기 위해 친수공간에서 일어나는 다양한 행위를 '친수활동'이라고

1 나카무라요시오 저, 강영조 역, 『풍경의 쾌락』, p.193 인용.

부른다. 바다를 바라보기, 낮잠, 산책과 같은 정적인 행위에서부터 물놀이, 수영, 보트타기 등 물을 적극적으로 이용하는 활동까지 다양한 친수활동이 있다.

그림 2.2 친수활동

따라서 수변공간의 친수성을 향상시키기 위해서는 사람들이 친수활동을 통해 물과 바람직한 관계를 맺을 수 있도록 적절한 친수공간을 정비하는 것이 필요하다. 즉, 시민들이 물과 쉽게 접촉하고 친수활동을 할 수 있는 공간 및 시설을 조성하며, 수변공간의 경관향상을 통해 시각적 즐거움을 제공하고, 기상조건이나 계절에 관계없이 언제나 수변에서 생활할 수 있는 쾌적하고 깨끗한 환경을 조성한다.

이와 같이 친수성이 풍부한 친수공간에서 인간은 물이 가진 공간적·물리적·경관적 성질을 긍정적으로 지각하며, 정서적인 즐거움과 심리적인 만족감을 얻게 되고, 환경의 질을 높이 평가하게 된다.

2.2 친수공간의 특성

친수공간의 가장 큰 특성은 사람들에게 정서적인 즐거움, 육체적인 건강함, 정신적인 편안함을 주는 것이다. 또한 친수공간은 시민의 일상생활을 위한 공간으로서, 문화·사람·정보의 교류공간으로서, 도시의 귀중한 공공공간으로서, 아름다운 해양경관의 핵심공간으로서 의미가 크다.

친수공간은 도시의 공적인 자산으로서 일상생활에서는 접촉할 수 없는 자연을 쉽게 접촉할 수 있는 비일상적인 공간이며, 시민들이 자유롭게 물과 수변을 이해하고 경험할 수 있는 공간이다. 그리고 친수공간은 개인이나 집단에게 레크리에이션 기회를 제공하여 즐거움을 주는 공간이며, 시민들이 언제나 다시 찾게 되는 공간이다.

친수공간은 경제적 측면에서 고용을 창출하고, 부동산의 가치를 높이며, 새로운 비즈니스를 일으키는 공간이다. 친수공간의 워터매직(water magic)[2] 효과가 알려짐에 따라 친수공간이 새로운 경제적 가치를 만들어내고 있다.

친수공간은 새로운 가치의 정보를 발신함으로써 많은 사람들을 수변공간으로 모은다. 사람들이 모여들면 사람·환경·이벤트·물건 사이에 다양한 교류가 유발되고, 이들의 교류는 새로운 서비스를 발생시킨다. 이들 서비스의 집적성이 높아지면 필연적으로 경제가 활성화되며, 동시에 인구의 집적성도 높아진다.

인구의 집적으로 인해 수변공간에 거주하는 사람들이 늘어나면 주변의 토지가격은 상승되고, 그 결과 세입(稅入)이 불어나며, 환경정비에 대한 투자가 확대된다. 이렇게 해서 친수공간에서 새로운 정보의 창조성과 발신성이 더욱 높아지게 되는 선순환과정이 발생한다.

또한 친수공간은 도시공간의 일부로서 교통문제·주택문제·환경문제 등 심각한 도시문제를 해결하고, 도시회복과 새로운 도시형성에 이바지하는 공간이다.

이러한 친수공간의 특성은 구체적으로 물이 가진 고유의 자질과 잠재력을 긍정적으로 활용하는 것으로부터 생겨난다. 즉, 친수공간의 본질은 물에 있으며, 따라서 물의 질적인 특성이 친수공간의 성패를 좌우한다.

그림 2.3 친수공간과 물

2 곤도 다케오에 의하면 '워터매직'이란 사람을 끌어들이는 물의 마법을 의미함(곤도 다케오 저, 이중우 외 역, 『21세기 해양개발』, p.111 참조).

친수공간과 관련된 물의 자질[3]로는 먼저 정서적 자질(資質)이 있다. 사람의 마음에 풍부함·편안함 등 정서적 반응을 일으키는 물의 자질이다. 이 경우 물의 정경(情景)이 인간의 마음에 감흥을 일으키게 되는데 저 멀리 수평선과 한가롭게 오가는 배를 바라볼 때, 철썩이는 파도소리를 들을 때, 갯바람의 향기를 맡을 때, 신선한 해산물을 맛볼 때, 바닷물에 손과 발 혹은 몸 전체를 담글 때, 아름다운 해안을 따라 한가롭게 걸을 때 사람들의 마음은 알지 못하는 사이에 만족감을 얻고 치유된다.

즉, 친수공간의 핵심은 오감을 통한 물과의 접촉에 의해 인간의 심리·생리에 좋은 효과를 얻는 것이며, 따라서 오감으로 체험하는 물의 질이 매우 중요하다. 시각적으로 물은 깨끗하고, 촉각적으로 물의 흐름·온도·점도 등이 적당하며, 다양한 물소리를 들을 수 있고, 물의 냄새나 맛도 건강한 것이어야 한다.

또 다른 물의 자질로는 질서를 부여하는 자질이 있다. 이것은 수면 위에 있는 사물을 실제보다 떨어져 보이게 한다든지, 난잡한 수변공간을 일체적이고 정돈된 분위기로 만든다든지, 혹은 물이 있음으로 인해 들뜬 분위기를 진정시키는 등 물의 성질을 말한다.

한편 친수공간의 특성 가운데 중요한 것 하나가 경관이다. 여기서 경관이란 단순히 시각적인 모습만을 뜻하는 것이 아니라 오감을 통해 느끼는 친수공간의 본질적 속성이라고 할 수 있다. 물론 오감 가운데 시각이 가장 중요한 역할을 하는 것은 틀림없다.

친수공간의 경관은 물과 공간이 품고 있는 고유한 매력으로부터 생겨난다. 매력 있는 친수공간에서는 사람과 물·물과 공간·사람과 공간의 관계가 무리 없이 자연스럽게 조화되고, 또한 친수공간과 그 배경이 되는 도시가 조화로운 관계를 형성한다. 특히 수역의 공간구성, 수역에서의 활동, 수역으로의 조망 등으로 인해 물의 매력이 한층 발산된다.

이상에서 살펴본 바에 따르면, 물은 인간의 정서적 욕구에 대응하는 자질과 도시공간의 구성에 작용하는 자질을 동시에 가지고 있다. 친수공간은 이러한 물의 잠재력 곧 워터매직의 효과를 적극적으로 도입하고 활용한 수변공간이다.

이렇게 볼 때 친수공간에 들어서는 건축물은 친수성이 풍부한 것이어야 한다. 친수성을 본질로 하는 건축물이 '해양건축물'이다. 해양건축물은 바다의 고유한 자질을 활용하여 인간·건축물·바다 사이에 바람직한 관계, 즉 친수관계를 형성한다. 또한 해양건축물은 바다의 독특한 자연현상, 아름다운 해양경관, 신비로운 바다 이미지를 적극적으로 끌어들여 바다와 일체가 된다.

---

3 곤도 다케오 저, 이중우 외 역, 앞의 책, pp.112~113 참조.

그리고 친수공간의 중요한 특성 중 하나는 열린 조망성이다. 수변에서는 원래 수역을 향해 시계가 넓어지며, 이러한 조망을 살리는 것은 친수공간을 만드는 데 기본이 된다. 해수욕장이나 수변공원, 그리고 레저용 친수공간에서는 사고를 예방하기 위해서도 조망이 중요하다.

친수공간에서 조망을 확보하기 위해 수변의 지형적 조건을 이용하고 이것이 어려운 경우에는 전망용 데크나 타워 등을 설치한다. 특히 수변산책로에서는 고저차를 마련하거나, 수변과의 거리를 변화시켜서 시점과 수면과의 관계를 수시로 변화시키는 등 조망의 연속성(시퀀스, sequence)을 확보한다.

2.3 친수공간의 역사

우리나라에서 친수공간이라는 용어가 처음 사용된 것은 1980년대이다. 물론 친수공간은 옛날부터 존재해왔지만 도시공간의 일부로서 친수공간을 적극적으로 조성하게 된 것은 도심의 항만을 재개발하기 시작하면서부터이다.

20세기 중엽까지 크게 성장한 대규모 항만들은 도시 공간과 단절되었고, 항만은 점차 도시 기능과 갈등을 일으켰으며, 쾌적한 도시환경과 시민 삶의 질 향상에 골칫거리가 되었다. 또한 선박 대규모화, 항만기술 발전 등으로 인해 기존 항만이 쓸모없어지고 새로운 항만이 도시 외곽에 개발되면서 도심에 위치한 항만을 도시 기능에 맞게 재활용하려는 움직임이 일어났다.

내륙에 위치한 어항이나 작은 항구들도 주변 경제 여건이 변하고 수로를 통한 무역활동이 쇠퇴함에 따라 수변을 친수공간으로 활성화하여 관광객을 끌어들이고, 시민들에게 어메니티와 레저를 제공하는 공간으로 변모하고 있다.

미국 및 유럽에서는 1960년대부터 노후화된 항만을 재개발하여 친수공간을 조성하여왔는데, 초기 항만재개발의 대표적인 예로는 미국 볼티모어 내항지구 재개발, 호주 시드니 달링하버 재개발, 영국 런던 도크랜드(Docklands) 재개발 등이 있다.

이와 함께 미국 시애틀 항은 제48번 부두에서 제70번 부두까지 20개 부두와 그 주변지역을 재개발하여 도시 명물인 친수공간을 만들었고, 보스톤 항에서는 폐쇄된 찰스타운(Charlestown) 해군조선소를 재개발하여 시민들이 거주하는 주거지역과 레크리에이션 지역으로 바꾸었으며, 캐나다 밴쿠버 항에서는 오염된 공업지역인 그랜빌아일랜드(Granville Island)를 재개발하여 관광객과 시민들이 사랑하는 친수공간으로 만들었다.

그림 2.4 독일 함부르크 친수공간

유럽에서도 사정은 비슷하다. 이탈리아 제노바 항은 도심의 항만을 유럽에서 가장 근사한 친수공간으로 재개발하였으며, 영국 카디프 항에서도 황폐해진 내항을 재개발하여 도시에서 가장 활기가 넘치는 친수공간으로 만들었고, 독일의 함부르크 항에서는 항만을 재개발하여 살기 좋은 하펜시티(HafenCity)를 만들었다.

호주에서도 시드니 항은 항만 전체를 체계적으로 재개발하여 세계적으로 모범적인 친수공간을 만들었으며, 멜버른 항에서는 항만과 강변을 연계하여 재개발함으로써 도시 전체가 활력이 넘치게 되었다.

그림 2.5 호주 멜버른 친수공간

일본에서는 1980년대 말에 동경항의 다케시바(竹芝) 부두 재개발을 시작으로 동경임해부도심건설, 요코하마 항 오산바시 부두 재개발 등을 통해 노후화된 항만을 새로운 친수공간으로 창조하였다.

그림 2.6 일본 요코하마 친수공간

한편 1990년대 중반부터 유럽을 중심으로 지역특성에 맞는 항만재개발사업이 일어났는데, 상업시설 중심의 미국식 항만재개발사업에 대한 반성과 함께 지역적으로 특화된 항만재개발사업이 시도되었다. 이에 따라 친수공간도 지역의 역사·환경·문화적 특성에 적합하게 조성되었다.

2000년대에 들어서는 그동안 진행되었던 항만재개발사업의 성과를 평가하는 작업이 미국과 유럽에서 시도되었으며, 이런 평가 작업을 통해 항만재개발사업의 성공요인과 전략을 발굴하였다.

그동안 세계적인 사례를 통해 도시의 수변공간에서 친수공간이 만들어지는 과정을 살펴보면 다음과 같은 일반적인 패턴을 발견할 수 있다.[4]

첫째, 항만기술의 발전·해운선박의 대형화·항만과 도시의 갈등·기존 항만기능의 쇠퇴·항만시설의 노후화 등으로 인해 항만에서 사람이 빠져나가고, 수변공간은 유휴지가 되며 슬럼화가 진행된다.

둘째, 시민들의 경제적 수준 증가·자연환경에 대한 인식 제고·도시 확장에 따른 새로운 공간 요구·친수공간의 요구 증대 등으로 인해 지역예술가나 일부 시민들이 텅 빈 수변공간으로 이동한다.

셋째, 기존 수변공간의 폐쇄성에 대응하여 도시 발전 측면에서 수변공간의 개방에 대한 요구가 생겨나고 이들 사이에 갈등이 증폭된다.

넷째, 도시공간과 수변공간 사이에 갈등이 커짐에 따라 국가나 지방자치단체의 본격적인 개입이 이루어져 토지매입·개발비전 및 가이드라인 제시 등이 이루어진다.

다섯째, 정부나 지방자치단체가 수변공간에 도시기능을 위한 기반시설을 정비하고, 기반시

4 Rinio Bruttomesso, “Complexity on the urban waterfront”, Richard Marshall(ed.), Waterfronts in Post-Industrial Cities, p.45 참조.

설이 완성되면 국가나 지방자치단체는 토지를 제공하며, 기업은 자금을 제공하여 본격적인 개발이 일어난다.

여섯째, 이러한 수변공간의 개발에 따른 결과로서 새로운 친수공간이 창출되고 시민들이 이용하게 된다.

이와 같이 세계적으로 친수공간의 조성이 활발하게 이루어지고 있는 가운데, 우리나라의 경우 해양수산부가 1998년에 '친수성 항만공간개발 실시계획 검토 및 기본구상'을 발표하였으며, 2001년에는 해양관광 추진업무 가운데 '항만 친수공간의 체계적 조성'을 추진하였다.

또한 2001년에 해양수산부가 『항만 워터프런트개발 사례집』을 발간하여 친수공간의 선진외국사례를 소개하였으며, 2007년에는 항만재개발을 통한 친수공간조성사업을 뒷받침하기 위해 「항만과 그 주변지역의 개발 및 이용에 관한 법률」이 제정되었고, 이 법에 따라 노후화된 무역항을 대상으로 항만재개발기본계획이 수립되었다.

지금까지 여수항·군산항·통영항·장항항 등에 친수공간이 조성되었고, 부산항·인천항·제주항 등에서 친수공간조성사업이 진행되고 있으며, 2020년까지 기존 항만에서 다양한 친수공간조성 및 신항만에서 친수공간조성이 추진되고 있다. 특히 향후에는 새로운 항만의 추가 건설은 거의 끝나고 기존 항만의 재개발사업이 활발하게 이루어질 것으로 예상된다.

그림 2.7 부산 북항 친수공간계획안

출처 : 한국해양대, '부산북항재개발사업 생태도시 구축방안 연구'

한편 부산에서는 신항의 개장과 함께 도심과 인접한 위치에 있는 북항 일반 부두를 재개발하여 도시구조를 개편하고 친수공간을 조성하여 시민에게 되돌려주려는 사업이 진행 중에 있다. 부산항 북항재개발사업은 우리나라 최초의 항만재개발을 통한 친수공간조성사업으로서 향후 지속적으로 진행될 항만재개발사업의 시금석이 될 전망이다.

2012년 4월 국토해양부가 확정·고시한 '항만재개발기본계획 수정계획'에서는 전국 57개 항만을 대상으로 노후·유휴화, 대체항만 확보 여부 등을 조사해 항만재개발 대상 예정지구로서 12개항의 16개소를 확정하였다.

2.4 친수공간의 현황

도시의 수변공간은 본래 시민의 것이다. 그런데 지금 수변공간에서 시민들이 시원한 바람을 맞으며 상쾌하게 걷거나 자전거를 타고 달릴 수 있는 친수공간은 얼마 되지 않는다. 그리고 친수공간으로서 활용할 수 있는 수변공간은 시민들의 접근이 아예 불가능한 경우도 많다.

현재 도시의 수변은 항만시설 및 군사시설 등 보호시설이 대부분 차지하고 있으며, 그 밖에 남은 공간은 상업성 위주로 개발되어 대규모 아파트단지, 호텔, 상업용 건물이 난립하고 있다. 그리고 친수성을 고려하지 않은 교량, 방파제, 호안 등 대규모 항만구조물이 설치되어 있어 시민들의 친수활동이 어렵게 되어 있다.

지금까지 항만, 산업단지, 주거단지 등을 개발하기 위해 수변을 무분별하게 훼손하면서 자연지형을 파괴하였으며, 광대한 면적의 매립으로 인해 수변 및 도시의 기후환경까지 악화되었다.[5]

또한 매립을 통해 얻은 수변공간은 시민 모두의 공공복리를 위해 사용해야 함에도 불구하고 도시환경 개선과 시민들의 생활을 위해 사용되지 못하였다. 따라서 수변은 도시와 단절되었고 접근할 수 없는 장소가 되어버렸다.

특히 항만과 도시를 관리하는 기관이 다르기 때문에 항만과 도시의 통합적 계획안이 마련되지 못하였고, 이러한 관리체제가 고착화되면서 수변은 시민의 삶에 밀착할 수 없게 되었다.

이와 더불어 상업적 가치가 높은 수변매립지에는 초고층 아파트와 주상복합건물들이 숲을 이루며 들어서서 도시로부터 바다로의 조망과 바람의 흐름을 방해하고 있으며, 일부 계층이 수변을 독차지하는 현상이 벌어지고 있다.

5 이한석, 도근영, '매립지 워터프론트의 생태/기후환경 조성 및 개선을 위한 기법개발', pp.133~135 참조.

그림 2.8 도시 수변의 현황

하지만 물을 가까이하고 싶어 하는 인간 본성인 친수욕구로 인해 친수공간은 계속해서 새롭게 회복되면서 도시의 핵심 공간으로 조성되고 있다. 최근에는 수변도시에서 많은 친수공간들이 조성되고 있으며, 또한 연안의 지자체에서는 시민 삶의 질 향상과 관광객 유입을 목적으로 다양한 친수공간을 계획하고 있다.

한편 최근 정부나 지자체에서 발표하는 연안정비계획이나 친수공간조성계획을 살펴보면 외국의 유명한 사례를 모방하거나, 관광객을 끌어들이기 위해 오락시설·숙박시설·유흥시설 위주의 개발에 관심을 기울이면서 정작 시민을 위한 문화공간과 우리 고유의 해양문화에 대한 관심은 부족하다.

해수욕장과 같이 이름난 친수공간에서는 각종 편의시설이나 환경이 잘 정비되고, 곳곳에 해안산책로가 정비되어 시민들로부터 사랑을 받고 있다. 그러나 많은 친수공간의 경우 도시공간과 분리되어 도시구조에 통합되지 못하고, 시민들이 가까이 접근하기 어려운 실정이다.

또한 친수공간에 대해 시민들이 어떻게 생각하고 느끼며 이용하는지, 그리고 시민들이 친수공간에 대해 무엇을 요구하는가에 대한 고민은 없는 실정이다. 더욱이 지역특성 및 시민의 친수요구를 반영하지 못한 계획으로 시민들의 외면을 받거나, 혹은 시민의 요구에 부합되는 디자인의 부재로 시민들의 이용이 불편한 경우가 많은 실정이다.

현재 친수공간은 그 자체의 숫자와 질적인 면에서뿐 아니라 접근성 등에서 만족하지 못할 수준에 있다. 따라서 도시의 수변에는 수변산책로와 녹지공원을 중심으로 친수공간이 더욱 조성되어야 하고, 새로운 친수공간에는 휴식공간과 보행접근로가 잘 정비되어야 하며, 또한 언제나 안전하고 날씨와 관계없이 이용할 수 있는 여건이 조성되어야 한다.

그림 2.9 친수공간의 현황

이와 더불어 기존 친수공간들에는 위생시설, 접근로, 휴식시설 등이 정비되어야 하고, 수변 전체에 걸쳐 산책로와 자전거도로의 네트워크를 정비해야 한다. 이상에서 설명한 친수공간의 현황을 정리하면 다음과 같다.

첫째, 친수공간은 도시별, 지역별로 정비 상태에 많은 차이가 있다. 특히 항만지역이나 산업 지역과 그 인근 지역에서는 친수공간의 정비가 미흡하다.

둘째, 친수공간의 정비는 해수욕장 등 일부 공간을 중심으로 이루어지고 있으며, 어항·어시장·물양장·방파제 등 친수공간으로서 잠재력이 큰 공간의 정비가 제대로 이루어지지 않고 있다.

셋째, 친수공간은 대체로 접근성이 좋지 못하며, 주차장·편의시설·휴식시설 등 기반시설의 정비가 부족하다. 또한 친수공간에서 발생하는 낚시·산책·휴식 등 친수행위에 대응한 시설의 정비가 부족한 형편이다.

넷째, 친수공간은 개별적으로 고립되어 정비되고 있으며, 친수공간들을 연계하여 네트워크를 구성함으로써 그 효과를 높이려는 시도가 부족하다.

2.5 친수공간의 회복

살기 좋은 도시, 경쟁력 있는 도시를 만들기 위해서는 수변에서 가능한 곳부터 차례로 친수공간을 회복하여 시민의 품으로 돌려주어야 한다. 시민들이 자랑스러워하고, 세계 사람들이 찾고 싶어 하는 도시가 되기 위해서는 수변에 시민들이 쉽게 다가갈 수 있는 친수공간을 회복해야 한다. 풍요롭고 아름다운 친수공간은 시민들의 일상생활을 위하여 귀하고 값진 공간이다.

도시의 미래는 삶의 질이 높은 도시를 만드는 데 있다. 이를 위해서 선결되어야 할 것은 도시환경을 개선하는 것이다. 이렇게 도시환경을 개선하는 핵심적인 열쇠는 친수공간을 되살리는 데 달려 있다.

'친수공간의 회복'이란 항만·산업시설·군사지역·아파트단지 등이 차지하고 있는 수변을 되찾아 시민 누구나 자유롭게 이용할 수 있는 친수공간으로 정비한다는 것을 의미한다.

친수공간은 도시 수변의 보석 같은 존재로서 친수공간으로 인해 수변은 살기 좋은 생활환경이 되고, 사람이 몰려들어 지역이 활성화되며, 이곳을 중심으로 도시의 공간구조·산업구조·문화구조가 재구성된다.

회복된 친수공간은 도시를 회복시키는 원동력으로서 도시이미지와 도시환경을 개선하며 도시경제를 활성화시킬 뿐 아니라 시민들의 집단 자아상까지 개선시킨다.

그림 2.10 항만으로부터 회복된 친수공간

도시의 활성화 방편으로서 친수공간을 회복시키는 데는 다음과 같은 몇 가지 요인이 있다.[6]

먼저 도시 수변에서 항만물류 및 조선산업의 공동화가 일어났으며, 또한 1970년대 이후 세계적으로 시민들의 건강과 복지, 그리고 깨끗한 환경에 대해 관심이 크게 일어났다. 이로 인해 무엇보다 수변에서 수질이 깨끗해졌다.

이와 더불어 수변의 역사와 문화를 보존하고 재활용하려는 움직임이 일어났고, 이로 인해 수변의 역사유적이나 경관을 보존하고 복구하게 되었다. 한편 도시들은 항만과 도시의 갈등을 해결하기 위해 버려진 항만공간을 친수공간으로 변화시켰다.

이와 함께 기존 항만에서도 철책을 없애고 항만에 접근하는 공공접근로를 정비하였으며, 항만의 관광프로그램을 개발하고 항만경관을 개선하는 동시에 항만을 바라볼 수 있는 조망장소를

6 Ann Breen and Dick Rigby, 『The New Waterfront』, pp.15~17 참조.

만들어 시민과 관광객들에게 항만을 개방하였다.

한편 도시에서는 물의 네트워크(blue network)가 회복되고 있다. 원래 바다를 비롯하여 강이나 크고 작은 하천들은 풍성한 수계(水系)를 형성하고 있었다. 바다와 강은 본래 물이 자연스럽게 흐르면서 하나의 큰 생태계를 구성하고 있는데, 일부 도시에서는 수중보, 하구언, 낮은 교량, 그리고 수역의 매립을 통해 바다와 강이 인위적으로 둘로 나뉘었다.

이 때문에 물은 자연스럽게 흐르지 못하고, 물길을 따라 사람이나 배가 더 이상 다닐 수 없게 되었으며, 서로 얽힌 수계가 단절되면서 바다와 강은 경화현상에 시달리고, 각종 오염과 자연재해에 대응할 힘을 잃어버렸다.

따라서 바다와 강이 자연스럽게 서로 통하고, 물길을 따라 사람과 배의 흐름이 원활하도록 인위적인 장애물들이 제거되고 있다. 이렇게 회복된 수로를 따라 시민들이 언제나 찾아가 물을 즐길 수 있는 친수공간이 조성된다.

특히 항만은 도시와 통합되도록 재정비하고 친수공간으로 개발하는 것이 바람직하다. 항만에 들어서 있는 콘크리트 구조물들도 친수성 구조물로 바꾸어 시민들이 친근하게 사용할 수 있는 곳으로 만드는 것이 좋다.

항만에 친수공간을 조성할 경우 문화유산으로 보전해야 할 항만시설물, 예를 들어 이전에 축조된 부두·창고·기타 항만구조물 등을 가려내어 소중하게 보전해야 한다.

그림 2.11 항만의 문화유산

친수공간을 조성하는 전략으로는 기능이 떨어지거나 사용되지 않는 수변공간을 친수공간화하는 것이 효과적이다. 수변공간에서 작은 여유공간이라도 친수공간으로 정비하여 시민들에게 제공하려는 노력이 필요하다.

이와 같은 친수공간의 회복은 도시경제에 커다란 활력소가 되는 것은 물론이고, 수변과 도시공간의 부조화로 인해 발생한 많은 도시문제들을 해결하는 데 기여할 수 있다. 또한 시민들의 친수공간에 대한 욕구와 바다에 대한 갈망이 친수공간에서 충족될 수 있다.

친수공간회복의 구체적 방법으로서 수변으로 시민의 자유로운 접근을 보장해야 하며, 이를 위해 도심과 수변을 분리시키는 철도와 도로를 지하화하거나 데크(deck)로 덮어서 두 지역을 연결하는 것이 필요하다. 그리고 시민들이 물과 쉽게 접할 수 있는 공공공간을 수변에 조성하는 것이다.

특히 물에 접근하기 쉽고 접촉하기 쉽게 하는 것은 친수공간에서 가장 중요한 요소이며, 이렇게 일상적으로 물과 접하는 환경이 있으면 저절로 환경악화가 멈추고 양호한 환경이 형성되는 좋은 순환관계를 만들어낼 수 있다.

한편 친수공간은 도시와 깊게 연관되어 있기 때문에 친수공간회복의 성공 여부는 도시의 환경이 건강한가에 달려 있다. 친수공간은 물을 기반으로 하여 공간의 매력을 만들어내고 있기 때문에 투명감이 있는 수질, 빛나는 수면의 존재가 꼭 필요하다. 도시환경의 영향으로 수질이 악화되어 투명감이 떨어지면 경관의 악화를 초래하여 수변에 대한 관심을 저하시키게 된다.

그리고 친수공간에는 다양한 생물이 서식하고 있어 이들 생물의 활동을 바라봄으로써 사람들은 자연의 귀중한 생명력을 배우게 되고, 무기질화된 도시환경 속에서 정신적 안도감을 느낄 수 있다. 생물이 서식하고 있는 환경은 기본적으로 사람들이 물과 친밀함을 느끼기 쉬운 장소가 된다.

그림 2.12 생태계를 고려한 친수공간

따라서 친수공간의 회복에서는 생태계를 배려하면서 자연환경을 자유롭게 누릴 수 있는 친환경의 공간으로 정비하는 것이 중요하다. 자연환경의 보전을 위한 조치를 취하고, 서식하는 동식물의 생태계 유지를 위해 원래 지형이나 단면형태를 회복하거나, 물의 순환이나 수질을 유지할 수 있도록 자연환경의 훼손을 막는 것이 중요하다.

그리고 친수공간은 도시의 '해양문화거점'으로 만드는 것이 필요하다. 이곳에 수변의 역사성과 정체성을 알릴 수 있는 문화기반시설을 구축하고, 도심과 보완적인 역할을 하는 해양문화거점을 조성하는 것이 해양문화도시로 가는 지름길이다.

2.6 친수공간네트워크

도시에서 친수공간을 회복하는 최종적인 목표는 '친수공간네트워크'를 구성하는 것이다. 즉, 수변을 따라 개별 친수공간을 점적(點的)으로 조성하는 것만이 아니라, 도시의 수변 전체에 걸쳐 산재된 친수공간들을 서로 연결하여 친수공간네트워크를 조성하는 것이다. 이렇게 함으로써 친수공간의 효과를 극대화시키고, 도시환경을 획기적으로 개선하려는 것이다.

친수공간을 정비하기 위해 항만지역·산업지역·군사지역·주거지역·해수욕장·도서 등 지역별로 입지적·환경적 특성에 적합한 새로운 친수공간의 창조와 함께 전체 수변을 따라 친수공간들을 연결하여 친수공간네트워크를 형성한다.

친수공간의 새로운 패러다임으로 제시된 '친수공간네트워크' 개념은 미국과 유럽, 그리고 캐나다·호주·뉴질랜드 등에서 적용되고 있으며, 우리와 가까운 일본과 중국에서도 시도되고 있다.

우리의 경우에는 친수공간네트워크에 관한 체계적인 계획이 수립되어 있지 않아서 서로 인접한 수변에 유사한 친수공간들이 무분별하게 조성되고 있다. 이로 인해 친수공간이 효과를 충분히 발휘하지 못하고, 심지어 친수공간의 조성이 자연환경을 훼손하며 해안경관을 파괴하는 현상까지 발생하고 있다.

따라서 시민을 위한 친환경적이며 지속 가능한 친수공간을 조성하기 위해서는 입지특성에 적합한 새로운 친수공간의 창조와 더불어 친수공간들을 체계적으로 연결해야 한다. 이와 같이 수변공간의 부가가치와 잠재력을 높이고, 시민의 여가선용 및 관광수요를 증대시키기 위해서는 도시공간구조와 통합된 친수공간네트워크의 조성이 필수적이다. 따라서 바다·강·호수 등 도시의 수계(水系)를 따라 친수공간네트워크계획을 수립하고 구체적인 실행방안을 수립해야 한다.

친수공간네트워크를 구성하는 실제적인 방법으로는 수변을 따라 연결되는 수변그린웨이(waterfornt greenway)를 만드는 것이다. 수변그린웨이는 녹지와 산책로, 혹은 자전거도로로 구성된 띠 모양의 공간으로서, 흩어져 있는 친수공간들을 연결하여 친수공간네트워크를 만드는 매개체 역할을 한다.

그림 2.13 수변그린웨이

'그린웨이'란 용어는 미국에서 1960년대 본격적으로 사용되기 시작하였으며, 그린벨트(green belt)와 파크웨이(parkway)란 용어를 합쳐 형성되었다. 여기서 그린(green)은 반드시 녹지만을 의미하는 것이 아니고 '환경적인 관점에서 공공에게 좋은'이란 의미를 가지고 있다.

오늘날 그린웨이는 숲과 같은 자연의 오픈페이스와 공원 등을 연결하는 환경회랑(environmental corridor)으로서 광범위한 오픈스페이스체계의 일부분을 형성하며, 야생생물의 이동을 허락하고, 자연경관을 보호하며, 시민들에게 레크리에이션기회를 제공한다. 도시에서 그린웨이는 강·보행자도로·운하·공원·기타 선형요소를 바탕으로 형성되며, 보행자와 자전거를 위한 전용루트로 사용된다.[7]

'수변그린웨이'는 수변에 형성된 그린웨이를 말하는 것으로서, 수변그린웨이가 조성되는 영역은 생태적·문화적·경제적으로 물과 직접 관련된 육역과 수역을 포함한다. 수역에서는 대부분 수심 10m인 곳까지 포함되며, 육역에서는 지형적으로 첫 번째 중요한 돌출이 있는 곳까지 포함된다.

수변그린웨이는 수변산책로가 핵심 구성요소가 되며, 자연보호구역·문화유산·중요한 목적지·상업 및 레크리에이션 장소·공원 및 녹지 등을 연결하여 구성된다. 여기에는 환경적인 측면뿐 아니라 사회적·경제적 측면에서 에코시스템(ecosystem)을 이루는 모든 요소들을 포함하고 있다.

7 김기호·문국현, 『도시의 생명력, 그린웨이』, p.24 참조.

수변그린웨이의 본질은 개별 친수공간들의 결합이다. 수변그린웨이는 수변에 접근성을 보장하며, 개별 주거지·공원·친수공간 등으로 분절된 수변의 오픈스페이스를 녹지 및 공원과 함께 결합된 네트워크로 만들어준다.

또한 수변그린웨이는 중요한 생태환경들을 연결하는 오픈스페이스이면서 생물이 서식하는 회랑이다. 수변그린웨이의 산책로와 녹지공간 시스템은 민감한 자연환경을 침해하지 않으면서 기분 좋게 수변에서 걷거나 휴식하는 데 적합하다. 녹지공간과 일체가 된 수변그린웨이는 친수공간에 접근성과 매력을 향상시키며 수변을 재생시키는 데 중요한 역할을 한다.

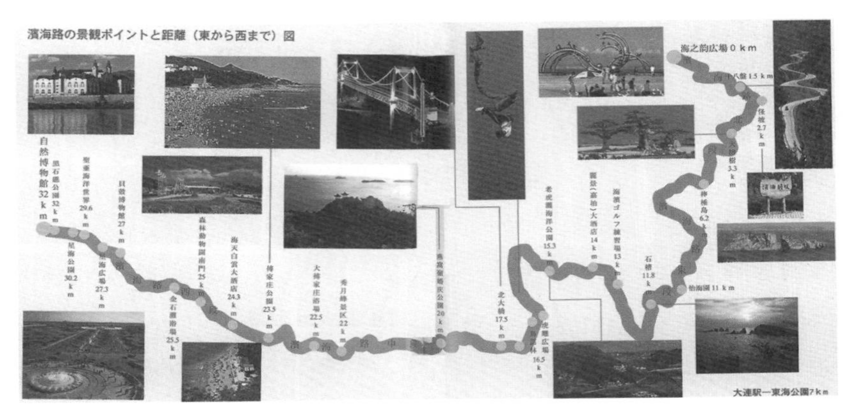

(a) 중국 대련시 친수공간네트워크

출처 : 大連東方視野文化傳播公社編輯, 『大連ひとり歩き』

(b) 부산 해운대 친수공간네트워크

그림 2.14 친수공간네트워크

특히 도시에서 수변그린웨이를 계획할 경우에는 다음 사항을 고려해야 한다.

첫째, 개별 친수공간의 자체 정비에 노력을 기울이는 것뿐만 아니라 친수공간들을 연결시켜 주는 수변그린웨이(산책로, 자전거도로, 녹지)의 체계적인 계획이 필요하다.

둘째, 친수공간들을 연결시키는 수변그린웨이는 반드시 차로와 구분되어야 하며, 통행차량이나 주차된 차량으로부터 보호되어야 하고, 차도의 매연, 소음 등으로부터 보호되어야 한다.

셋째, 수변에 건물 혹은 시설물을 조성할 경우에는 반드시 그린웨이를 개설하여 공공에게 제공해야 하며, 수변그린웨이 주변에서는 담장 제거·녹지 조성·건물과 이격거리 확보 등이 필요하다.

넷째, 교량에서는 자전거 및 보행자의 통행이 안전하고 자유로워야 하며, 교량 끝부분에서 연결이 부드럽게 이루어져야 한다.

다섯째, 수변그린웨이는 지역에 따라 특성화될 필요가 있으며, 주거지·횟집촌·상가·해수욕장 등 주변 여건에 따라 적합한 접근로와 시설을 계획해야 한다.

이상과 같이 수변그린웨이로 연결된 친수공간네트워크에는 시민들이 수변공간의 아름다움을 직접 체험할 수 있는 장소를 발굴하여 조망하기 좋게 가꾸고, 이들을 전용루트로 연결하여 접근하기 쉽게 하는 것이 필요하다.

또한 계절과 날씨에 관계없이 다양한 운동과 놀이를 즐길 수 있는 기반시설의 정비가 이루어져야 한다. 레저시설은 특별한 장소를 선정하여 집중적으로 배치할 수도 있지만, 전체 친수공간네트워크를 대상으로 적절한 위치에 다양한 공간 및 시설을 체계적으로 조성하는 것이 바람직하다.

CHAPTER 03

워터프런트계획

워터프런트계획

3.1 워터프런트의 개념

3.1.1 워터프런트란?

워터프런트(waterfront)는 통상 수변공간이라는 의미와 친수공간이라는 의미 등 두 가지를 가지고 있다. 이 장에서 사용되는 '워터프런트'는 도시회복을 위해 새로운 공간으로 탈바꿈한 수변공간을 의미한다. 즉, 워터프런트는 다양한 수변공간 가운데 도시공간으로서 회복된 공간이며, 여기에 친수성이 더해진 공간을 친수공간이라고 한다.

워터프런트에서는 시설이나 공간의 계획·시공·관리 등을 둘러싼 조건이 내륙이나 도심의 그것과는 사뭇 다르다. 워터프런트는 물에 면하고 있기 때문에 인위적인 변화나 제어가 어려운 환경특성을 가지고 있으며, 따라서 워터프런트계획에 앞서 이에 대한 검토가 필요하다.

특히 수역이 정온한 것은 성공적인 계획을 위해 결정적인 요건이며, 계획의 목적에 따라서 경관조건도 중요하다. 매립지에서는 지반이 불안정하고, 해일·태풍 등에 의해 큰 피해를 입을 위험성이 있기 때문에 각종 자연재해에 대한 안전성도 중요하다.

한편 워터프런트에서 토지이용과 수면이용의 현황은 계획이 성립하기 위한 전제조건이므로 사전에 면밀히 파악해야만 하고, 이를 바탕으로 육역의 조건만을 따라 계획하는 것이 아니라 수역의 상황을 충분히 고려하여 육역과 수역의 연속성·일치성을 고려하는 것이 중요하다.

그림 3.1 워터프런트

워터프런트계획에 영향을 주는 기상조건으로는 기온·습도·수온·풍속·풍향 등을 들 수 있다. 특히 겨울철 낮은 기온이나 시시때때로 부는 강한 바람은 건물과 공간의 배치계획, 식재계획 등에 영향을 준다. 또 염분·파랑·해류·조석(潮汐)·고조(高潮) 등 해상(海象)조건은 계획부지에 따라서 그 특성이 다르므로 충분한 조사·검토가 필요하다.

특히 워터프런트는 바로 앞에 물이 있고 민감한 생태계가 구성되어 있기 때문에 모든 계획에서는 자연생태계를 고려해야 한다. 만일 생태계에 큰 영향을 미치게 되는 계획의 경우에는 사전 영향조사와 함께 미티게이션(mitigation, 영향완화조치)도 함께 계획한다.

무엇보다 워터프런트는 공공성이 큰 성격을 가지고 있으므로 공공을 위한 계획이 우선되어야 하며, 워터프런트의 오랜 역사적 전통과 문화를 존중하고 되살려서 누구나 체험할 수 있도록 계획이 이루어져야 한다.

3.1.2 워터프런트의 계획방향

미국 워싱턴에 본부를 둔 비영리단체인 워터프런트센터(The Waterfront Center)에서는 1999년에 「워터프런트선언(The Waterfront Manifesto)」을 발표하였다. 이 선언은 그동안 경험을 바탕으로 워터프런트의 계획에서 고려해야 할 기본적인 방향을 제시하고 있는데 세계 각국에서 많은 지지를 받고 있다. 「워터프런트선언」은 크게 세 부분으로 구성되어 있으며 각각의 내용을 요약하면 다음과 같다.[1]

1 워터프런트센터 홈페이지 참조.

1) 워터프런트선언

- 물은 물과 접하는 장소의 특성을 결정하는 영향력을 가지고 있다. 물을 장식용이나 실용적인 측면에서만 이용할 것이 아니라 물 자체를 소중하고 귀하게 여겨야 한다.
- 물과 육지가 만나는 특별한 장소인 워터프런트는 지역의 특징과 역사가 숨 쉬는 유한한 자원이며, 도심과 만찬가지로 역동적인 공간이다.
- 세계적으로 워터프런트의 인기는 급상승하였으며 이로 인해 성급하게 워터프런트를 개발하거나 성공사례를 무분별하게 도입하려는 경향이 있다.
- 워터프런트개발에서 1980년대에는 미국식 페스티벌 마켓플레이스(Festival Marketplace)가, 1990년대에는 오락 및 스포츠 장소가 세계적으로 유행하였는데 이것은 실망스런 현상이다.
- 워터프런트개발에서는 기존 워터프런트의 자원을 보전 혹은 활용하여 지역의 독특성과 차별성을 살려내는 것이 바람직하다.
- 물은 공공의 재산이므로 워터프런트 개발에서는 공공의 이익을 우선적으로 고려한다.

2) 워터프런트계획

- 워터프런트의 계획은 장기적이고 종합적인 계획으로서 관련 분야를 모두 포함하여야 하며, 적절한 기술을 사용하여 지속 가능한 성장 및 운영 시스템을 마련해야 한다.
- 워터프런트의 계획단계와 개발 초기부터 지속적으로 지역사회의 참여가 보장되어야 한다.
- 워터프런트의 계획은 경제·디자인·환경 중 어느 하나에만 관계된 문제가 아니라 이들을 포함하여 관련된 모든 분야가 뒤얽힌 복잡한 문제이다.
- 워터프런트의 계획은 10년 이상 장기간 소요되는 개발기간을 고려하여 성급한 결과보다는 조금씩 단계별로 개발이 진행되도록 계획한다.
- 모든 워터프런트는 만(灣)이나 강·강어귀·습지 등이 통합된 더 큰 수역(水域)의 일부분임을 기억한다.

3) 워터프런트개발

- 워터프런트의 개발에는 민간기업의 역동성과 공공기관의 후원, 그리고 시민들의 에너지가 함께 작용해야 성공적인 개발이 될 수 있다.
- 시민의 접근성이야말로 모든 워터프런트 개발의 핵심이다. 따라서 물리적으로나 심리적으로 물가에의 접근이 보장되어야 한다.
- 성공사례에서 배우는 것은 좋으나 무작정 베끼는 것은 피해야 하며, 워터프런트의 개념과 개발내용은 각 장소의 특성으로부터 도출되어야 한다.

- 워터프런트에는 가능한 다양한 시설을 만들어 사회적·경제적 여건이 다른 모든 사람들이 즐겁게 사용할 수 있도록 하고, 어린아이부터 노인에 이르기까지 주간 및 야간 언제나 이용이 가능하도록 한다.
- 워터프런트는 이곳의 자연현상이나 역사·문화에 대한 다양한 설명과 교육이 가능한 장소이어야 한다.
- 워터프런트를 완전히 새롭게 개발하려는 시도는 장소의 특성을 희생시킬 위험이 있으며, 특히 낡고 보기에 좋지 않은 시설물도 물과 깊은 관련이 있는 것은 중요하다.
- 워터프런트 개발 초기단계부터 지역 예술가들이 참여하는 것이 중요하다.

3.2 접근로계획[2]

3.2.1 계획방향

워터프런트는 시민 누구나 심리적으로도, 물리적으로도 장애물 없이 안전하게 접근할 수 있는 공간이어야 한다. 이를 위해서는 워터프런트와 물에 이르는 접근로의 합리적인 계획이 필수적이다.

일반적으로 워터프런트에 접근하는 교통수단에는 도보·자전거·자동차·철도와 수상교통으로서 페리·수상버스·수상택시 등이 있고, 이들 교통수단의 결절점(노드)으로서 주차장·철도역·항만터미널 등이 있다.

그림 3.2 워터프런트 접근로

2 이한석·도근영 공역, 『워터프론트계획』, 제4장 참조.

워터프런트에 이르는 접근로계획의 기본방향을 정리하면 다음과 같다.

첫째, 워터프런트에의 접근로는 지형·교통목적·교통수요·교통수단에 따라서 명확하게 계획한다. 특히 육상교통과 수상교통을 적절히 계획함과 동시에 둘의 연계방안을 마련한다.

둘째, 워터프런트에의 접근로는 워터프런트 내부 교통체계에 적합하게 계획한다. 워터프런트에의 접근로나 내부도로·보행로는 휴식이나 산책 등 레크리에이션 기능과 통근·통학이나 쇼핑 등 일상적인 통과기능을 갖기 때문에 다목적 기능에 대응하여 계획하는 것이 바람직하다. 더욱이 워터프런트는 도시의 교통수단이 집중하는 종착지일 가능성이 크기 때문에 접근로·내부도로·보행로를 효율적으로 배치한다.

셋째, 워터프런트에의 접근로는 공공성을 확보하도록 계획한다. 워터프런트에는 연령·성별·장애의 유무와 관계없이 사람들이 편리하게 접근하고 즐길 수 있어야 한다. 보행자가 접근하기 쉽도록 계단 높이를 낮게 하거나 슬로프를 계획하는 것이 필요하며, 특히 고령자나 장애자 등 교통약자에게 이러한 설비는 꼭 필요하다. 또 자전거나 자동차에로의 접근을 고려해서 슬로프와 주차장을 적절하게 계획한다.

넷째, 워터프런트에의 접근로는 항상 안전하도록 계획한다. 이 경우 안전에는 사고로부터 안전(safety)과 범죄로부터 안전(security)이 있다. 안전사고로는 보행자가 수면으로 떨어지거나 자동차에 의한 교통사고 등을 고려하고, 범죄에 대해서는 야간에 일어나는 다양한 범죄를 고려한다.

수심이 깊거나 고조(高潮) 등에 의한 사고위험이 있는 곳에는 목책 등 안전설비를 설치하며, 특별한 안전설비가 불필요한 경우에도 만일의 사고를 대비해 누구라도 쉽게 사용할 수 있는 비상연락시설 혹은 구명설비를 계획한다.

또한 워터프런트는 야간에 어둡고 사람들이 적은 경우도 많기 때문에 감시의 눈이 미치기 어려운 사각지역이 생겨나지 않도록 계획하고, 야간조명시설과 CCTV 설치 등을 통해 범죄의 가능성을 없앤다.

3.2.2 접근수단

워터프런트에의 접근은 계절·날씨·요일에 따라 크게 수요가 변동하기 때문에 이에 맞는 접근수단과 시설을 계획한다. 특히 피크 시 과다한 교통수요에 대처하는 것이 필요하다. 이를 위해 접근목적에 맞는 복수의 접근수단이나 접근경로를 준비하고, 수요에 대응하여 접근시설의 이용방법을 변경하거나 날씨 변화에 대응할 수 있도록 계획한다.

그림 3.3 워터프런트 수상교통

워터프런트에의 접근은 레크리에이션 이외에도 통근·통학·쇼핑 등 다양한 목적을 가지고 있어서 각자의 경우에 적합한 다양한 교통기관이나 복수의 교통경로를 계획한다. 특히 육상교통과 수상교통을 연결하여 상호 보완하는 것이 바람직하다.

또한 수요 변동에 대응하기 위해 교통기관이나 교통시설을 효율적으로 사용하도록 계획한다. 교통시설은 피크 시 수요량에 대응하여 계획할 수 없으므로 피크 시에는 인접시설이나 유사시설을 대체하여 이용하거나 수요에 맞추어 통행구분을 변경하는 것, 그리고 혼잡 시에 시설의 이용규제 등을 고려하여 계획한다.

수상교통의 경우 파랑이나 풍우(風雨) 등 날씨변화에 의한 결항이 발생하므로 이에 대한 대체 육상교통수단을 고려하며, 도로나 철도 등도 태풍이나 고조(高潮) 등에 의해 불통될 수 있기 때문에 미리 대체 루트를 계획한다.

또한 워터프런트에의 접근수단은 단순한 교통기능만 가진 것이 아니라, 접근하면서 워터프런트에 대한 기대감을 갖게 하거나 경관을 감상할 수 있도록 다른 교통시설 및 주변 토지이용과 조화시켜 계획한다. 특히 통과교통량이 많은 간선도로는 워터프런트 내부를 통과하지 않도록 하고, 워터프런트 접근시설은 이들과 분리하여 계획한다.

또 워터프런트의 다양한 토지이용에 적합하게 접근시설을 계획한다. 예를 들면 주택이나 상업시설이 많은 곳은 보행자 도로나 몰(mall)이 적합하며, 공장이나 사무시설이 많으면 차량 위주의 접근로가 적합하다.

한편 워터프런트에의 접근시설에 다른 용도를 도입하거나 다른 시설과 일체로 계획하면 다목적인 이용이 가능하다. 이로 인해 많은 사람들이 이용하기 쉽고 접근성도 높아질 수 있다.

예를 들어 수상으로의 접근을 위한 선착장이나 마리나에 레스토랑이나 공원을 함께 계획하면 크루징·식사·산책 등 워터프런트에 접근하는 사람들의 다양한 목적에 대응할 수 있다. 이에 따라 집객력이 높아지고 워터프런트의 활성화에 긍정적인 효과를 준다.

그림 3.4 워터프런트 복수의 접근수단

주차장·역·부두 등 터미널시설의 경우에는 효율적인 운영을 위해 이용의 피크가 계절·요일에 따라 다른 상업시설을 조합하여 교통피크를 평준화하거나, 통근·통학·쇼핑 등 일상적인 교통에도 이용할 수 있도록 계획하는 것이 바람직하다.

한편 워터프런트에서는 이동 주체(사람과 물건)·교통목적·교통수단 등에 따라 흐름이 교차하여 위험이나 혼란이 증가하는 경우가 있다. 이를 해결하기 위해 접근시설을 다른 교통수단으로부터 완전 분리하여 단독으로 계획한다. 보행자 전용교량이 그 예다.

또 철도·자동차 등으로부터 도보로 변화하는 등 교통수단이 변화하는 결절점에서는 교통목적에 맞는 동선계획이 필요하다. 예를 들면 철도역에서부터 수변으로 접근하는 보행자 도로 혹은 주차장에서부터 수변까지 별도의 보행자 동선을 계획하는 것이다.

이와 같이 접근시설을 단독으로 정비할 수 없는 경우에는 교통수단별로 공간적으로 분리하여 사용하거나 같은 공간을 시간에 따라 분리하여 사용하도록 계획한다. 폭이 넓은 가로에서는 보도·자전거도로·차도를 공간적으로 분리하고, 또 항만에 출입하는 화물트럭은 보행자와 분리한다. 수상교통에서는 페리나 수상버스의 흐름이 레저용 선박(요트·보트 등)·대형 선박·어선 등의 흐름과 겹치지 않도록 계획이 필요하다.

같은 공간을 시간이나 계절에 따라 다른 용도로 사용하는 접근시설도 있다. 예를 들면 오전에는 트럭이 사용하고 오후부터 쇼핑몰로서 보행자가 사용하는 접근로는 자동차와 보행자의 교통을 시간으로 분할하는 좋은 예이다. 주간에는 접근기능을 가진 보행자 도로이며 밤이 되면 포장마차 거리로 되는 예도 있다. 이와 같이 용도변화에 대응할 수 있는 접근시설은 시간이나 계절에 따라 다른 표정을 가지며 워터프런트의 매력을 증가시킨다.

3.2.3 교통 네트워크

워터프런트에서는 방문객들의 다양한 목적에 맞추어 접근로를 포함한 원활한 교통 네트워크를 계획하는 것이 필요하다. 여기에는 교통수단별 네트워크와 교통목적별 네트워크가 있다.

교통수단별 네트워크에서는 육상교통수단(도보·자전거·자동차)과 수상교통수단을 대상으로 각각의 네트워크가 완결되도록 계획한다. 특히 보행자는 보도나 보행자 전용도로를 이용하여 다른 교통수단(자동차·버스 등)이나 시설(도로·교량·건물 등)에 의해 차단되지 않고 워터프런트에 접근하도록 계획한다. 워터프런트 내에서도 보행자 네트워크가 단절되지 않도록 교량하부나 도로 밑, 그리고 건물부지 내에 별도의 보행자도로를 계획한다.

그림 3.5 워터프런트 보행자 전용도로

자전거는 워터프런트에서 많이 이용되는 교통수단이므로 자전거 전용도로와 자전거 주차장을 정비하여 자전거교통 네트워크를 형성한다. 자동차로 워터프런트에 접근할 경우에는 보행자 네트워크와의 교차를 피하고, 자동차 주차장과 수변을 연결하는 보행자 도로를 계획한다. 이러한 육상교통수단별 네트워크는 각각 단독으로 계획하지 않고 교통수단 전체의 조화로운 네트워크를 형성한다.

수상교통의 경우에는 보트나 요트 등 개인적 교통수단과 수상버스나 관광선과 같이 공적인 교통수단으로 이루어지는데, 이들 수상교통 네트워크는 육상교통 네트워크와 잘 연결되어야 한다. 따라서 수상교통수단과 육상교통수단의 적절한 조합, 이에 따라 이들이 만나는 결절점에 적당한 크기의 환승장이 마련되어야 한다.

워터프런트에서 접근과 교통의 목적은 통근·통학·쇼핑·레크리에이션 등 다양하며 각각의 교통목적에 맞는 네트워크와 시설의 정비가 이루어져야 한다. 특히 레크리에이션 목적의 경우에는 가지고 오는 물건이나 기구 등이 크고 많으므로 이를 고려하여 주차장과 수변을 직접 연결하는 등 세심한 계획이 필요하다.

또한 통근·통학·쇼핑 등 일상적인 목적을 위해서도 워터프런트에서 여러 장소로 용이하게 이동할 수 있도록 교통목적에 따른 흐름을 분석하여 보행자 도로나 자전거도로의 네트워크를 계획하는 것이 필요하다.

3.3 토지이용계획[3]

3.3.1 계획방향

워터프런트의 토지이용은 도시 전체 토지이용과 맞추어 생각해야만 하며, 특히 워터프런트와 배후지역이 하나가 된 토지이용계획이 필요하다. 워터프런트가 도시의 가장자리에 위치하여 도시 경계지역이라는 특성을 살리는 것은 물론 시민의 친수성 요구 및 자연환경에 대한 고려도 토지이용계획에서 중요하다.

또한 워터프런트의 토지이용계획은 원칙적으로 육역에 대한 기능이나 용도의 수립이며, 수역은 기능·용도가 분류되지 않은 공간으로 남겨두는 것이 바람직하다.

워터프런트의 토지이용계획에서 고려해야 할 중요한 사항은 '수변의 개방', '배후지역과 연속성', '생태계 고려' 등이며, 이 사항들은 토지이용계획에서만이 아니라 워터프런트계획 전 분야에 걸쳐 고려해야 할 기본이념이 된다.

먼저 수변의 개방은 누구라도 수변에 접근하여 수변을 이용할 수 있도록 공공공간의 확보를 의미한다. 공원녹지·광장 등 공공시설, 불특정 다수의 사람들이 방문할 수 있는 상업시설 등은 수변의 개방에 상응하는 토지이용이라 말할 수 있다.

수변의 개인소유지 경우에는 사유권이나 관리의 문제로 전면적인 개방이 어렵더라도 1층 레벨을 개방하여 수역으로 접근을 쉽게 하거나, 물에 인접하여 공지를 둔다거나, 시설물을 유리로 마감하여 시각적으로 개방감을 주는 것 등을 생각할 수 있다.

다음으로 배후지역과 연속성은 배후지역과 워터프런트가 위화감 없이 연결되는 것을 말한다. 워터프런트는 그 자체가 아무리 질이 높은 공간이라 해도 그 배후 및 주변지역과 유리된 것은 매력이 반감된다.

따라서 도시의 구조 및 형태와 동떨어진 워터프런트의 계획은 피하고, 워터프런트와 그 배후

3 이한석·도근영 공역, 앞의 책, 제3장 참조.

그림 3.6 워터프런트와 배후지

지역이 기능적·공간적·심리적으로 무리 없이 연속되도록 토지이용을 계획해야 한다.

특히 워터프런트는 물과 관련된 기능이나 시설을 중심으로 토지이용을 계획하는 것이 중요하다. 예를 들면 워터프런트에 항만의 역사를 느끼게 하는 창고거리 혹은 선박회사나 수산 관련 공장 등을 계획하거나 운하 및 하천을 계획하는 것도 바람직하다.

현재 항만·어항 등으로 사용되고 있는 지역이나 오랜 역사가 있는 지역에서는 일반적으로 워터프런트와 배후지역이 일체화되어 있다. 그러나 매립지 혹은 도심과 거리가 멀고 시민의 이용이나 인지도가 낮은 워터프런트는 배후지역과 유리되는 경향이 강하다. 이 경우 성공적인 워터프런트를 위해서는 워터프런트를 도심으로부터 약 2km 내에 위치시키고, 도심과의 연결교통수단을 마련하며, 심리적으로 도심과 워터프런트가 하나로 결합되도록 계획해야 한다.

한편 생태계에 대한 고려는 워터프런트계획에서 물을 비롯한 자연환경을 우선적으로 존중하는 것과 함께 워터프런트에서 물과 즐겁게 어울릴 수 있도록 친수성을 가지도록 계획하는 것을 의미한다.

3.3.2 복합적 토지이용

도시의 워터프런트에서는 대규모 공장부지 혹은 항만공간이 비어 있거나 또는 매립지의 조성으로 인해 광대한 토지를 확보하기 쉽다. 또 전면이 수역이기 때문에 인접지역으로부터의 이용제한 관련 압력도 적어서 이용의 자유도가 높다. 이러한 이유 때문에 워터프런트에서 토지의 효율적 이용을 위해 토지이용을 제한하는 경향이 있다.

이와 같이 소수의 기능에 의한 대규모 토지의 점용은 효율적일 수 있지만, 향후 산업구조나 가치관의 변화 등에 의해 그 기능이 시대와 맞지 않게 되면 워터프런트 전체가 쇠퇴할 위험도

가지고 있다. 따라서 사회변화의 추세에 유연하게 대응할 수 있도록 워터프런트에서는 복합적인 토지이용을 계획해야 한다.

또한 특정 용도만의 단순화된 토지이용계획은 일정 기간에만 워터프런트가 이용되고 나머지 기간은 이용이 현저하게 떨어질 위험이 있다. 그 때문에 다양한 기능이 복합적으로 존재하여 어떤 기간에만 이용이 집중되지 않고 항상 워터프런트가 이용될 수 있도록 하는 것이 바람직하다.

그림 3.7 워터프런트 복합적 토지이용

워터프런트의 복합적인 토지이용계획에서는 수역의존도가 높은 용도부터 수역과 상관없는 용도까지 물에 의존성이 다른 용도의 토지이용을 적절하게 선정하여 복합적으로 배치하는 것이 중요하다. 이렇게 계획하면 특정 기능이나 기간에 이용이 집중되는 것을 피할 수 있으며, 동시에 물에 대한 의식·가치관·생각이 다른 다양한 사람들이 워터프런트를 이용하게 된다.

또한 워터프런트의 복합적 토지이용계획에서는 향후 기능의 변화가 용이한 보류지(공지)를 포함해 계획한다. 이러한 공지는 장래 예측하기 어려운 토지이용의 요구에 대응이 가능하며, 사회변화에 따른 새로운 워터프런트계획의 출발점이 되기도 한다.

이와 같이 워터프런트를 사계절 항상 활성화시키며, 양호한 환경을 유지하기 위해서는 다양한 기능을 복합적으로 도입할 수 있는 토지이용을 기본으로 하여 계획한다.

3.3.3 역사·문화자원 활용

워터프런트계획에서는 획일화 혹은 유사성을 피하기 위해 그 지역이 가지고 있는 개성을 찾아서 살리는 것이 필요하다. 특히 매립지와 같이 역사가 짧은 워터프런트에서는 어디서나 같은 표정을 가지는 개발이 되기 쉬우므로 주의해야 한다.

따라서 워터프런트의 계획은 지형적·환경적 조건 등 워터프런트만의 특성을 충분히 이해하고 그것을 살린 질이 높은 것이어야 할 뿐 아니라, 이것에 추가하여 지역 고유의 개성을 갖춘 계획이어야 한다.

이와 같이 워터프런트의 토지이용에 개성을 지니게 하고, 나아가서는 지역성을 명확하게 하는 계획으로서 고유한 역사나 문화가 생성되었거나 현재 가지고 있는 장소를 중심으로 토지이용을 계획한다.

워터프런트에는 반드시 오랜 역사나 문화를 가지고 있는 지역이나 장소가 현존한다. 또한 현재에는 표면적으로 없는 것같이 보일지라도 깊이 있게 찾아보면 역사적인 유산 혹은 독특한 지형이나 관습 등 유형무형의 역사적 유물과 만날 수 있다. 이들을 추출하고, 선별하여 토지이용계획에서 살리는 것이 중요하다.

그림 3.8 워터프런트 역사·문화자원

워터프런트에서 토지이용계획의 중심으로서 역사·문화적 자원에는 다음 세 가지가 중요하다. 먼저 항만지역에서는 창고 등 항만 관련 역사적 시설물들이 일정한 장소에 집중적으로 형성되어 있다. 이러한 장소를 중심으로 토지이용계획을 수립하면 개성이 풍부한 워터프런트를 만들어낼 수 있다.

다음으로 워터프런트에는 독특한 지형적 조건을 가진 곳이 있다. 예를 들면 자연적으로 생성된 만이나 수역을 둘러싼 언덕 또는 산 등을 들 수 있는데, 이러한 지형적 조건을 잘 살려서 계획하면 워터프런트에 개성적인 분위기를 만들 수 있다.

또한 워터프런트의 역사적인 분위기를 중심으로 계획할 수 있다. 예를 들어 이전 조선소나 항만의 수제선 형태를 그대로 이용하면 개성 있는 토지이용계획을 할 수 있다. 바다에 돌출된 예스런 부두가 남아 있는 곳에서는 부두를 중심으로 낡은 목재로 지은 시설을 계획하여 부두의 역사를 느끼게 할 수 있다.

3.4 수공간계획[4]

3.4.1 계획방향

워터프런트의 특성은 대부분 전면에 있는 수역, 즉 수공간의 존재에 의한 것이다. 여기서 워터프런트의 '수공간'이란 땅의 영역인 육역에 대응하는 물의 영역인 수역에 해당하는 공간으로서 수면·수중·수상의 공간 전체를 포함한다.

그림 3.9 워터프런트 경관

워터프런트의 수공간계획을 위해 다음 사항을 고려한다. 먼저, 해당 수역의 특성을 인식하고, 그에 적합한 이용계획을 수립하는 것이 중요하다. 수역의 종류는 물론이고, 수역의 면적·수량·수심 등 규모와 수역의 형상·조석·파랑·조류 등에 의해 수공간의 쓰임새는 크게 달라진다. 특히 파도나 바람 등 자연의 힘은 수역에서 대단히 강하며, 장소나 계절에 따라서 제어하기 어려운 경우도 많다.

둘째, 수공간계획에서는 시각·청각·후각·미각·촉각 등 오감을 통해 워터프런트의 환경을 느낄 수 있도록 계획하는 것이 필요하다. 보통 환경의 질을 '경관'이라고 하며, 수공간에서는 시각적 경관뿐 아니라 다른 네 가지 감각적 경관도 중요하다. 따라서 이들 오감에 의해 느끼는 경관의 전체적인 조화가 수공간계획의 요점이라고 할 수 있다.

수공간에서는 시각 이외의 감각을 자극하는 경관자원이 많이 있으며, 대표적인 것으로 청각적인 해조음이나 파도소리, 후각적인 바다향기나 물고기 냄새, 미각적인 바다의 수산물, 촉각적

4 이한석·도근영 공역, 앞의 책, 제6장 참조.

인 상쾌한 바람 등이 있으며, 이들 경관요소들을 살리는 계획이 중요하다.

셋째, 수공간계획에서는 공간자원으로서 수공간을 이용하는 것이 중요하다. 수공간계획은 수역에 시설을 설치하거나 수면을 이용하는 계획뿐 아니라, 수공간이 가지고 있는 공간적 가치를 계획에 활용해야 한다. 예를 들어 큰 면적의 워터프런트는 만이나 운하 등 다양한 크기의 수공간을 이용하여 적절한 규모로 분할하거나, 어떤 수공간은 아무런 이용도 허락하지 않는 텅 빈 공간으로서 보존하는 등 공간 그 자체를 살리는 계획이 요구된다.

3.4.2 수공간의 특성

워터프런트의 특성은 전면에 있는 수공간의 규모나 형상 또는 수위나 수량의 변화 등 수공간의 특성에 따라 크게 좌우된다. 먼저 수공간 규모에 대해 살펴보면, 면적이 넓으면 개방감이 좋고 다양한 이용이 가능하여 바람직하지만, 한편으로 너무 넓은 수면은 비인간적이고 황량한 공간이 되기 쉽다. 따라서 사람들의 생활과 밀접히 연관된 수면의 크기는 직경 혹은 한 면이 500m 정도의 크기가 좋다.

수공간의 크기가 이보다 큰 경우에는 수공간에 수상시설이나 선박 등을 계획하여 눈길이 머무는 아이스톱(eye stop)이 되도록 하거나, 수제선과 직각방향으로 잔교(pier)형태의 시설을 계획하여 큰 공간을 분절하는 것이 좋다.

특히 워터프런트에 주거지를 계획하는 경우에는 주거지에 인접하거나 주거지로 둘러싸인 수공간의 크기는 직경 혹은 한 변이 300~400m 정도가 바람직한데, 이는 일상적으로 수면을 접하며 생활하는 주민에게는 작은 수면이 적절하기 때문이다.

그림 3.10 워터프런트 수공간

수공간 크기가 주변의 육지나 시설물의 규모와 비교하여 아주 소규모라고 인정되는 경우에는 수면에 어떤 인공적인 시설이나 이용을 허락하지 않고 그대로 두며, 수공간에 인접한 육지의 일부분도 오픈스페이스로 남겨두는 것이 좋다.

다음으로 수공간의 수심에 대해 살펴보면, 깊은 수심과 얕은 수심은 각각 장단점이 있다. 수심에서 중요한 것은 해당 수공간을 항행하는 선박의 종류와 크기에 따라서 안전 항행을 위해 적정한 수심이 확보되어야 한다는 점이다.

한편 수심은 수공간에 구조물이나 시설물을 설치하는 데 기술적·경제적인 제약이 되지 않도록 적정 깊이이어야 한다. 수심이 지나치게 깊어서 부두나 방파제를 만들지 못하면 수공간의 이용은 극히 제한될 수 있고, 수심이 너무 얕은 경우에도 부유식 시설물을 설치하지 못하며, 물밑 진흙이나 퇴적물이 부상·확산하여 수질을 나쁘게 할 위험도 있다.

다음으로 수위나 수량에 대해 살펴보면, 수위나 수량은 가급적 변동이 적은 편이 수공간의 이용에 유리하다. 변동이 큰 수공간에서는 방조제나 방파제 등 외곽시설을 설치해야 하며 수공간 이용을 위한 친수성의 확보도 어렵다.

따라서 먼저 해당 수공간에서 조석에 의한 수위 변동이나 집중호우와 해일 등에 의한 수위 변동의 내용을 파악하고, 이에 따른 대책 마련과 적당한 이용계획 수립이 필요하다. 또한 수공간이나 수변에 설치하는 시설물은 일상적이고 주기적인 수위와 수량의 변동뿐 아니라 이상 기상조건 및 해수면 상승을 고려하여 계획한다.

3.4.3 수면이용계획

워터프런트에서 수면의 표정은 다양하고 개성이 있다. 수심·수량·수저(水底)상황·수질·파도나 흐름의 유무 등에 따라서 달라지며, 계절·시간이나 날씨에 따라서도 시시각각 변화한다. 워터프런트의 이용계획은 이와 같은 다양한 수면의 표정을 고려해야 한다.

특히 정온한 수면은 주위의 풍경을 비추는 거울이 되며 수변의 풍경은 두 배가 된다. 따라서 수면에 가까이 입지하는 시설물의 디자인은 질이 높은 것이어야 하고, 시설물이나 건물의 뒤편이 수면을 향하지 않도록 계획한다.

또한 야간에는 수면으로 인해 빛이 반사되어 한층 더 수변이 부각된다. 따라서 주거지 등을 제외한 수변에는 디스플레이 조명이나 특별한 조명연출 등을 통해 색다른 야간경관을 만드는 것이 좋다.

한편 흐름이 있거나 물결치는 움직임이 있는 수면은 그 자체로서 사람들의 관심을 모으는 효과가 있다. 이러한 수면은 대안(對岸)으로부터 받는 심리적인 영향을 줄이는 완충공간으로서 활용한다.

그리고 물의 흐름이나 파도가 있는 수면은 도시 안에서 자연을 느낄 수 있는 곳이므로 비일상적인 체험의 장소로서 적합하지만 주거지의 수변으로서는 불안감을 주기 때문에 적합하지 않다.

태양이 수면에 반사되어 생기는 반짝임(sun-glitter)은 아름다움과 따뜻함을 주고 밝기가 강하여 사람들의 시선을 모으기 때문에 주위의 바람직하지 못한 경관을 시각적으로 은폐하는 효과가 있다. 그러나 눈의 피로감이나 불쾌감을 일으키는 경우도 있어서 계획에 주의가 필요하다.

그림 3.11 수면의 모습

수변에서는 수면반사광에 의해 빛이 아래쪽에서 위쪽으로 비칠 수 있기 때문에 이 반사광이 수변에서의 빛환경이나 열환경, 인간 활동이나 일상생활 등에 미치는 영향을 충분히 고려하며, 특히 자외선이 많은 곳에서는 사람에게 직접 미치는 영향에 주의한다.

다음으로 수변의 물소리를 이용하여 워터프런트의 분위기를 연출할 수 있다. 해조음 등 작은 물소리는 사람들의 기분을 좋게 하고 심신을 편안하게 한다. 따라서 해조음이 들리는 수변에는 주거지나 공원 등 조용한 공간을 계획한다.

정온한 수역에서는 분수, 수차 등을 계획하여 의도적으로 물소리를 발생시키고 단조로운 수면에 표정의 변화를 주며, 물속에 공기를 주입하여 에어레이션(air-ration) 효과를 얻는다. 또 보트나 요트 등 해양레저기구를 이용하는 경우에는 레저기구에서 발생하는 물소리를 분위기 연출에 이용한다.

한편 수량이 많고 큰 파도가 발생하는 수면에서의 물소리는 사람들에게 자극을 주어 흥분·긴장감을 가져오기 때문에 다이내믹한 환경을 연출할 수 있다. 이 물소리는 소음을 상쇄하기 때문에 소음원이 있거나 많은 사람이 모이는 장소에서 의도적으로 계획한다.

그리고 수면 위에 만들어진 잔교(pier)형식의 테라스나 광장, 부유식 시설물은 그 바로 아래에서 발생하는 물소리를 이용하여 흥미 있는 공간을 계획할 수 있다.

또한 수면에서 발생하는 바다 향기와 물 냄새는 워터프런트에 강한 정체성을 부여한다. 특히 바다 냄새는 수변의 분위기를 높이는 중요한 요소이므로 조망이 제한된 수변에서는 수면으로부터의 냄새와 미각을 이용할 수 있도록 계획한다.

바다 냄새를 맡으면서 수산물을 맛볼 수 있으면 워터프런트에서의 즐거움이 증대되므로 이를 위해 수산물 레스토랑이 있는 피셔맨즈워프(fisherman's wharf, 어부의 선창가)나 식사를 할 수 있는 유람선을 계획한다.

3.4.4 바람과 빛의 이용계획

워터프런트의 수면은 기온을 낮추는 효과가 있으며, 수공간에서는 육지에 비해 바람도 많이 분다. 특히 수공간에는 바람을 가로막는 것이 없기 때문에 바람에 의한 환경변화에 주의한다. 여름에 부는 시원한 바람은 적극 이용하지만 겨울의 차가운 바람에 대해서는 충분한 대비가 필요하다.

수역은 육지에 비교하여 데워지거나 차가워지는 데 시간이 많이 걸리기 때문에 수역과 육지의 기온차가 커지면 이 차이에 의해 해풍·육풍이 발생한다. 봄이나 여름은 수역이 육역보다 차기 때문에 육역의 따뜻한 공기가 상승하고 거기로 수역의 찬바람이 불어 들어온다. 이른바 해풍이다.

반면에 가을이나 겨울에는 수역 쪽이 더 따뜻하기 때문에 반대 현상이 일어난다. 최근 도시의 워터프런트에서는 배후시가지가 항상 열을 발산하므로 육풍이 발생하는 경우는 거의 없다.

이와 같이 워터프런트에서 여름에는 바람에 의해 시원하고 쾌적한 환경이 될 가능성이 높지만, 겨울에는 강한 계절풍으로 인해 춥고 황량한 환경이 지속될 수 있어서 그 대책이 필요하다. 겨울의 강한 계절풍에 대한 해결책으로서 건물에는 바람이 들어오지 않는 방향으로 문을 내거나, 햇볕을 받아들일 수 있는 아트리움을 계획한다. 일시적인 대책으로서 바람막이 비닐스크린도 가능하다.

야외공간에서는 겨울철 풍향을 고려하여 방풍림을 심거나 방풍벽을 계획하며, 산책로나 광장의 경우에는 처음부터 겨울철 바람이 심하지 않는 곳에 배치한다.

수공간에서 부는 바람은 특히 염분과 습기가 많아서 시설물의 방청 및 방습대책을 충분히 검토한다. 모래사장이 있는 곳에서는 바람에 의해 모래가 날아오르기 때문에 방사(防砂) 및 방진(防塵)대책이 중요하다.

또한 바람의 특성을 워터프런트계획에 활용할 수 있다. 예를 들어 항해깃발이나 선박의 깃발 혹은 새롭게 디자인된 깃발을 지붕이나 광장 혹은 도로에 세워서 수변의 특성을 나타낼 수 있다.

그림 3.12 워터프런트 강풍대책

한편 워터프런트에서는 직사일광이 내리쬐므로 사람들을 보호하기 위해 음영공간을 계획한다. 수목을 식재하거나 정자나 파고라를 설치하면 좋고 녹음공간을 위해서는 잎이 무성한 나무를 계획한다. 그러나 이러한 차양장치가 배후로부터 수역으로의 조망을 해치지 않도록 한다.

그리고 워터프런트에서 바닥면은 반사하기 쉬운 색을 피하고 빛을 확산시키는 마감재를 사용하며 탄력이 있어 걷기 쉽고 물이 있더라도 미끄러지지 않는 바닥으로 계획한다.

또 수변에 위치한 건물의 처마는 깊게 하고 개구부에는 차양을 만들어 실내로 직사일광이 들어오지 않도록 계획한다. 특히 대지 서측에 수면이 있는 곳에서는 건물이 저녁 햇볕에 노출되기 때문에 주의한다.

이와 함께 수면반사광을 차단하는 것도 필요하다. 실내에서 수면으로의 조망을 방해하지 않으면서 수면반사광의 실내 입사를 막기 위해서는 창과 차양을 적합하게 계획하고, 창에는 자외선 흡수유리를 사용한다.

3.5 오픈스페이스계획[5]

3.5.1 계획방향

워터프런트는 도시환경을 향상시키는 중요한 어메니티(amenity) 요소이기 때문에 시민 모두가 쉽게 접근할 수 있는 개방적인 환경이 요구된다. 따라서 워터프런트의 산책로, 광장, 녹지,

5 이한석·도근영 공역, 앞의 책, 제9장 참조.

공원, 모래사장 등 오픈스페이스의 계획에서는 이러한 개방성에 역점을 둔다.

이와 더불어 오픈스페이스는 수변이나 배후 도시의 방재측면, 환경측면에서도 중요하므로 균형을 이루어 계획하는 것이 중요하다. 오픈스페이스 계획의 중요한 방향을 정리하면 다음과 같다.

첫째, 오픈스페이스는 배후지역의 안전을 확보하기 위해 수역과 도시공간의 완충지대로서 계획한다. 오픈스페이스는 해수면 상승 등으로 인한 수위 상승 및 고조(高潮) 등에 의한 월파와 침수의 피해를 막기 위한 버퍼존(buffer zone)으로서 중요하고, 방풍림은 강풍, 비사(飛砂), 습기 등 부정적인 환경을 완화시키는 데 중요하다.

둘째, 오픈스페이스는 휴식의 편안함이나 비일상적 체험을 누릴 수 있도록 계획한다. 오픈스페이스는 도시에서 자유로운 정취를 느낄 수 있는 공간으로서 특히 레크리에이션이나 이벤트를 위한 장소로서의 특성을 충분히 갖도록 계획한다.

그림 3.13 워터프런트 오픈스페이스

셋째, 오픈스페이스는 쾌적하고 아름다운 경관을 형성하는 요소로서 계획한다. 녹지의 경우 수변의 불쾌한 시설물을 차폐 혹은 수경(修景)하는 데 효과적이며, 또 물과 초록이 가득한 오픈스페이스는 그 자체가 도시에서 중요한 경관요소가 된다. 한편 오픈스페이스는 트인 조망을 확보하는 공간으로서도 중요하다.

넷째, 오픈스페이스는 자연생태계의 보전을 위한 공간으로서 계획한다. 오픈스페이스에 수생식물이 무성하고 어패류나 곤충, 야생조류 등이 서식할 수 있도록 계획하고, 녹지와 개펄을 적극 도입하여 사라져가는 자연생태계를 보전·복원하도록 한다. 그러나 충분한 공간을 확보하는 것만으로는 부족하며, 수변의 특성이 손상되지 않도록 주의한다.

다섯째, 육역에만 주목하지 말고 수역자체를 자연적인 오픈스페이스로서 소중하게 여긴다. 즉, 수역의 특성을 살리면서 수역과 육역이 조화된 오픈스페이스계획이 중요하다.

여섯째, 오픈스페이스에서 이용자의 안전 확보가 중요하다. 오픈스페이스에서는 자연재해뿐 아니라 다양한 안전사고가 발생하므로 작은 공간이나 시설이라도 장애자 및 노약자를 비롯하여 누구에게나 안전한 공간이 되도록 계획한다.

3.5.2 공간계획

먼저 오픈스페이스의 배치는 어메니티 요소, 수변으로의 접근(물리적 접근, 심리적 접근) 용이성, 배후지역과의 연속성, 경관 효과 등을 고려하여 계획한다. 공간의 연속성과 방향인지의 용이성을 살리고, 어메니티를 광범위하게 누릴 수 있도록 오픈스페이스는 수제선을 따라서 선(線)형으로 혹은 분산시켜 배치한다.

선형의 경우에는 적절한 크기의 단위 구역으로 분절하고, 각각의 단위 구역에 개성적인 성격을 부여하면서 동시에 중요한 단위 구역에 거점을 계획한다. 또 선형을 따라 진행하면서 수면과 이용자의 관계를 적절한 간격으로 변화시켜 단조로움을 피한다.

분산형에서는 야생조류공원과 같이 생태계 보전을 위한 공간과 레크리에이션을 목적으로 하는 공간을 명확히 구분한다. 이 경우에는 산책로나 녹지를 이용하여 공간의 연속성과 순회 가능성을 확보한다.

광역적인 관점에서 오픈스페이스는 도시의 공원녹지 등 오픈스페이스체계와 연계시켜 계획하고, 시민들이 다목적으로 이용하는 개방적인 공간으로서, 그리고 다양한 목적지로 접근하는 통로로서 계획한다.

또한 도심과 인접한 수변에서는 매력적인 도시기능을 갖춘 오픈스페이스를 계획하고, 주택지에 인접하는 부분에서는 산책이나 가벼운 운동을 위한 녹지공간을 계획하는 등 배후지역과의 연속성을 고려한다.

그림 3.14 워터프런트 오픈스페이스 배치

한편 워터프런트에서 오픈스페이스의 특성은 친수성에 있으며, 이 친수성을 높이는 방법은 직접 물과 접할 수 있는 공간을 도입하는 것이다. 오픈스페이스에 모래사장, 마리나 혹은 낚시부두 등을 계획하고, 이러한 공간에서의 활동을 바라보는 조망장소도 계획하며, 주변에는 쾌적한 녹지공간도 계획한다.

특히 친수성을 높이기 위해 오픈스페이스를 이용하는 사람이 수면을 볼 수 있고, 수면으로 다가갈 수 있도록 계획한다. 이를 위해 오픈스페이스가 수면을 만나는 부분에 계단 혹은 경사로를 계획하고, 평면적으로는 수면으로 돌출한 형태의 테라스나 잔교를 설치한다.

매립지에 계획하는 오픈스페이스의 경우에는 직선의 공간이 되지 않도록 곡선을 사용하여 계획하고, 섬 형태 혹은 수면을 둘러싸는 형태로 계획하여 오픈스페이스의 친수성을 높이도록 한다.

또한 오픈스페이스를 수면을 향해 열린 공간으로 계획한다. 이런 오픈스페이스에서는 물의 확장·움직임·변화·반사, 번화한 사람들의 움직임, 생동감 있는 항행 선박이나 항만 활동, 분주한 거리의 풍경 등에 대해 열린 시야를 확보한다.

이러한 조망 확보를 위해 공원을 계획하거나 오픈스페이스 자체 내에 약간 높은 장소를 계획한다. 시설 측면에서 오픈스페이스에 전망 데크나 타워 등을 계획하는 것도 유효하다.

특히 물에 면한 광장은 개방감을 주며 휴식공간이나 사람들이 모이는 공간으로서 도시의 오아시스 역할을 담당한다. 수변산책로에서는 고저차를 마련하거나 수변과의 거리를 변화시켜 시점과 수면의 관계를 수시로 변화시키고 이와 함께 다양한 조망 시퀀스(sequence)를 갖도록 계획한다.

워터프런트에는 도시의 역사적 자취가 풍부하게 남아 있어서 호안이나 크레인 등 항만시설, 등대 등 역사적인 유산을 오픈스페이스에 남겨서 활용할 수 있다. 이렇게 되면 오픈스페이스는 지역의 문화나 전통을 반영하는 독특한 공간이 된다.

그리고 오픈스페이스에는 수족관, 해양박물관, 미술관 등 문화시설을 복합적으로 계획한다. 이러한 시설은 인간과 바다의 관계에 관한 이해를 깊게 하며 물과의 만남이나 체험을 한층 생생하게 해준다. 이 경우 워터프런트의 개방성을 살려서 야외전시를 중심으로 계획한다.

또한 워터프런트에는 다양한 축제나 행사가 있고, 밝고 화려한 분위기가 살아 있어서 축제성을 가진다. 이러한 특징을 살려서 다채로운 이벤트나 활동의 장소로서 오픈스페이스를 계획한다.

이와 함께 오픈스페이스에는 상업시설 등 집객 목적의 시설을 적절히 계획하고, 레크리에이션을 위한 공간과 시설을 도입함으로써 활발한 움직임과 화려함이 있는 공간으로서 매력을 높일 수 있다.

그림 3.15 워터프런트 축제공간

그러나 기존 워터프런트에서는 다양한 용도의 토지수요가 많기 때문에 오픈스페이스를 위한 용지취득이 곤란한 경우도 많다. 이러한 조건에서는 공간의 입체적 이용과 다목적 이용을 고려한다. 입체화의 경우 조망이 뛰어난 공간을 창출하고, 또한 오픈스페이스를 매개로 수역과 배후지역의 연속성을 확보하도록 계획한다.

이러한 측면에서 도시지역과 워터프런트의 연속성을 손상시키는 도로나 철로, 하수처리장, 부두의 화물 적재 공간 등에는 상부에 데크를 설치하고, 보행로·광장·녹지공원 등을 계획하여 도시지역과의 연속성을 확보하고 수면을 내려다볼 수 있는 조망공간을 만든다.

또 워터프런트에 위치하는 건물의 상층부와 옥상부분도 조망이 우수하고 개방성도 높은 오픈스페이스로 계획하며, 특히 공공성이 높은 건물이나 상업용 시설 등 집객시설에서는 이러한 건물 내 오픈스페이스를 반드시 계획한다.

3.5.3 녹지계획

오픈스페이스에서 녹지의 효과로는 완충, 레크리에이션, 경관형성, 자연환경보전과 같은 것이 있다. 먼저 완충효과로는 강풍이나 비사(飛砂) 등을 완화·해소하기 위한 방풍림의 경우다. 방풍림은 일반적으로 키 큰 상록수 나무를 띠 형상으로 밀집하여 식재한다. 또 수변에서는 서로 다른 토지이용 사이에 완충녹지대를 설정한다. 특히 항만 등 산업시설과 시민들이 즐겨 이용하는 오픈스페이스 사이에 완충녹지대를 계획한다.

둘째, 녹지는 레크리에이션이나 이벤트의 장소로서 이용된다. 이러한 오픈스페이스는 잔디밭이나 초본류를 중심으로 계획하고, 휴식을 위한 쾌적한 녹음공간을 형성하기 위해 중간키 나무를 적절하게 배치한다.

그림 3.16 워터프런트 녹지공간

셋째, 녹지는 경관 효과를 위해 수제선의 연속성을 강조하거나 평탄한 지형에 변화를 주도록 계획한다. 수제선을 따라 가지와 잎의 모습이 뛰어난 수목을 줄지어 식재하거나 특별한 모양이나 크기의 나무를 랜드마크로서 계획한다. 이 경우에는 녹지에 의해 수면으로의 조망이 방해받지 않도록 수면 가까운 곳에는 지피류나 초본류를 원칙으로 하고, 그 안쪽에는 중간키 나무를 식재하는 등 고려가 필요하다. 또한 항만시설 등 경관 저해요인을 수경(修景) 또는 차경(遮景)하려는 목적으로도 녹지를 계획한다.

넷째, 녹지는 수변에 서식하는 조류나 어패류, 수생식물 등 생태계를 보전·육성하는 역할을 한다. 이를 위해 자연녹지와 함께 개펄, 초지, 열매가 나는 수림이나 어부림(魚付林) 등을 적절히 계획한다. 또한 수질을 유지·개선하기 위해 자연의 정화능력을 이용할 수 있도록 갈대 등의 군락을 보전·복원하는 것도 필요하다.

이상과 같은 녹지의 효과에도 불구하고 워터프런트는 식물의 생육에 혹독한 환경을 가진다. 따라서 녹지계획에서는 태풍이나 계절풍 등 강풍 및 염해에 강하고 생태계에도 무리가 없는 수종을 선정하고 관리측면도 고려한다.

3.6 건축계획[6]

3.6.1 계획방향

워터프런트에서 건축계획은 다음 사항을 유의해야 한다.

6 이한석·도근영 공역, 앞의 책, 제10장 참조.

첫째로 계획의 목표를 명확히 한다. 도심과 다른 건축계획의 목표를 설정하며, 수변환경과 관련하여 기존 자연환경이나 시설물의 보존·재생·새로운 개발 등에 대해 명확한 목표를 세운다.

둘째로 수변의 환경조건, 지형이나 자연조건, 조망과 경관, 지역 특성과 역사 등을 고려하여 이들을 적극적으로 건축계획에 도입한다.

그림 3.17 워터프런트 건물

이러한 점에 유의하여 워터프런트에서 건축계획의 방향을 정리하면 다음과 같다. 먼저 워터프런트는 수역과 육역을 연결하는 공간이므로 여기에 들어서는 건물도 수역과 육역 양쪽으로 얼굴을 가진 매력 있는 건물로서 계획한다.

둘째, 워터프런트는 수면으로 열린 공간이므로 이곳에 위치하는 건물은 수면에의 조망, 물과 접촉, 물과 관련된 분위기 등에 의해 높은 친수성을 가지도록 계획한다.

셋째, 워터프런트는 도시의 가장자리이므로 이곳의 건물은 경관적인 측면을 고려한다. 특히 개개 건물의 바깥 면이 오픈스페이스의 안측 면이 되므로 오픈스페이스의 성격을 고려하여 계획한다.

넷째, 워터프런트에서 다양한 행위가 이루어지도록 물과 관련된 시설만이 아니라 관련이 적은 시설도 함께 계획한다. 또한 지금까지 있던 시설과 더불어 물을 배경으로 새로운 시설을 계획하여 복합적 도시환경을 연출한다.

다섯째, 워터프런트의 건물에서는 침수피해나 계절풍에 의한 풍해 등 자연재해에 대비한 대책과 각종 안전사고에 대한 방지대책을 계획한다.

3.6.2 배치 및 평면계획

배치계획에서는 우선 건물의 부지와 수변의 관계를 명확하게 이해하고, 건물로부터 조망, 배후지로부터 수면으로의 시선, 친수성, 경관의 연속성, 다양한 이용 등을 고려한다. 무엇보다 친수성을 높이기 위해 사람이 수면으로 접근할 수 있는 공간을 확보하고, 건물과 오픈스페이스의 관계를 세심하게 검토할 필요가 있다.

수역으로 시선을 확보하는 배치계획도 중요하다. 수면을 보면서 접근할 수 있도록 동선을 계획하고, 건물 틈새로 수면을 볼 수 있도록 건물을 배치한다. 수면을 조망할 수 있는 가로에 면한 경우 벽면을 후퇴하거나 전면공간을 확보하는 등 수면으로의 시선을 막지 않도록 계획한다.

특히 수변의 건물을 판상형으로 배치하여 수역을 가로막는 배치는 가능한 피해야 한다. 부득이한 경우에는 1층을 피로티(piloti)로 하거나 건물에 틈새(slit)를 만들어 물이 보이도록 하는 계획이 필요하다.

기존 도로와의 조화도 배치계획에서 중요하다. 특히 역사적으로 의미 있는 거리에 입지하는 건물은 주변과의 조화를 고려하여 기존 건물과 벽면선을 맞추거나 건물 분절화를 통해 스케일을 맞추는 계획이 필요하다.

한편 워터프런트에서 건물의 평면계획은 층별 기능적 요구뿐 아니라 환경적 특성을 고려하여 계획한다. 즉, 건물이용자를 위해 조망을 확보하며, 동시에 다른 건물로부터 수면으로의 조망을 방해하지 않고, 또 주변 건물과 조화를 확보하도록 평면을 계획한다.

수면으로 조망을 위한 평면으로서 주요 실들이 수면을 향하도록 반원 형태, L자 형태, 원호 형태 등으로 계획한다. 또 평면계획에서 엘리베이터나 계단 등 코어 부분의 계획도 중요하다. 각 실에서 조망을 방해하지 않는 위치에 코어를 분산시키고 엘리베이터와 승강로비를 밖으로 향하게 배치하여 공용공간에서 수변으로의 조망을 즐기도록 계획한다.

그림 3.18 워터프런트 판상형 건축물

3.6.3 단면계획

워터프런트에 입지하는 건물의 경우 단면계획에서 지상층, 중간층, 최상층의 공간구성이 중요하다. 최상층은 조망이 뛰어나기 때문에 많은 사람들이 조망을 즐길 수 있는 공간을 계획하는데, 특히 건물의 공공성이 강한 경우는 더욱 그렇다.

그림 3.19 워터프런트 건물높이

수변경관에서 중경, 원경이 큰 비중을 차지하기 때문에 건물들이 형성하는 스카이라인이 매우 중요하다. 물가의 건물은 낮게 하고, 내륙방향으로 차차 높아지도록 하여, 배후 건물에서 물가로 시야를 확보함과 동시에 수변경관에서 근경, 중경, 원경이 조화롭게 이루어지도록 건물높이를 계획한다.

건물의 저층부에서는 로비나 테라스 등 공용공간의 높이를 끌어올림으로써 친수성을 높이는 계획이 가능하다. 또한 1층의 경우에는 태풍이나 고조 등에 의한 침수를 고려하여 안전측면에서 1층 바닥을 높게 계획하는 것도 필요하다. 과거의 침수피해 등을 조사하여 1층 높이를 결정하며, 침수로 의한 피해가 큰 전기실, 전산실, 재난콘트롤실 등은 지상층에 배치한다.

3.6.4 입면 및 외부공간계획

워터프런트의 건물은 주변과 어울리는 입면계획이 중요하다. 주변 건물의 스케일과 재료, 리듬 등에 조화되도록 건물입면을 계획하며, 공공건물의 경우에는 상징적인 형태로서 워터프런트의 랜드마크가 되도록 계획한다.

특히 건물의 외장재료나 색채는 수변경관에 큰 영향을 미치는 요소이므로 매력 있는 워터프런트를 만드는 데 중점을 두고 계획하는 것이 중요하다. 색채계획에서는 외벽이나 창틀과 같은 특정 부분의 색을 주변과 통일하거나 색조를 질서 있게 바꾸는 것(gradation)을 생각할 수 있으며, 이 경우 워터프런트가 가진 분위기 및 기조가 되는 색채 등을 먼저 파악한다.

건물외벽의 재료는 친밀감을 줄 수 있도록 벽돌, 석재, 목재 등 자연재료를 사용하는 것이 좋으며, 이와 함께 주변에서 사용되고 있는 재료와 유사한 재료를 사용하면 친근감을 준다.

한편 건물색채나 재료의 대비를 활용하여 워터프런트의 개성을 표출하거나 장소의 인식에 도움이 되도록 계획하는 것도 가능하다. 하늘이나 수면이 경관의 대부분을 차지하는 워터프런트에서는 눈에 띄는 색이나 재료를 악센트로 사용하는 것도 효과적이다. 이 경우 악센트는 조역으로서 사용해야 하며 지나치면 좋지 않다.

그림 3.20 워터프런트 건물외장재료

한편 워터프런트에서 건물의 외부공간은 대지 내의 건물에 의해 잘려나가고 남은 공간이 아니다. 건물의 외부공간은 바람직한 수변환경을 위해 중요한 요소가 된다.

건물의 외부공간은 그 건물을 이용하는 사람들만이 아니라 일반사람들도 출입할 수 있는 개방된 공간으로 만들고, 수역으로의 접근이 가능하도록 한다. 특히 물가에 목재 바닥이나 수면 위로 돌출한 데크 등 워터프런트만의 외부공간을 계획하여 물과 친근감이나 일체감을 높인다.

특히 워터프런트의 외부공간에서는 친수성을 높이는 계획이 중요하다. 접근로 주변이나 로비, 건물벽면 등에 물을 계획하여 친수환경을 연출하고, 조수간만을 체험할 수 있는 수공간도 계획한다. 또 수면에 분수를 설치하면 정적인 수면에 변화를 주며 워터프런트의 분위기를 한층 높여준다.

이와 함께 건물의 외부공간에 적절하게 수목을 식재하면 그늘을 만들고, 콘크리트 구조물의 표정을 부드럽게 하며, 인공물을 수경(修景)하는 환경장치가 된다. 그러나 과도한 식재는 수면으로의 조망을 방해하므로 수목의 종류(높이나 가지모습)와 심는 장소를 충분히 고려한다.

CHAPTER 04

수변경관계획

수변경관계획

4.1 수변경관의 개념

4.1.1 수변경관이란?

경관이란 인간이 자기를 둘러싼 환경에 대해 오감을 통해 느끼는 감각적 질(質)로서 시각이 가장 큰 역할을 하지만 시각 이외에 미각, 청각, 촉각, 후각 등 다른 감각들도 영향을 미친다.

수변경관은 수변공간에서의 경관을 의미하며 수변공간의 감각적인 질이라 할 수 있다. 수변경관은 단지 보이는 것뿐 아니라 귀로 듣고, 입으로 맛보고, 코로 냄새 맡고, 몸으로 접해보는 모든 것으로 구성된다. 그러나 수변은 물과 접해 있기 때문에 물이 가장 중요한 경관요소가 된다.

이런 관점에서 수변경관의 특성은 물을 중심으로 수변, 자연(산, 바다, 하늘), 도시의 세 경관요소가 만나 하나의 융화된 경관을 형성하는 것이다. 수변경관의 이 세 가지 구성요소는 각자 단독으로는 얻을 수 없는 독특한 균형과 조화를 생성하는데, 수변마다 세 요소의 비중이 서로 다르고 이에 따라 독특한 수변경관을 형성하게 된다.

수변경관을 구성하는 자연요소를 구체적으로 살펴보면, 수제선의 끝 부분에 위치한 산 혹은 곶(岬), 수변의 배경이 되는 산, 수면 건너편 대안(對岸)의 산과 섬, 수면과 하늘 등을 들 수 있다. 이들 자연요소야말로 수변경관에서 배경(background)을 구성하는 경관요소라고 할 수 있다.

그림 4.1 수변경관

한편 수변경관에는 경관의 특성을 결정하는 데 중요한 경관골격(the framework of a scene)이 형성된다. 이 골격은 자연요소들의 경계로서 구성되는데, 바로 바다와 육지가 만나는 수제선, 하늘과 육지가 만나는 스카이라인(skyline), 바다와 하늘이 만나는 수평선이다.

이들 세 가지 자연의 선(線)이 인공적 요소에 의해 단절되거나 훼손되는 일이 없어야 좋은 수변경관을 이룰 수 있다. 또한 경관요소들의 표면상태, 즉 표면질감을 형성하는 수변의 식생, 지질, 수면의 혼탁과 흔들림 등은 수변경관만이 가지는 중요한 경관요소이다.

4.1.2 수변경관계획

경관계획은 특정한 지역과 장소의 경관 개선이나 향상을 목적으로 한다. 경관은 언제, 어디서, 무엇을, 어떻게 느끼느냐에 따라 결정되기 때문에 경관계획은 감각의 대상이 되는 경관요소와 함께 경관을 지각하는 장소와 방법의 계획을 포함한다.

수변경관계획은 수변의 경관을 개선하기 위한 것으로서 수변이 가진 본래의 자연경관을 유지하면서 인공적인 요소들을 부가하여 수변 특유의 경관을 새롭게 계획하는 것이라고 할 수 있다.

수변경관계획은 지역적인 차원에서 전체의 경관계획을 세우는 '지역경관계획'과 개별 대상지나 시설물에 대한 '상세경관계획'으로 구분된다. 지역경관계획은 개발 대상지를 넘어선 지역 스케일에서의 경관 개선이 목적이며, 상세경관계획은 특정한 공간이나 시설물 자체의 경관 개선을 목적으로 한다.

한편 특정 대상지에서의 경관은 대상지 내부로부터 조망하는 '내부시점경관'과 밖으로부터 대상지를 조망하는 '외부시점경관'으로 나눌 수 있다. 또 내부시점경관은 대상지 밖을 조망하는 것과 대상지 내부를 조망하는 것으로 구성된다. 이와 같이 특정 대상지의 경관계획은 자체 내에서 완결되는 것이 아니고 밖으로 확장되는 성격을 갖는다.

한편 수변경관계획은 주로 자연요소들과 인공적인 시설물의 시각적인 관계 속에 이루어지며 이 경관계획에서 가장 중요하게 다루어져야 할 요소는 물(水面)이다.

그림 4.2 수면과 수변경관

다음은 수변경관계획의 기본방향에 대해 정리한 것이다.

첫째, 수변경관계획은 수변 어디에서나 수면으로의 조망을 확보하는 것이 우선이 된다. 이를 위해 지역 차원에서 수변을 향한 시각회랑(view corridor)의 확보가 요구되고, 개별 건물 차원에서는 1층에 필로티를 두는 등 배후에서 수면을 향한 조망을 고려해 틈(slit)을 계획하는 것이 필요하다.

또한 수변 가까운 곳에 위치하는 건물은 높이를 낮추고, 수면을 향한 도로나 보행로에서는 수면으로의 조망이 방해받지 않도록 하며, 수면이 잘 보이는 장소에는 광장이나 전망장소 등을 계획한다.

둘째, 수변공간에 다양한 분위기를 창출한다. 수변에서는 들뜬 분위기, 차분한 분위기, 즐거운 분위기, 정겨운 분위기 등 다양한 분위기의 경관을 구성하며, 여름철과 겨울철에 적합한 분위기, 낮과 밤의 분위기 등 시간과 장소에 따라 특별한 분위기를 연출하는 경관계획이 필요하다.

특히 수변에서는 사람들로 인해 번화한 분위기와 황량한 분위기 둘 다 생겨난다. 이와 같이 사람들 역시 중요한 경관요소이기 때문에 언제 어느 곳으로 사람들을 끌어들여 적합한 분위기를 만드는가가 중요하다. 따라서 사람이 모이는 상업시설이나 터미널시설 등의 배치, 그리고 축제나 이벤트의 계획이 중요하다.

셋째, 수변에는 다양한 성격의 자연요소와 인공적 시설물이 공존한다. 산지를 배경으로 넓은 수면과 함께 항만시설 및 주거지역도 있으며 각종 위락시설물도 있다. 이들 각기 다른 성격의 경관요소들이 균형과 조화를 이루는 것이 수변경관의 가장 큰 매력이며 이것을 실현하는 것이 수변경관계획의 역할이다.

넷째, 수변은 오랜 역사와 문화가 살아 숨 쉬는 곳이다. 이런 역사와 문화의 숨결을 직접 느낄 수 있도록 하는 것이 수변경관계획의 또 다른 목표이다. 이를 위해서는 수변에 존재하는 역사·문화 자원을 보전하고 활용할 수 있어야 하며, 특히 숨겨진 것이나 잊힌 것들을 찾아내서 체험하도록 만드는 것이 중요하다. 체험을 위해 시대별로, 혹은 비슷한 자원 유형별로 체험 루트를 만드는 것도 좋다.

다섯째, 수변경관을 제대로 즐길 수 있는 조망장소의 정비와 조망루트의 개발이 필수적이다. 수변경관 전체를 즐길 수 있는 조망장소뿐 아니라 개별 경관요소들을 감상할 수 있는 조망루트의 개발도 중요하다. 특히 수변의 배후에 산지나 구릉지와 같이 높은 장소가 있으면 이 지형 조건을 이용하여 특색 있는 조망장소나 루트를 만들면 좋다.

그림 4.3 수변경관 조망장소

4.2 지역경관계획

지역경관계획은 수변지역 전체를 위한 경관계획을 의미한다. 수변에서의 지역경관계획은 개발 대상지와 주변 환경과의 시각적인 관계에서 출발하는데, 이 경관계획에서 특별하게 고려할 점은 다음과 같다.

먼저, 지역의 양호한 경관을 살리는 것이다. 주변 자연지형, 역사적 건물, 랜드마크 등에 대해 개발 대상지가 새로운 조망장소를 제공하는 등 이들을 존중하고 배려하는 계획이 필요하다.

다음으로, 지역의 불리한 경관요소를 고려한다. 지역 내 토지이용형태나 시설물 등이 경관형성에 불리한 경우, 이들 불리한 요인들에 대해 차경(遮景)이나 수경(修景)을 고려하고 완충적인 토지이용이나 완충 녹지를 고려한다.

또한 개발 대상지 자체가 지역경관에 주는 부정적 영향을 제거한다. 개발대상지 내의 토지이용이나 시설물이 지역경관을 해치지 않도록 하고 기존의 중요한 조망을 보호한다.

4.2.1 자연요소를 고려한 경관계획

지역 고유의 자연지형과 같은 자연요소는 수변경관의 특징을 결정한다. 따라서 수변지역의 자연요소는 가능한 한 보존되어야 한다. 자연요소 가운데 가장 영향력이 큰 것은 자연지형으로서 수변의 중요한 자연지형에는 산·곶·도서 등이 있다. 또한 수변의 사주, 모래해변, 하천의 합류점 혹은 분기점 등과 같은 자연요소들은 수변의 경계(edge)역할을 한다.

이러한 자연요소는 개별적으로도 중요하지만 이들에 의해 구성되는 스카이라인과 수제선은 수변경관의 골격을 형성하므로 이들이 훼손되지 않도록 개발 장소와 규모의 선택에 신중을 기해야 한다. 특히 배후의 자연지형에 의해 만들어진 스카이라인을 깨는 고층건물이나 시설물은 피한다.

그림 4.4 수변경관의 자연요소

이와 같이 자연요소를 고려한 수변경관계획에서는 다음 사항을 유의한다.

첫째, 지역의 자연요소를 조망할 수 있도록 계획한다. 예를 들어 수변의 배후에 위치한 산봉우리나 바다에 떠 있는 섬을 중심으로 가로를 계획하여 수변의 가로 어디서나 산이나 섬이 보이도록 한다.

둘째, 수역을 매립하는 경우에는 가능한 자연적인 수제선의 형상을 파괴하지 않도록 계획하며 또한 매립지에 기존의 곶이나 섬 등 자연지형이 포함되지 않도록 한다.

셋째, 자연요소 주변에 공터나 수면을 확보하고 주변 인공구조물과 충분한 거리를 확보하여 자연요소가 쉽게 보이도록 하고, 자연요소의 형상을 쉽게 이해할 수 있도록 주변을 계획한다.

넷째, 새롭게 조성되는 매립지는 기존의 자연지형과 조화될 수 있게 매립지의 형태, 규모 등을 계획하고 매립지에 들어서는 시설물도 수변의 자연경관과 일체가 되도록 계획한다.

다섯째, 수변에 대규모 개발을 계획하는 경우에는 주변 자연요소와 조화되도록 어스디자인(earth-design)과 식재계획을 한다. 평평한 대지에 기복을 만들어 변화를 주고, 식재에 의해 자연과 친숙함을 주며, 대규모 공간은 인간적인 스케일로 분절한다.

4.2.2 역사적 요소를 고려한 경관계획

수변에는 오래된 역사적 경관요소가 많이 있다. 예를 들면 바다를 조망하던 산이나 언덕 등 자연지형뿐 아니라 항해를 인도하던 등불, 부두의 오래된 창고, 바람을 막는 방풍림, 물의 넘침을 막는 둑 등도 있다. 이외에도 교량, 호안, 방파제, 수문 등도 해당된다.

그림 4.5 수변경관의 역사적 요소

이러한 역사적 요소들을 보전하고 활용하도록 최대한 배려한다. 바다를 바라보던 자연지형은 파괴되지 않도록 하며, 여기서 보이는 수면은 매립하거나 조망이 방해받지 않도록 한다. 바닷가 송림이나 고목(高木)은 보존하고, 오래된 친수시설은 그대로 보존하면서 주변에 충분한 공간을 만들어 그것을 즐기도록 계획한다.

또 오래된 건물이나 시설물, 가로와 마을 등 역사적 유물은 수변공간에 고유한 매력을 주기 때문에 되도록 보존하고 수면과의 시각적 관계가 손상되지 않도록 주의한다. 역사적 유물의 보존에는 유물의 물리적 보전뿐 아니라 유물을 바라보는 조망장소의 보전 및 유물과 조망장소 사이의 시각적 관계의 보전도 포함한다.

한편 역사적 경관요소를 바라볼 수 있는 새로운 조망장소를 만들거나 역사적 요소 주위에서 인공시설물의 높이와 색채 사용 등을 제한하여 역사적 요소가 돋보이게 하며 야간에는 특별한 조명에 의해 역사적 요소를 강조하는 계획이 필요하다.

4.2.3 일상적 요소를 고려한 경관계획

수변에서 지역경관계획은 특정한 시점이나 행사를 위한 경관이 아니고 일상적인 경관의 질을 높이는 것을 목표로 한다. 즉, 자극적이고 화려한 경관이전에 생활하기 편리한 일상적인 경관이 우선되어야 한다.

좋은 생활경관을 만들기 위해서는 먼저 지역 고유의 경관특성을 잘 보전해야 하며, 다음으로 수면과 육지가 통합적인 시각적 관계를 가지고 수변 고유의 경관을 만들어내야 하고, 마지막으로 환경적인 관점에서 좋은 생활환경이 형성되어야 한다.

그림 4.6 수변의 생활경관

수변에서 일상적 생활경관을 위한 대표적 공간이 광장이다. 이 공간은 성수기일 경우 사람들이 몰려들어 화려하고 번잡한 경관을 만들어내지만 비수기에는 공간이 너무 크고 황량한 느낌의 공간이 된다. 따라서 수변광장의 크기를 정하거나 광장 내 식재나 가구 등의 계획에서는 성수기뿐 아니라 비수기의 일상적인 이용을 고려하여 계획한다.

즉, 공간 전체를 경우에 따라 다양한 규모로 분할하여 사용할 수 있도록 계획하며, 광장 바닥, 호안, 난간 등 기본적인 시설물은 일상적인 생활을 고려하여 차분한 느낌을 주는 견고한 재료를 사용한다.

특히 수변에서는 수면, 수변에서 일어나는 평범한 생활모습, 그리고 수변공간 그 자체가 어울려서 지역의 고유 경관을 형성한다. 따라서 이런 일상적 경관요소를 중심으로 여기에 일시적

이벤트 경관요소를 집어넣거나 혹은 일상적 경관요소를 이벤트에 활용하는 계획이 요구된다.

한편 수변에서 일상적인 생활을 위한 양호한 환경을 조성하기 위해 무엇보다 친수공간이 필요하다. 계절별 기후조건에 대응하여 쾌적하게 계획된 친수공간은 일상적 활동을 증가시키고 경관을 긍정적으로 평가하게 한다.

4.3 상세경관계획[1]

수변경관계획의 본래 목적은 수변이 가지고 있는 고유한 매력을 살리는 것이다. 이를 위해서는 수변에서 사람과 사물, 사물과 사물, 사람과 사람의 관계가 조화를 이루도록 하는 것이 중요하다. 따라서 수변에 위치하는 서로 다른 성격의 요소들을 조화시켜 수변의 매력이 넘치도록 해야 한다.

상세경관계획은 특정 대상지나 시설물 자체를 위한 경관계획을 의미한다. 수변에서 개별 시설물의 경관계획에서는 먼저 수면과의 관계가 중요하고 이에 따라 시설의 배치계획, 평면계획, 단면구성이 이루어져야 한다. 그리고 대상지에 인간적인 스케일의 쾌적한 환경을 계획하고, 수변경관을 고려하여 식재와 외부공간의 계획이 이루어져야 한다.

4.3.1 가로계획

수변에서는 가로가 시가지와 자연요소(수면, 모래해변 등)의 경계를 이루며 중요한 경관요소가 된다. 수면과 가로의 공간적 관계를 구체적으로 살펴보면 다음과 같다.

첫째, 수제선이 활처럼 휘어지고 수제선을 따라서 가로가 있는 형식이다. 이 경우에는 수면을 마주대하는 건물의 파사드에 의한 가로입면, 가로를 따라 형성되는 보행로, 시가지로부터 수면으로 통하는 접근로, 건물사이에 틈을 통한 수면의 조망 등이 경관계획의 요점이다. 특히 수제선이 긴 경우에는 잔교(pier) 혹은 전망 테라스를 적당한 간격으로 배치하고 랜드마크가 될 수 있는 시설물을 적절히 계획한다.

둘째, 가로가 수면을 둥글게 감싸는 형식으로서 천연의 내만으로 구성된 수변의 경우이다. 가로가 수면 주위를 둘러싸므로 폐쇄된 공간분위기를 연출한다. 이 경우에는 위요된 수면을 따라 도는 수변산책로, 수면을 사이에 둔 대안의 건축물 파사드와 스카이라인, 내륙에서 수면에

1 이한석·도근영 공역, 『워터프론트계획』, 제8장 인용 및 참조.

이르는 접근로가 경관계획의 요점이다.

셋째, 가로가 수면을 향해 길게 튀어나와 반도 형태를 이루는 형식으로서 돌출된 끝부분은 특히 주목을 받기 쉽다. 이 경우에는 돌출부의 경관계획이 중요한데 여기에 위치하는 건물은 랜드마크로서 계획하며 돌출부 주변으로 전망을 위한 산책로와 전망장소를 계획한다.

넷째, 수로 및 운하에 해당하는 형식으로서 수면 양측에 가로가 전개되는 형식이다. 이 경우 수로 폭이 중요한데 인간의 동작을 식별할 수 있는 한계인 35m 이하가 좋으며, 얼굴 식별이 가능한 24m 이하 혹은 표정 식별이 가능한 12m 이하가 되면 수면 양측은 친밀한 일체감을 얻을 수 있다.

또한 수로는 가능하면 수상교통로로 사용하도록 계획하고, 수로를 따라 위치하는 건물은 수로에 면한 파사드를 중요하게 계획하며, 건물에는 녹지나 전망장소를 설치한다. 수면을 가로지르는 교량은 수변경관에 결정적인 역할을 하므로 홍예다리[2]와 같은 특징적인 교량으로 계획한다.

그림 4.7 수면과 가로의 관계

한편 매립지에서와 같이 새롭게 가로를 계획하는 경우, 가로에 의해 구획되는 가구(街區)는 수제선을 따라 기다란 형태가 되지 않도록 하며, 공원이나 녹지 등을 제외하고는 기본적으로 작게 계획한다.

수면을 향해 접근하는 가로는 접근하면서 수면을 볼 수 있는 시각회랑(view corridor)으로 계획하며, 수변에 역사적인 유물이 있으면 이것을 중심으로 가로를 계획하는 것이 좋다. 또한 수면을 향한 도로의 폭은 넓게 하고 수제선에 평행한 도로는 폭을 너무 크게 하지 않아야 수변과 배후지역 간의 연속성을 만들어낼 수 있다.

또한 수변의 가로공간은 침수, 계절풍에 따른 강풍, 안전 및 범죄사고 등에 유의해서 계획한다.

2 양쪽 끝은 처지고 가운데를 높여서 무지개처럼 만든 둥근다리.

4.3.2 건물계획

수변경관계획의 주 대상은 건물이다. 특히 수변가로에 면한 건물의 파사드는 중요한 경관요소로서 한 건물의 벽체가 지나치게 많이 점유하지 않도록 하고, 가로 입면에 슬릿(slit)을 두어 배후지역에서 수면을 조망하는 데 방해가 되지 않도록 계획한다.

이 슬릿은 건물 사이의 간극, 건물의 필로티, 유리입면, 개구부 등 여러 가지 형태로 만들어낼 수 있으며 잘 계획된 슬릿은 수면을 전면적으로 조망하는 것과는 다른 색다른 맛을 줄 수 있다.

한편 수변건물을 계획할 때 계획목표를 명확하게 할 필요가 있다. 수변건물은 시가지 건물과 비교하여 계획목표가 다르며 고려할 계획요소도 다르고 건물계획에 대한 접근방식이 다르다. 따라서 시가지에서 건물을 계획하던 방식을 수변건물에 그대로 적용할 수는 없다.

수변에서는 무엇보다 건물 주변의 환경조건 이해, 자연지형 및 자연조건과의 조화, 수면으로의 조망 확보, 수변의 독특한 문화특성, 역사적 유물의 보전과 활용 등을 건축계획에 적극적으로 이용해야 한다.

또한 수변건물은 수역과 육역을 결합하는 기능을 갖도록 계획하고, 물과 친밀한 도시공간을 창출하는 건축계획이 되도록 한다. 특히 건물 자체가 수역과 육역 양방향에서 접근하고 양방향으로 파사드를 가지게 되므로 건물의 두 얼굴 모두 서로 다른 특성의 매력을 가지도록 계획한다.

그림 4.8 수변의 건축물

그리고 수변에서 모든 건물은 친수성을 가질 수 있도록 계획하며, 수변은 도시공간에서 가장자리(edge)로서 인식되기 때문에 수변건물은 랜드마크로서 특성을 가지면서 수변경관과 조화되도록 계획한다. 또 수변은 계절별, 시간별로 복합적 활동에 의해 매력이 생성되기 때문에 물과 관련이 작은 시설도 혼재하는 것이 바람직하다.

결국 수변에서 건물계획은 기존 도시 어메니티(amenities)를 받아들이면서 물과 관련된 새로운 환경을 연출하는 계획이 요구된다. 이러한 특성을 고려하여 수변에서의 건물계획의 방향을 정리하면 다음과 같다.

첫째, 수변에서는 수면과 하늘이 상당히 큰 면적을 차지하며 거대한 스케일을 자랑하므로 건물계획은 이러한 거대 스케일에 휴먼스케일을 조화시키는 계획이 되도록 한다.

둘째, 수변의 주요 건물(규모가 비교적 크고 눈에 쉽게 띄거나 공공성이 짙은 건물)은 랜드마크로서 부피, 질감, 색채, 조명 등을 통해 두드러지게 계획한다.

셋째, 수변에서 기름탱크, 에너지시설, 공장 등 부정적인 경관요소는 차경(遮景)이나 수경(修景)으로 처리하고, 창고 등 독특한 역사적 시설물은 남기도록 하며, 차경사이로 시설물들을 살짝 엿보게 하도록 계획한다.

넷째, 건물 내에서 수면을 조망할 수 있도록 하며, 특히 건물 내 공용공간에서 수면이 잘 보이도록 하고 실내 어디서나 수면을 향하기 쉽도록 계획한다.

1) 배치계획

수변에서 건물배치는 건물과 대지의 관계를 명확하게 정리하는 데서 출발한다. 건물로부터 조망, 배후지에서 수면으로의 조망, 친수성, 가로공간의 연속성, 다양한 이용가능성 등이 우선적으로 고려할 사항이다.

친수성을 높이기 위해서는 수면으로 조망과 접근이 가능하도록 계획하고 건물과 오픈스페이스의 관계를 검토한다. 특히 수면을 향해 열린 공간은 개방감과 함께 휴식장소, 활기찬 모임장소, 차분한 조망장소 등으로 다양하게 계획한다.

그림 4.9 수변가로와 건물

또한 수면에 접근하는 보행로나 건물 사이의 간극으로 수면을 볼 수 있게 건물을 배치하고 대상지에 여러 동의 건물을 계획하는 경우에는 수면을 향해 건물을 비끼어 배치하여 수면으로 다양한 조망을 확보하는 것이 좋다.

한편 수변가로에 면한 건물은 벽면을 후퇴하거나 전면공지를 확보하고 수면으로의 조망을 방해하는 시설이나 식재는 하지 않도록 한다. 특히 건물이 배후지와 수역을 차단하는 배치는 피하고 큰 건물은 작게 분절하며 필로티, 테라스, 슬릿 등을 계획하여 수면을 쉽게 느낄 수 있도록 계획한다.

그리고 수변에는 기존 건물이나 역사적 시설물이 많으므로 이들과 조화된 건물계획이 필요하다. 기존 건물과 벽면선을 가지런하게 맞추거나 주변 건물과 스케일을 맞추는 계획이 요구되며 유서 깊은 건물과 가로는 보전하는 것이 좋다.

한편 차량 통행과 주차장은 신중하게 계획한다. 수변은 기본적으로 공공교통수단을 통해 접근하는 것이 바람직하며, 긴급서비스나 소방용 차량에 대해서만 차량 접근과 임시 주차를 허락하고 개인차량은 지하나 수변에서 떨어진 곳에 주차하도록 계획한다. 특히 수변지역을 가로지르는 차량 동선은 피하고 보행자와 차량은 서로 교차하지 않도록 주의한다.

2) 평면계획

수변건물에서 평면계획은 대지와 주변 환경을 먼저 고려해야 한다. 즉, 건물에 조망을 제공하고, 다른 건물에서 수면으로의 조망을 방해하지 않으며, 주변 가로나 수면을 고려한 평면계획이 필요하다.

특히 수면은 수평으로 확장된 공간, 시간과 계절에 따른 변화, 기상에 따른 변화 등으로 인해 수변경관의 중심이 되므로 건물의 평면계획은 무엇보다 수면과의 관계에 중점을 둔다.

그림 4.10 수변의 건물형태

실내에서 수면으로의 조망을 많이 확보하도록 건물평면은 반원형, L자형, 원호형 등으로 계획하며, 중앙 홀과 같은 공용공간은 수면을 향해 열린 공간으로 계획하고, 수면 방향으로는 큰 개구부를 설치하거나 외부발코니를 설치하여 수면으로의 조망을 가능하도록 한다.

또한 평면계획에서 엘리베이터나 계단의 배치가 중요한데, 수변에서는 가능한 엘리베이터나 계단을 수면 방향으로 외측에 배치하여 수면으로 열린 시야를 확보하며, 기타 코어부분은 중앙에 집약시켜 건물의 일상적 사용공간에서 수면으로 조망이 확보되도록 한다.

3) 단면계획

수변건물에서는 수면을 고려하여 지상층, 중간층, 최상층을 계획한다. 단면계획에서 가장 고려해야 할 것은 조망이다. 조망에는 건물 내에서 조망과 건물 외부로부터의 조망이 있다. 건물 내에서 조망을 위해서는 건물 내 공간구성이 과제이며, 외부로부터의 조망에 대해서는 주변 건물과의 관계가 주요 과제가 된다.

최상층은 전망이 우수하므로 중요한 공간이나 누구나 이용 가능한 공공공간을 배치하는 것이 바람직하다. 예를 들어, 수변호텔에서는 최상층에 최고급 객실, 레스토랑, 전망실 등을 계획한다. 수면에서 떨어진 건물도 상층부에서는 수면이 보이도록 계획한다.

(a) 수영장 및 전망공간

(b) 전망실

그림 4.11 수변건물의 최상층

수면 위에서나 대안(對岸)에서 바라보는 조망은 중경이나 원경이 대부분이므로 건물들이 형성하는 스카이라인이 중요하다. 수변경관에서는 각 건물의 파사드보다 건물 전체의 실루엣, 건물들이 함께 형성하는 스카이라인이 전체적인 통일감을 형성할 수 있도록 계획한다.

특히 수제선에서 떨어진 거리에 따라 건물의 높이를 다르게 계획함으로써 전체적으로 조화된 스카이라인을 확보할 수 있다. 수제선에 가까이 위치한 건물높이는 낮게 하고 뒤로 물러나면서 점차 높아지게 하여 수면으로부터 보이는 스카이라인이 근경, 중경, 원경으로 조화롭게 구성될 수 있도록 한다.

한편 건물의 저층부인 입구로비를 지면으로부터 끌어올리고 건물의 중간층에 테라스를 설치하여 친수성을 높일 수 있다. 즉, 제방이나 필로티 위에 입구로비를 계획하고 제방이나 고가도로보다 높은 위치에 테라스나 발코니를 두어 수면을 조망하도록 하면 개방감과 친수성을 높일 수 있다.

더욱이 홍수나 높은 파도에 의한 침수를 고려하면 건물 1층 부분을 높게 들어 올리는 것이 필요하다. 따라서 침수피해 사례와 해수면 상승에 의한 침수피해를 고려하여 건물의 단면 높이를 계획하고 전기실이나 조정실(control room) 등은 침수피해 우려가 없는 지상층에 배치한다.

또한 수변에서 쾌적하고 여유 있는 보행자 도로를 확보하기 위해 건물 1층을 필로티로 하거나 저층부의 벽면을 후퇴시키고 1층 부분을 공공공간으로 할애하는 것도 좋은 계획이다. 보행자도로나 산책로에는 강풍과 비로부터 보행자를 보호할 수 있도록 지붕이나 투명한 재질의 벽을 계획한다.

4) 색채계획

건물의 외장재료 및 색채는 수변경관에 큰 영향을 미치는 것 중 하나이다. 그러므로 수변건물의 재료와 색채는 수변경관에 어떤 매력을 부여할 것인가를 고려하여 계획한다.

수변에서는 바다와 하늘, 그리고 산이 배경으로 큰 면적을 차지하며 주조색을 형성한다. 이들 색은 어느 정도 고정되어 있지만 항구적인 것이라기보다는 시간, 계절, 기후 등에 따라 서서히 바뀌는데, 그 변화가 생기 있는 수변을 만드는 데 큰 장점이 된다.

한편 수변의 바닷새, 나무와 식물, 태양·달·별 등의 천체, 안개·구름·무지개·바람·파도 등의 기후요소 등은 수시로 이동하거나 변하면서 주조색과 조화를 이루는 색채요소들이다. 또 항만에서는 호안구조물, 물류시설물, 생산시설물 등 대규모 시설물의 색이 큰 존재감을 준다.

이와 더불어 바다에서 선박의 색은 주변에 미치는 영향이 매우 크다. 여객선의 흰색은 그 자체만으로도 바다의 낭만적 이미지를 환기시키며 고명도·고채도의 특성으로 인해 수변의 분위기를 고조시킨다.

그리고 항만에는 저채도의 빨간색과 파란색 등 다양한 색들이 혼재된 컨테이너 야적장이 있고, 고채도 붉은색, 파랑색, 흰색 등의 겐트리크레인이 활기차고 역동적인 이미지를 형성하고 있다.

수변에서 색채계획은 이상과 같이 다양한 색채의 조합 가운데 어떻게 질서를 부여할 것인가가 요점이다. 수변경관에 질서를 부여하는 색채계획의 요소로는 규칙성, 친밀감, 유사, 대비 등의 원칙을 고려할 수 있다.

그림 4.12 수변의 색채

색채계획에서 규칙성은 건물 외벽을 통일성 있게 함으로써 얻을 수 있다. 창틀을 백색으로 통일하거나 건물 전체를 백색으로 하는 등의 예를 들 수 있다. 또는 색조를 질서 있게 변화시키는 것(gradation)도 규칙성을 줄 수 있다. 이 경우 우선 수변의 분위기와 기조가 되는 색채를 결정해야 한다.

또한 사람들이 익숙한 자연의 색을 사용하면 친밀감을 줄 수 있다. 친밀감은 재료에 의해서도 가능하므로 벽돌·석재·목재 등 자연재료를 사용하면 친밀감이 높고, 수변의 역사적 건물과 조화된 재료와 색채는 더욱 친밀감을 높여준다.

그리고 일정한 재료와 색채의 반복은 유사성의 조화를 얻게 한다. 예를 들어 유사한 컬러 계통의 외벽은 조화로운 경관을 형성한다. 특히 회색은 어느 색과도 유사성의 조화를 쉽게 습득할 수 있다.

그러나 색의 대비는 건물을 눈에 띄게 하고 지역에 개성을 부여하며 장소의 인식에 도움을 준다. 수변에서는 악센트(accent)로서 눈에 띄는 강조색을 사용하는 것이 효과적이다. 수변의 주조색을 결정하고 그것을 돋보이도록 강조색을 사용하는데, 이와 함께 전체적인 색채조화가 무엇보다 중요하다.

한편 수변에서 색채계획은 조망거리에 의해 채도 저하에 따른 무채색화, 대기층의 두께나 습도에 따른 색채변화 등을 고려하고, 하늘과 바다 등 대규모 스케일의 색을 충분히 고려한다. 또한 바다, 하늘, 바닷새, 선박과 같이 본질적으로 계획할 수 없거나 혹은 수시로 변화하는 요소에 어떻게 대응할 것인가도 색채계획에서 중요하다.

항만이나 해수욕장 등 넓은 공간에 걸쳐 있거나 서로 다른 성격의 토지이용이 이루어진 경우에는 구역을 구분하여 각 구역에 독특한 색채를 부여하도록 한다. 특히 상업구역은 다양성과 즐거움이 있는 분위기를 만들기 위해 고명도·중고채도의 강조색을 사용하고, 수변가로는 밝고 시원한 분위기를 위해 고명도의 무채색계열을 중심으로 하여 블루계열색상을 보조색으로 사용하면 좋다.

또한 주거지역은 편안함과 따뜻함이 느껴지는 난색계열이 좋으며, 수면으로 탁 트인 장소는 개방감을 위해 고명도·저채도의 색채를 사용하고, 수변의 낮은 건물들에는 리듬감과 생기를 부여하는 강조색을 사용한다.

한편 수변의 색에는 다수 색이 혼재하여 일어나는 소란스러운 색(騷色), 조잡한 잡색(雜色), 오염된 색 및 퇴색(退色) 등이 경관을 해치고 있어서 이에 대한 적절한 관리가 필요하다.

5) 외부공간계획

수변에서 건물의 외부공간은 건물의 직접적인 이용자뿐 아니라 일반인도 출입 가능한 공간으로 개방하고 수변으로의 접근을 가능하게 계획해야 한다. 그리고 건물외부공간은 수변산책로의 일부가 되도록 계획한다.

그림 4.13 건물외부공간

또한 건물외부공간은 수변오픈스페이스와 일체화되도록 계획한다. 수변의 오픈스페이스와 일체로 계획하여 공공공간을 넓히도록 해야 하며, 특히 항만의 경우에는 항만 내 일부공간을 공공공간과 일체화된 오픈스페이스로 계획할 필요가 있다.

건물외부공간에서는 목재바닥이나 수면 상으로 길게 나온 데크 등 수변 특유의 구조물을 계획하여 친수성을 높이고 질 높은 쾌적한 환경을 만든다. 또 수면에 접근로, 건물 로비, 건물 벽면, 그리고 수면에 면한 정원 등에 다양한 형태의 물을 계획하여 수환경을 연출한다.

4.3.3 오픈스페이스계획

1) 수변오픈스페이스의 특성

수변공간에는 자연과 접하는 공공장소로서 시민 누구나 쉽고 자유롭게 접근할 수 있는 오픈스페이스와 개방적인 환경이 필요하다. 수변오픈스페이스는 녹지, 공원 등 토지이용계획에 관계된 것과 모래사장, 광장, 산책로 등 시설계획과 관련된 것이 있다.

수변오픈스페이스는 넓은 수면과 접하는 특성을 적극적으로 활용하는 한편 거대한 항만시설 등과는 적절한 거리를 유지하고 대규모 공간은 적절한 규모로 분절하는 것이 필요하다.

그림 4.14 수변오픈스페이스

또한 수변오픈스페이스는 수생식물이 자라며 어패류나 곤충, 야생조류 등이 서식하여 생태계가 풍요로운 자연경관이기도 하지만 강한 일사와 바람 등으로 인해 활동이 어려운 공간이기 때문에 이러한 기상조건으로부터 사람을 보호하는 계획이 필요하다.

수변오픈스페이스의 환경조건은 공간 내 미기후조건, 그리고 공간과 주변의 시각적 관계에 따라 달라진다. 미기후조건으로는 일사, 바람 등이 대상이 되며 미기후 조절을 위해 오픈스페이스에서의 활동과 녹음의 관계를 분석하여 식재를 배치하는 것이 좋다.

한편 레저용 선박과 같은 소형 선박이 계류하는 수면은 아담하고 친밀감 있는 수변오픈스페이스를 만든다. 이와 같이 친밀한 수변오픈스페이스를 위해서는 수역이 너무 크지 않고 한 변이 500m 정도가 바람직하다. 여기서 500m는 대안의 건물들에 의한 스카이라인을 감상할 수 있고 보행 의욕을 일으키는 한계거리이다.

2) 공간계획

먼저 수변오픈스페이스의 배치 유형과 그 특성을 살펴보면 표 4.1과 같다. 이러한 유형별 특성을 고려하여 수변에서 오픈스페이스를 배치한다.

표 4.1 수변오픈스페이스의 배치 유형

배치 유형	배치 개요	수변환경 향유성	오픈스페이스 이용성	용지 확보	경관효과	계획 고려 사항
선형 수역 육역	수변을 따라 오픈스페이스를 선형으로 배치한다. 전통적인 해양리조트, 해변지역 등에서 볼 수 있는 배치이다.	○ 깊이를 작게 함으로써 배후지역에서 수변으로 접근하기 쉽게 된다. 오픈스페이스의 넓은 범위에서 좋은 수환경을 누리기 쉽다.	○ 배후지역의 어디에서라도 오픈스페이스로 접근하기 쉽다.	△ 하천의 고수부지나 자연 모래사장 등을 이용하면 리니어한 토지를 확보하기 쉽다.	○ 수역이나 식생의 연속성을 조망하는 경우 식생이 배후도시의 아래부분을 선형으로 수경하는 효과가 높다.	보도나 휴식공간을 네트워크함으로써 수변을 따라 동선을 확보한다. 수변에 변화가 없으면 단조로운 시퀀스가 되기 쉬우므로 시설배치나 식재 등에 의해 변화를 연출한다.
면형 수역 육역	수변에 대규모 오픈스페이스를 면적으로 정비한다. 일반적인 스포츠 시설 등 직접 수변과 관계가 없는 시설이 도입되기 쉽다.	× 오픈스페이스의 수제선 연장은 짧고 좋은 수환경을 누릴 수 있는 공간도 한정되기 쉽다. 특히 내륙부는 수변과 관계가 부족한 공간이 되기 쉽다.	△ 오픈스페이스의 정비에 의한 이익은 특정지역에 집중되기 쉽다.	△ 기존의 해변지역에서 새롭게 큰 토지를 확보하는 것이 용이하지 않다.	△ 물과 식생의 조합에 의한 정취를 연출하기 어렵지만 모여 있는 식생이 확보됨에 따른 도시 내 녹지로서의 효과는 기대할 수 있다.	수변존과 내륙존은 성격 및 공간을 명확히 분리하는 것이 바람직하다. 지형에 기복을 주어 내륙부에서 좋은 수환경을 누릴 수 있는 공간을 만들거나 내수면을 확보해도 좋다.
분산형 수역 육역	수변을 따라 소규모의 오픈스페이스를 분산하여 배치한다. 하나하나의 오픈스페이스는 포켓파크 등 소규모인 경우도 있다.	△ 오픈스페이스의 수제선 연장은 전체로서는 길지만 짧게 잘려 있기 때문에 일체적인 이용은 어렵게 된다. 주택지 등의 스케일에는 적합하다.	○ 오픈스페이스가 분산되기 때문에 이익은 넓은 범위에 걸칠 것으로 예상된다.	○ 유휴지나 남은 땅, 공공용지의 일부 등을 이용하기 쉽고 기존의 해변지역에서 비교적 현실적인 방법이다.	△ 요소별로 수경함으로써 효율적인 정비가 쉽다. 오픈스페이스의 성격을 바꾸어 변화가 풍부한 경관을 제공할 수 있다.	산책로 등에 의해 일체적으로 이용 가능한 공간을 만들어 가는 것이 요구된다. 각각의 오픈스페이스의 개성화와 표식 시스템의 충실이 요망된다.

출처 : 이한석·도근영 역, 『워터프론트계획』, p.139

그리고 수변오픈스페이스는 누구나 출입할 수 있는 개방된 공간으로 계획한다. 즉, 수변오픈스페이스는 수변산책로나 기존 공공공간과 일체로 계획하여 많은 사람들이 수변에 접근하기 쉽게 계획한다.

특히 수변오픈스페이스에서는 친수성을 강화하는 계획이 필수적이다. 수면 위로 돌출한 데크 등을 통해 물과의 친근감과 일체감을 높일 수 있도록 계획하며, 인공적인 여울이나 물의 정원, 건물벽면의 폭포, 조수간만을 체험할 수 있는 수공원 등을 계획하는 것도 바람직하다.

수변오픈스페이스를 맞대고 있는 수면에 분수를 계획하면 정적인 수면에 변화를 줄 수 있고 오픈스페이스의 친수성을 한층 높여준다. 그리고 누구라도 걸을 수 있는 수변산책로와 보드워크, 난간, 벤치, 옥외조명 등을 세심하게 계획한다.

한편 수변오픈스페이스의 분위기를 부드럽고 인간적으로 만들기 위해 나무 그늘, 콘크리트 호안에 그래픽이나 자연재료를 이용한 수경(修景), 휴먼스케일을 넘는 인공시설물의 위압감을 약화시키는 식재 등을 계획한다.

3) 식재계획

수변오픈스페이스에서는 식재가 인간적인 환경을 만드는 데 중요한 역할을 한다. 생태적으로는 녹음의 양이 중요하지만 경관적으로는 녹음 양보다 수목이 어떤 인상을 주느냐 하는 것이 중요하다. 식재방식마다 그 특유의 인상을 파악하여 적절히 사용할 필요가 있다. 예를 들어, 식목의 물리량이 같아도 식재면이 평탄한 경우와 경사진 경우는 다른 인상을 준다.

나무를 줄지어 심는 경우에 평면적으로 직선인 경우에는 지형에 변화를 주어 단면을 기복 있게 하고, 지형에 기복이 작은 단면이 있으면 평면을 곡선형으로 식재하는 것이 좋다. 특히 수제선이 활처럼 휘어진 형태로 되어 있으면 수제선을 따라 나무를 줄지어 심는 것이 바람직하다.

그림 4.15 수변오픈공간의 식재

수변오픈스페이스에서 독립된 고목(高木)은 육지가 수면으로 길게 돌출된 부분이나 굴곡진 지형의 꼭대기 부분에 식재하는 것이 좋으며, 모든 식재계획은 건물계획과 조화롭게 하여 새로운 수변경관을 창출하도록 한다. 예를 들어, 줄지어 심은 나무의 끝부분에 탑을 두거나 건물 밑 부분에 식목군을 식재하고 벽면 전면에 아름다운 나무를 식재하면 상승효과를 만들어낸다.

또한 식재는 시설물 주변에서 인공적인 거부감을 완화시키는 역할을 한다. 예를 들어, 교량이나 크레인 등 거대한 인공시설물 주변의 식재는 보기흉한 것을 가리기도 하고, 구조물의 압박감이나 지루함을 없애기도 하며, 구조물의 단단한 느낌을 완화시킨다. 따라서 수변에서 기존의 식재는 가능한 보전하며 새로운 식재계획에서 활용하도록 한다.

4) 방향성계획

매립지와 같이 평탄한 수변오픈스페이스에서는 공간들의 위치관계, 기존 시가지와의 위치관계 등을 알기 어려울 수 있다. 이 때문에 사인(sign)계획도 필요하지만 조망을 통해 자연적으로 방향성(orientation)을 찾을 수 있게 계획한다.

수변오픈스페이스에서 방향성을 위한 계획을 보면, 주요 가로축은 기존 랜드마크를 향하도록 계획하며, 주요건물은 가로축이나 수제선축 혹은 수로축을 따라 명확하게 인지될 수 있는 위치에 배치한다. 특히 수변 전체를 조망할 수 있는 장소를 계획하는 것도 중요하다.

또한 수면을 조망하는 것도 방향성을 찾는 데 중요하다. 우선 수면이 보이므로 큰 방향을 예측할 수 있으며 수면으로 시계(視界)가 열려서 방향성 파악을 위한 시각정보의 수집이 쉽다. 보다 적극적으로는 수로를 계획하면 중요한 공간축이 설정되어 방향성 설정에 큰 도움이 된다.

(a) 랜드마크

(b) 수면을 향한 공간축

그림 4.16 수변의 방향성을 위한 계획

이러한 방향성의 파악은 경관체험과 일체화되는 것이 좋다. 예를 들면, 수면을 처음부터 명확하게 보이지 않게 하고 수면으로 접근함에 따라 도중에 수면이 보이는 구간과 보이지 않는 구간을 번갈아 배치함으로써 최종적으로 수면에 도착하기까지 긴장감을 지속시킬 수 있는 연출이 필요하다.

또한 수변의 랜드마크 주변을 돌아가도록 루트를 계획하여 움직일 때마다 새로운 각도에서 랜드마크의 새로운 모습을 볼 수 있도록 계획하는 것이 좋으며, 이 경우 랜드마크는 독립된 것일 수도 있고 시설군일 수도 있다.

4.3.4 야간경관계획

수변에서 야간경관의 매력은 수면의 암흑과 밝은 빛의 조화에 있으며, 특히 어두운 수면에 반사되어 흔들리는 불빛은 야간경관의 백미이다. 여기에 어둡고 조용한 가운데 들려오는 파도소리와 기적소리, 바다에서 불어오는 바람과 바람에 실린 바다내음은 잊을 수 없는 수변의 야간경관을 형성한다.

수변야간경관은 바라보는 조망에 따라 높은 곳에서 내려다보는 파노라마의 부감경(俯瞰景)과 수면을 사이에 두고 맞은편 수변에서 보는 대안경(對岸景)이 있으며, 수면(배) 위에서 바라보는 경관도 있다. 또 수변야간경관에는 생활야경과 연출야경이 있는데, 생활야경은 가로조명, 산업활동 또는 주거생활에 따른 조명에 의한 야간경관으로서 수변에서의 삶을 반영한다. 한편, 연출야경은 야간에 수변에서 특별한 분위기를 조성하기 위해 의도적으로 계획된 야간경관으로서 특정한 부분을 돋보이게 하는 의도적인 조명으로 구성된다.

산 위에 올라가 내려다보는 수변야경은 주로 생활야경이지만 수변의 광장이나 교량 또는 건물의 특정 부분에 설치하는 일루미네이션(illumination) 조명은 연출야경이다. 수변야간경관은 이러한 생활야경과 연출야경이 조화를 이루어 독특한 분위기를 만들어내야 한다.

이러한 가운데 수변에서 어두운 부분과 밝은 부분이 적절하게 결합되어 잘 정리된 인상을 주어야 한다. 특히 생활야경은 수변의 독특한 지형이나 공간구조 등을 명료하게 돋보이도록 계획되어야 하고, 이를 위해 수제선과 가로를 따라 선적인 조명을 보강하며 수면에는 어두움이 충만하도록 계획한다.

수변의 연출야경에서는 역사적 시설물, 교량, 주요 건물 등에 대해 라이트업(light up) 기법을 사용하여 연출한다. 이 경우 역사성의 연출 등 일정한 연출개념을 세우고 이를 기초로 조명대상을 신중하게 선별하는 것이 필요하다. 한편, 연출야경과 생활야경은 서로 갈등을 일으키기 쉬우므로 기존 생활야경이 우수한 경우 또는 특색이 있는 경우에는 새로운 연출야경을 추가할 때 생활야경의 특색을 약화시키지 않도록 주의한다.

그림 4.17 수변야간경관

이상에서 설명한 내용을 바탕으로 수변야간경관의 계획방향을 정리하면 다음과 같다.

첫째, 수변의 야간경관 전체를 조망할 수 있는 조망장소를 계획하고, 조망장소 주변은 어둡게 계획하며, 수제선에 연속적으로 조명을 배치하여 수제선의 윤곽이 돋보이도록 한다.

둘째, 수변과 도심의 연결 구조를 강조하는 조명계획, 도시축의 종점으로서 수변을 분명하게 나타내는 조명계획, 수변을 알기 쉽게 하는 조명계획을 실시한다.

셋째, 수변의 지역적 특성을 강조하는 조명계획으로서 터미널시설, 창고, 교량, 선박 등 수변을 대표하는 시설물에 대한 연출조명을 계획한다.

넷째, 수변에서 야간에 보행자의 안전성을 확보하고, 보행자 도로·광장·산책로의 연속성을 강조하며, 조명의 밝기·색·광원의 위치 등에 리듬을 부여한다.

다섯째, 야간활동이 집중되는 터미널시설, 이벤트광장, 상업시설 등을 밝게 조명하고 눈길을 멈추게 하는 아이 스톱(eye-stop, 눈에 띄는 건축물이나 시설물)에 대해서는 강조 및 대비의 조명을 계획한다.

여섯째, 어둠을 배경으로 수변의 매력을 높이는 조명, 사람들이 머무는 공간을 중심으로 눈부시지 않으며 부드럽고 편안한 조명, 수목이나 건물의 벽면을 활용한 조명을 계획한다.

4.4 항만경관계획

4.4.1 인공수변의 경관

항만은 대표적인 인공수변으로서 자연수변과 대비되는 많은 특성을 가지고 있다. 무엇보다 인공수변에서는 육역을 보호하고 인간 활동을 유지하기 위해 돌제나 이안제 등 규모가 큰 구조물이 수역에 들어서고 육역에는 크레인 등 대형 시설물이 들어서 있다.

이러한 인공수변에서 경관계획은 배경이 되는 자연요소와 인공적인 구조물이나 시설물들을 어떻게 조화시켜서 전체적으로 경관적인 통일감을 만들어내는가가 큰 관건이 된다. 이를 위해 호안의 제방은 상부 높이를 가능한 한 낮게 하여 수변에서 수면을 볼 수 있도록 하고 수역의 이안제는 평소에 보이지 않도록 수면 아래에 계획한다.

특히 콘크리트 호안이 대규모로 노출되어 있으면 딱딱한 감을 주기 쉬우므로 이를 개선하기 위해 모래로 구조물을 덮거나 호안에 그림자를 들이도록 고목(高木)을 식재하는 것, 그리고 배후지에 약간의 기복을 두고 식재로 피복하는 것 등이 있다.

또한 호안의 포장면은 가능한 작은 면적으로 구획하고 포장재료는 빛의 반사가 적은 것으로 선택한다. 그리고 경사면이나 가장자리 부분 등 강하게 노출되는 부분은 둥글게 하고, 특히 돌제와 호안이 매끄럽게 어울리도록 한다.

그 밖에도 인공 구조물은 모래해변 등 자연요소와 일체감을 고려하여 부피가 큰 돌을 투박하고 거칠게 쌓아올리는 공법을 사용하거나 자연석으로 피복하는 방법이 있다. 보다 적극적으로는 이안제보다는 섬을, 돌제보다는 갑(岬)을 조성하는 어스디자인(earth-design)을 도입하는 것이다.

그리고 인공 구조물 외곽에는 소파블록을 무분별하게 쌓는 것이 아니라 인공 구조물에 넉넉한 경사면을 계획하고 이 사면에 식재를 계획하거나 구조물 앞 수면에 인공리프(reef)를 계획한다. 이상과 같은 계획으로 대응할 수 없는 거친 바다, 또는 수심이 깊은 곳에서는 인공수변의 조성을 포기하는 것이 수변경관을 위해 바람직하다.

그림 4.18 인공수변의 모습

한편 인공수변에서 경관의 핵심요소는 수면이며, 수면 폭의 다양성에 따라 수변경관의 다양성이 나타난다. 따라서 다양한 폭의 수면이 존재하는 수변에서는 그만큼 다양한 수변경관을 만들어 낼 수 있다.

참고로[3] 수면을 사이에 두고 양쪽에서 일체적인 즐거움을 느끼려면 수면 폭은 24m 이하로 계획해야 하고, 수면을 매개로 건물군을 보는 경우에는 100~600m 정도 폭이 유리하며 야간경관을 조망하는 경우에도 대안과의 거리가 이 정도이면 좋다. 레저용 보트나 여객선 등 선박을 조망하는 경우에는 선박들이 근경역 내에 위치하도록 수면의 규모는 500m 내외가 적당하다.

한편, 인공수변에서 어떤 경관요소의 영향력이 강할 경우에 이를 완화시키기 위해서는 어느 정도 거리를 확보해야 한다. 예를 들어 중화학공장이나 발전소 등이 있는 경우에는 이들의 영향을 완화시키기 위해 수면의 규모는 2,000m 이상 요구된다.

반면에 크레인이나 창고 등 항만시설의 경우에는 500m 이상 거리가 요구되는데, 이 거리는 경관요소가 보이는 것을 부정하는 것이 아니라 다만 시각적 영향을 적게 하면서 항만활동의 생생함을 전달할 수 있는 거리이다.

4.4.2 항만경관계획

1) 항만경관의 특성

항만은 경관적 측면에서 보면 방파제나 호안, 선박이나 크레인이 늘어서 있는 시설물의 집합체가 아니다. 항만은 인간생활이 배어 있는 생활공간이며 바다의 힘이 영향력을 미치는 자연공간이다. 또한 항만은 친숙한 작업공간인 동시에 새로운 문화가 들어오는 관문(關門)공간이기도 하다.

즉, 항만은 인공(도시)과 자연(바다), 안과 밖, 일상과 비일상이 교차하는 특별한 곳이며, 이들이 얽혀서 자아내는 독특한 아름다움이 항만의 매력이다. 최근 항만에서는 사람들이 모여들고 첨단 문화의 참신성이 돌아오며 감추어져 있던 항만의 매력이 드러나게 되었다.

항만의 매력은 항만과 자연, 그리고 도시의 세 요소가 만나 하나의 융화된 성격을 형성하며 이들 사이에 독특한 균형이 생겨난다는 점에 있다. 더욱이 세 요소의 비중에 따라 미묘하게 뉘앙스가 다른 항만경관이 생겨난다. 특히 자연과 인공의 엄격한 균형이 순수한 자연이나 단순한 인공과는 다른 독특한 매력을 만들어낸다.

또한 항만에는 도시의 활기와 수변의 정취가 배어 있으며, 배후에 있는 도시에는 항만 특유의 활동이나 시설물이 존재하고, 항만을 통해 타 도시의 문화가 흘러든다. 따라서 항만에서는 물을

3 인간이 타인의 표정을 식별할 수 있는 한계는 12m 정도, 얼굴을 식별할 수 있는 한계는 24m 정도, 동작을 식별할 수 있는 한계는 135m 정도, 존재를 인지할 수 있는 한계는 1,200m 정도임.

중심으로 한 약동감과 독특한 항만문화가 탄생된다.

더욱이 항만에서 자연은 바다만이 아니고 항만을 둘러싸는 천연의 자연지형이 존재한다. 인공적으로 축조된 항만과 도시 양쪽 모두를 부드럽게 감싸는 자연지형이 있으며, 이와 같은 배경의 존재가 항만의 매력을 지켜주고 있다. 세계적으로 이름난 미항(美港)에서는 배경을 형성하는 자연지형과 수면, 그리고 도시가 엮어내는 조화와 아름다움이 존재한다.

그림 4.19 정비된 항만경관

따라서 항만경관계획에서는 항만 고유의 매력요소, 혹독한 해상조건 하의 인공구조물, 항만도시의 역사적 공간과 독특한 문화, 이벤트와 놀이의 연출 등이 중요한 경관요소가 된다.

그러나 우리에게 항만은 지금까지 더럽고, 위험하며, 접근하기 어려운 곳으로 인식되고 있다. 기존 항만개발은 기능성과 경제성에 초점이 맞추어져 있어서 경관에 대한 고려가 미흡하였다. 그 결과 항만 내 녹지 및 공공공간 부족, 불결하고 위험한 항만환경, 항만활동에 따른 바다오염, 항만으로의 접근하기 어려움, 도시와 단절된 항만, 항만 내 랜드마크 부족, 항만경관과 도시경관의 부조화 등으로 인해 항만경관은 부정적으로 평가되고 있다. 또한 항만은 불쾌하고 안전하지 못한 곳으로서 도시환경을 오염시키는 원인이 되고 있다.

하지만 최근에 항만에서는 물류기능 이외에 여가공간으로서의 기능이 확대되고 있으며, 지역의 관문으로서 관광수요 창출과 항만도시의 경쟁력 강화에 이바지하기 위해 항만경관의 중요성이 대두되고 있다.

이러한 상황에서 정부는 '수변경관가이드라인', '친수항만조성 및 관리지침', '항만재개발 및 마리나항만 경관가이드라인', '항만개발사업에 대한 경관심의제도 도입' 등 관련 제도를 개선하고 항만경관향상을 위해 노력하고 있다.

2) 항만경관계획의 개념

항만경관계획은 항만이 도시 및 수변과 경관적으로 바람직한 관계를 형성하도록 계획하는 것을 말한다. 결국 항만경관계획은 '매력 있는 항만', '깨끗한 항만', 그리고 시민들이 이용할 수 있는 '친근한 항만'을 계획하는 것이다.

첫째, '매력 있는 항만'은 아름다운 항만을 의미하며, 이는 항만이 주변 도시경관 및 자연환경과 조화를 이루어 아름다운 경관을 창출해내는 것이다. 이를 위해 항만의 조망경관, 색채경관, 랜드마크, 야간경관을 새롭게 계획해야 한다.

둘째, '깨끗한 항만'은 항만의 환경개선 및 친환경적인 개발을 통하여 항만의 오염발생을 최소화하며, 지속 가능하고 깨끗한 항만환경을 조성하는 것으로서 깨끗한 항만은 현대 항만이 추구하는 기본개념으로 인식되고 있다.

셋째, '친근한 항만'은 바라만 보는 항만이 아니라 시민이 직접 접근하여 이용하는 항만을 의미한다. 항만에 친수공간을 조성하여 시민에게 제공함으로써 친근한 공간이 되고, 새로운 해양문화공간으로서 역할을 하는 항만을 의미한다. 항만은 국가기간시설로서 보호받고 있으며 물류기능에 따라 구성되므로 일반인에게 친근함을 주기 어렵다. 따라서 항만경관계획에서는 친근한 항만을 만들기 위해 인간적인 환경을 계획하는 것이 필요하다.

그림 4.20 '친근한' 항만

이를 위해 수변공간과 항만은 서로의 시각적 관계를 적절하게 조절해야 한다. 시민이 모여드는 수변공간과 항만시설, 혹은 석탄 및 철광석 부두는 가능한 거리를 멀리하는 것이 좋다(시각적 효과를 기대할 수 있는 2km 정도까지).

그러나 레저용 보트를 위한 마리나 항이나 여객선 부두와 같이 매력적인 항만시설은 시민이 친근하게 얼굴을 맞댈 수 있게 수변공간과 가까운 거리에 두는 것이 좋다(경관적으로 의미 있는

500m 내). 또 화물창고나 컨테이너 야적장은 수변공간으로부터 중간거리(500m~2km)에 위치시켜 현대적인 항만을 안전한 거리에서 조망할 수 있도록 한다.

이상과 같이 거리에 의해 항만과 수변공간의 관계를 계획할 수 있지만 그렇지 못할 경우에는 중간에 완충식재 등을 이용하여 시각적 관계를 조절한다. 이와 함께 유람선과 같은 특별한 접근수단을 이용하여 항만을 관람하게 함으로써 항만의 비일상적인 역동성을 시민들이 친근하게 경험하도록 계획한다. 이러한 측면에서 항만경관의 개선사항을 정리하면 표 4.2와 같다.

표 4.2 항만경관 개선사항

개선 요소	내용	개선 방향
친수공간	시민들의 접근 및 이용이 가능한 항만공간	• 기존 항만공간의 친수성 강화 • 친수활동을 위한 친수공간 도입 • 친수공간조성 장기계획 수립
접근로	항만공간으로 접근하는 보행로	• 항만공간에 접근로 확보 • 안전하고 쾌적한 보행환경 조성
편의시설	항만공간을 이용하는 시민에게 편의와 즐거움을 제공하는 시설물	• 위생시설 및 안전시설 설치 • 주차공간 및 쉘터 조성 • 놀이 및 문화시설 설치
보행로 및 녹지	항만공간에 조성된 보행로와 녹지공간	• 보행로와 친수공간 연계 • 보행로 주변에 조망장소 설치

3) 항만경관계획

항만경관의 가장 큰 매력은 역동성이다. 따라서 항만경관계획에서는 항만의 역동성을 느낄 수 있도록 활기 있고 에너지 넘치는 경관을 계획한다. 또한 쾌적성을 고려하여 시민들이 항만을 시각적으로 질서 있고, 개방되며, 쾌적한 경관으로 느낄 수 있도록 계획한다.

표 4.3 항만경관계획 요소

계획 요소	계획 요소의 정의	계획 내용
조망장소	시민이 접근 가능한 장소로서 시각적 장애가 적은 곳으로 항만공간이나 주변을 조망하기 좋은 장소	• 접근성 향상 • 조망장소 및 주변환경 개선 • 조망을 위한 편의시설 설치
경관요소	항만의 특징적 시설, 시각적 즐거움을 주는 랜드마크	• 경관요소 시각적 특성 강화 • 경관저해요인 개선
조망축	조망점에서 경관요소를 바라보는 시선축	• 조망축 내 시각 방해물 정비 • 조망축 보전
경관저해요소	항만의 시설물 가운데 시각적 불쾌감을 유발하는 것	• 시각적 불쾌감 감소 • 가능한 것은 재개발 유도

항만경관계획을 위한 계획요소를 살펴보면 표 4.3과 같으며, 이러한 항만경관계획 요소를 중심으로 항만경관계획의 내용을 정리하면 다음과 같다.

(1) 조망경관

항만경관계획에서는 무엇보다 역동적인 항만의 매력을 보여줄 수 있는 조망경관이 우선 되어야 한다. 조망경관은 보는 장소인 조망장소, 보이는 대상인 경관요소, 조망장소와 경관요소를 연결하는 조망축으로 나누어 계획한다.

첫째, 조망장소는 항만 내, 혹은 밖에서 항만경관을 잘 조망할 수 있는 곳을 선정하여 계획한다.

둘째, 경관요소는 아래와 같이 계획한다.

① 항만 및 그 주변에서 경관요소를 선정한다.

② 인공적인 경관요소는 기존 자연경관과 조화를 고려하여 계획한다.

③ 자연적인 경관요소는 원래대로 보존하는 것을 원칙으로 계획한다.

④ 경관요소는 항만 내 요소와 항만 밖 요소로 구분한다.

⑤ 항만 내 경관요소는 조망장소와의 관계를 고려하여 계획한다.

⑥ 항만경관에 시각적 부담을 주는 경관저해요소를 선정한다.

⑦ 경관저해요소는 시각적 부담을 감소시키도록 계획한다(차경이나 수경).

⑧ 경관저해요소는 장기적으로 이전·폐기를 적극 검토한다.

셋째, 조망축은 다음과 같이 계획한다.

① 조망장소와 경관요소를 연결하는 시각축을 보전한다.

② 조망축에 관련된 항만 내 요소와 항만 밖 요소를 선정한다.

③ 조망축에서는 개방성 확보를 기본으로 계획한다.

④ 조망축을 방해하는 요소의 개선대책을 마련한다(색채 및 마감재료 개선).

⑤ 조망축 내 시설물의 규모 조절이나 위치 후퇴를 통해 개방성을 확보한다.

(2) 색채경관

항만은 공간이 넓고 다양한 시설물과 건물들이 들어서 있기 때문에 항만 전체를 대상으로 항만색채계획을 수립해야 한다. 대규모 항만의 경우 그 특성에 따라 구역을 구분하고 각 구역의 특성을 고려하여 항만색채계획을 수립한다. 항만색채계획은 항만경관계획 및 항만녹지계획과 함께 계획하여 항만이 주변 자연경관 및 도시경관과 조화되도록 한다.

항만색채계획의 수립과정에서는 시민, 항만관리기관, 항만입주기업, 지자체의 긴밀한 협력이 필요하며, 이를 위해 '항만색채계획협의회'를 구성할 필요가 있다. 또한 항만색채계획의 실행을 위한 구체적인 방안을 계획한다. 예를 들어 보조금제도를 마련하거나 항만시설물의 염해관리를 위해 도장을 실시할 때 항만경관계획에 맞추어 도색하도록 한다.

그림 4.21 항만색채(시미즈 항)

출처 : 시미즈 항 색채계획추진협의회 홈페이지

항만색채경관을 위해 항만의 색채는 주조색(70% 이상), 보조색(20~30%), 강조색(10% 미만)으로 구성하며, 주조색은 항만색채경관의 통일성을 위해 전체적으로 적용되는 항만기본색채로서 자연(바다, 하늘, 숲 등)과 도시 색채를 고려하여 정한다.

보조색은 항만의 특성을 나타내는 색채로서 항만지구별 아이덴티티(identity)를 나타내는 시설물에 적용하며, 강조색은 해당 시설물이나 건축물의 개별성 확보를 위한 색채로서 특별한 부분에 적용한다. 이와 같이 항만색채계획에서는 항만 주변의 자연경관 및 도시경관과 조화를 기본으로 주조색, 보조색, 강조색 및 그 적용위치를 상세하게 정한다.

항만의 대규모 건물의 경우에는 고명도(명도 7 이상), 저채도(채도 3 이하)의 밝고 연한 톤을 주조색(기본색)으로 하고 색상에 변화를 주며, 컨테이너크레인 등 항만시설물은 크기의 부담을 경감시킬 수 있는 강조색(고명도, 고채도)으로 한다. 한편 항만의 아이덴티티를 나타내고 항만을 상징하는 심벌컬러(symbol color)[4]를 선정하고 항만의 상징적 시설물(랜드마크)에 심벌컬러를 적용한다.

(3) 시설물경관

항만경관요소 중에서 상징적 건물이나 시설물은 랜드마크로서 계획한다. 랜드마크는 항만 특

4 포트컬러(port color)로서 두 가지 색 정도 선정하는 것이 좋으며 일본 시미즈 항의 경우 10B 7/8 아쿠라블루, N9.5 화이트를 심벌컬러로 사용하고 있음.

성을 나타내도록 디자인하고, 그 주변에는 시민과 관광객을 위한 조망장소를 계획한다.

한편 '항만경관가이드라인'을 수립하고 이를 바탕으로 항만 내 건물 및 시설물은 주변 자연경관 및 도시경관을 고려하여 계획한다. 특히 항만 내 건물 및 시설물은 본래 기능을 충족시킬 뿐 아니라 항만경관을 고려하여 규모·형태·재료·색채 등을 계획한다.

또 항만 내 건물은 외부공간과의 연속성을 확보하고, 건물 주변에는 녹지나 친수공간을 조성한다. 항만의 건물과 시설물은 도시경관 및 자연지형의 스카이라인을 가능한 훼손하지 않도록 계획하고, 건물의 옥상에는 부대설비나 기계류의 설치보다는 녹지 및 비오톱(biotope)[5]을 계획한다.

그림 4.22 항만의 건물 및 시설물

한편 항만의 방파제와 호안은 그 기능뿐 아니라 항만경관 측면에서 매우 중요하다. 비교적 높은 시점에서 본 방파제의 모습은 항만을 둘러싼 자연스런 구조물로 보이며, 이때 방파제는 직선으로 보인다. 그리고 항내의 낮은 시점에서 보면 방파제는 바다와 하늘 사이에 수평선으로 보이고 끝에 있는 등대와 함께 바다로 향하는 문을 상징한다.

근경에서 방파제는 항구를 지키는 구조물로서 기능성과 강인함이 형태·질감·재질 등에서 명확히 표현되며, 바다를 직접 체험하고 항구와 도시를 조망하는 최고의 조망장소이다. 여기에서는 물의 움직임과 소리를 느끼고 선박과 도시를 동시에 볼 수 있다.

호안은 방파제보다 비교적 단순한 구조로 되어 있으며 바다에서 육지방향으로 보면 수평의 선이 되며 육지의 일부로서 지각되기 때문에 방파제와 비교하여 수평적이고 안정된 윤곽선이 된다.

호안은 바다에 가장 가까운 조망장소로서 선박과 물의 움직임을 볼 수 있고 배후로는 도시활동이나 자연경관을 볼 수 있다. 또 호안은 사람들이 활동하는 무대가 되며, 특히 계단호안이나

5 비오톱(biotope)이란 특정한 생물 군집이 생존할 수 있는 균일한 환경을 갖춘 구역을 말함.

선착호안은 사람들이 모이는 장소가 된다. 따라서 호안은 지형조건에 맞춰 친수성을 확보하고 선상이나 건너편 호안에서 보았을 때 아름다운 수변의 경계지역으로 연출할 필요가 있다.

이상의 사항을 고려하여 항만경관의 향상을 위해 방파제와 호안의 경관계획사항을 구체적으로 정리하면 표 4.4와 같다.

표 4.4 방파제 및 호안의 경관계획

<table>
<tr><th colspan="2">계획 분야</th><th>계획 항목</th><th>계획 내용</th></tr>
<tr><td rowspan="9">친수
설계</td><td rowspan="9">방파제
및 호안</td><td>배치계획</td><td>• 공간배치, 시설물 및 동선배치, 공공공간과 조화, 친수공간 배치</td></tr>
<tr><td>평면계획</td><td>• 배후지와 연계, 다양한 선형, 공간의 분절화(입구부, 중앙부, 선단부), 수역과 공간의 관계, 끝부분·우각부· 분절부의 설계</td></tr>
<tr><td>단면계획</td><td>• 다양한 단면형상, 단높이·폭·경사·계단·난간·구조형식, 소파블럭, 입체적 공간활용</td></tr>
<tr><td>색채계획</td><td>• 주변과 어울리는 색채, 자연재료의 색채, 악센트 색채, 유사색채</td></tr>
<tr><td>공간계획</td><td>• 오픈스페이스 연속성, 친수활동공간, 역사성·문화성 표현, 다목적 공간, 휴게공간</td></tr>
<tr><td>재료계획</td><td>• 강도·내구성·내후성, 재질감, 기능성, 다양한 재료의 조합</td></tr>
<tr><td>야간조명계획</td><td>• 사고예방조명, 친수활동조명, 야간경관조명, 비상조명</td></tr>
<tr><td>억세스계획</td><td>• 접근시설, 표지시설, 접근로, 주차공간</td></tr>
<tr><td>환경계획</td><td>• 쾌적한 환경, 안전한 환경, 충분한 조경, 배리어프리환경, 유니버설디자인, 악기상 쉘터</td></tr>
<tr><td rowspan="12">경관
설계</td><td rowspan="7">방파제</td><td>상부계획</td><td>• 상부경관</td></tr>
<tr><td>평면계획</td><td>• 평면형상, 굴절부형상</td></tr>
<tr><td>입면계획</td><td>• 상단높이, 소파블럭, 입면형상</td></tr>
<tr><td>선단·기단부계획</td><td>• 특징적 형태, 등대·조각·퍼니처, 식재·벤치, 다양한 형태</td></tr>
<tr><td>재료계획</td><td>• 주변과 조화, 자연소재, 재료의 규격·크기·형태</td></tr>
<tr><td>녹지계획</td><td>• 녹지조성, 식재설계, 해풍에 강한 수종</td></tr>
<tr><td>이용자중심계획</td><td>• 포장석, 줄눈, 파라펫, 난간 등</td></tr>
<tr><td rowspan="5">호안</td><td>경사에 따른 계획</td><td>• 직립·급경사호안, 완경사호안, 계단호안, 돌쌓기호안</td></tr>
<tr><td>주변과 조화</td><td>• 재료·형상·색채·질감·명도</td></tr>
<tr><td>부드러움연출</td><td>• 재질·색채, 호안구조·상단높이, 수목식재, 경관장애요소</td></tr>
<tr><td>친수성확보</td><td>• 돌쌓기완경사호안, 계단호안, 녹지, 자연석</td></tr>
<tr><td>산책로계획</td><td>• 산책로위치·바닥재료, 구조물·가로시설물, 배후광장·공원과 연계</td></tr>
</table>

(4) 야간경관

항만에서 야간조명은 항만활동을 위한 조명뿐 아니라 항만야간경관을 고려한 조명계획이 필요하며, 이를 위해 항만야간경관계획이 수립되어야 한다. 항만의 랜드마크나 상징적 시설물은 별도의 경관조명을 계획한다. 또한 항만에서 야간작업이 이루어지는 공간과 시민이 이용하는 공간은 안전을 위해 조명을 계획하고 일정조도를 유지하도록 한다.

한편 항만의 친수공간, 녹지, 수변보행로 등에는 보행안전을 위해 바닥조명을 설치하고 비상시 대피를 고려한 조명계획도 필요하다. 그리고 항만 자체가 가지고 있는 고유의 불빛, 즉 선박 유도등이나 방파제 인식등 혹은 등대의 불빛을 야간경관요소로 적극 활용한다.

그림 4.23 항만의 야간경관

4.5 수변경관관리

도시의 수변공간에는 항만이 들어서 있으며 근래에는 해양레저시설을 비롯하여 해상호텔, 주택단지 등이 대규모로 수변에 개발되어 수변경관이 악화되어 가고 있다. 이러한 수변개발에 따른 수변경관의 훼손을 방지하고 수변경관의 특성을 살리기 위해서는 체계적이고 지속적인 수변경관의 관리가 필요하다. 결국 수변경관계획에는 반드시 '수변경관관리계획'이 포함되어야 한다.

수변공간은 바다와 육지가 일체화된 공간으로서 수변경관은 독특한 경관구조를 가지고 있다. 수변경관구조는 수면, 하늘, 그리고 자연지형에 의해 형성된 스카이라인, 물가의 수제선, 하늘과 수면이 만나는 수평선을 바탕으로 가로축, 랜드마크, 건물군, 녹지 등에 의해 구성된다.

즉, 수변경관구조는 입체적으로 건축물과 배경이 되는 자연지형, 수평으로 확대되어 있는 수면과 녹지, 그리고 선적인 요소인 도로 등에 의해 이루어지므로 각 구성요소 사이에 시각적 관계를 고려하여 통합된 수변경관관리계획을 마련해야 한다.

특히 수변공간에서의 새로운 개발이 일어날 경우에는 기존의 수변경관구조 내에서 그림(圖) 혹은 배경(地)의 역할을 분명히 설정하고 수면과 바람직한 관계를 맺도록 수변경관을 우선적으로 관리해야 한다.

한편 수변경관관리계획은 수변경관계획의 전체적인 틀 속에서 수립해야 하며, 수변경관관리계획도 수변경관계획의 구성에 맞추어 지역의 전체 수변경관구조를 대상으로 하는 '지역경관관리계획'과 특정 경관요소나 공간을 대상으로 하는 '상세경관관리계획'으로 나누어 마련하는 것이 필요하다.

지역경관관리계획은 수변의 개발이 우수한 수변경관을 훼손하지 않고 오히려 수변경관의 매력을 살릴 수 있도록 개성적인 수변경관구조를 정하고 이를 보호하도록 한다. 또한 수면이나 자연지형과 같은 매력적인 자연요소들을 보존하며 사람들의 접근이 쉬운 곳에 중요한 조망장소를 확보하는 것도 포함한다.

상세경관관리계획은 질이 높은 수변경관형성을 위해 특정 시설물이나 공간에 대해 토지이용의 정비, 시설물의 입지 규제, 시설물 상호간에 시각적 관계 설정 등의 내용으로 구성한다. 압박감이나 위해감을 주는 경관요소에 대해서는 기존 토지이용을 조정하거나 차경(遮景) 및 수경(修景) 대책도 포함한다.

한편 수변경관관리계획 내에서 구체적인 경관관리제도로서 '수변경관관리지침'을 수립하고 '개발권양도제(TDR)'[6]나 '건물벽면 후퇴 등으로 공개공지를 창출하면 용적 할증을 해주는 제도' 등을 도입한다. 또한 수변에 새로운 주거, 혹은 레저단지를 개발하거나 시설물을 조성하는 경우에 '수변경관평가제도'를 도입하여 사전에 경관평가를 실시한다.

특별한 수변경관을 가진 구역에 대해서는 '수변경관관리구역'을 설정하고 '특별경관관리지침'을 만들어 토지이용, 건물의 종류·규모·형태·색채, 인공구조물, 공공공간 등을 철저히 관리해야 한다.

항만의 경우에는 앞서 설명한 항만경관관리계획의 범위에서 항만시설물에 대해 '항만경관관리지침'을 수립하고 항만 내 건물 및 시설물의 높이와 폭·재료·색채 등을 관리한다. 특히 거대한 규모로 항만경관에 큰 영향을 미치는 방파제 및 호안 등 항만구조물에 대해서는 '항만구조물 경관관리지침'을 마련하여 구조물의 기본적인 기능 이외에 친수 및 경관의 기능을 다할 수 있도록 관리한다.

6 개발권양도제(Transfer of Development Right)란 수변경관관리를 위해 개발을 제한할 필요가 있을 경우에 제한에 따른 재산권 침해에 대한 보상으로 제한되는 개발권을 매매 혹은 양도할 수 있도록 하는 제도임.

CHAPTER 05

수변방재계획

수변방재계획

5.1 수변재해의 개념

5.1.1 수변재해란?

재해(災害, Disaster)는 비정상적인 자연현상 또는 인위적인 사고가 원인이 되어 발생하는 인명 및 사회경제적 피해를 의미하며, 방재(防災, Disaster prevention)는 이러한 재해를 미연에 방지할 목적으로 행해지는 활동 및 재해발생 시 피해를 경감시키기 위한 활동을 의미한다.

수변재해는 수변공간에서 발생하는 재해로서 재해의 원인에 따라 자연재해와 환경재해로 구분할 수 있다.[1] 자연재해는 폭풍, 호우, 지진, 해일 등이 원인이 되며, 환경재해는 수변공간에서의 인간 활동이 원인이 된다. 수변은 내륙과 달리 바다에 직접 면해 있고 바다로 열린 환경으로 인하여 태풍 등과 같은 이상기상으로 인한 자연재해가 재해의 대부분을 차지하고 있으므로 일반적으로 수변재해라 하면 자연재해를 일컫는다.

우리나라 수변에서는 매년 태풍 등 각종 기상악화로 인한 재해, 그리고 해안침식에 따른 피해가 빈번히 발생하고 있으나 현재까지 대부분의 대책들은 피해를 입은 후 복구에 중점을 두고 있다.

1 조홍연, '수변재해의 특성과 최적 방재기법' 참고.

표 5.1 수변재해 분류

구분	원인	피해 유형	
		직접적 피해 (단기적 손실)	간접적 피해 (장기적 손실, 기회비용)
자연재해	태풍, 지진, 해일 등	• 수변공간 및 구조물 파괴 • 사회 및 경제활동 제한 • 인명 피해	• 피해복구기간의 경제적 손실(복구비용 및 경제활동차단에 의한 손실) • 생물서식공간 파괴
환경재해	오염물질 유출, 적조 등	• 생태계 파괴 • 사회·경제적 피해	• 피해복구기간의 경제적 손실(복구비용 및 경제활동차단에 의한 손실) • 자원 감소에 의한 경제적 손실

출처 : 조홍연, '수변재해의 특성과 최적 방재기법', 내용 재구성

그 결과 매년 수변재해가 반복적으로 발생하고 있으며, 최근에는 태풍 등에 의한 수변재해를 최소화하기 위하여 재해발생을 사전에 예방하기 위한 수변방재대책의 수립이 추진되고 있다. 하지만 현재 수립되고 있는 수변재해 대응책에는 미래 지구환경변화에 대한 고려가 미흡하다.

특히 우리나라에서 점차 지진의 발생빈도가 높아지고 있으며, 지진해일(쓰나미, Tsunami)에 따른 수변재해에 대한 우려의 목소리가 높다. 또한 앞으로 수변재해는 지구환경변화의 영향으로 더욱 크고 강해질 것이다. 산업혁명이후 지구온난화가 진행되어 오면서 최근에는 온난화의 진행 속도가 더욱 빨라져 이로 인한 기후변화가 발생하고 있기 때문이다.

예를 들어 한반도에서 발생하는 태풍의 강도가 갈수록 강해지고 있다. 국가태풍센터가 지난 40년간 한반도에 영향을 준 태풍들을 분석한 결과 1971~2000년까지 태풍의 중심기압은 971.7hPa(헥토파스칼)에서 2001년 이후 10년간 967.5hPa로 낮아졌다. 태풍은 중심기압이 낮을수록 위력이 커진다. 태풍의 평균 최대풍속 역시 과거 초속 30.7m에서 최근 10년간 초속 32.7m로 강해지고 있다.[2]

이와 같이 태풍의 위력이 갈수록 강해지고 있는 추세이므로 폭풍해일의 피해도 늘어나고 있다. 폭풍해일은 저기압의 기압강하에 따르는 해면의 상승작용이나 강풍에 의한 해수의 퇴적에 의해 해면이 평상시보다 상승하는 것으로서 태풍의 중심기압이 낮고 풍속이 빠를수록 해일은 커진다.

지구기후변화가 빠른 속도로 진행되고 있어 가까운 장래에 상당한 수온 상승과 해수면 상승이 예상되어 태풍의 강도도 크게 달라질 것이다. 태풍강도의 증가는 해일강도 증가를 뜻하는 것으로서 해수면 상승과 해수온도 상승으로 태풍의 활동이 강화되고 폭풍해일을 더 크게 발생시킬 수 있다. 따라서 지금까지 경험하지 못한 자연재해가 수변공간에서 발생할 수 있으며 이는 대규

2 김춘선 외, 『항만과 도시』, p.246 참고.

모 인명피해와 사회·경제적 피해를 동반할 것으로 예측된다.

그러므로 수변에서 발생할 수 있는 재해의 종류, 규모, 피해 등을 정확하게 예측하여 수변방재 대책을 수립하는 것이 중요하다. 평균 해수면 변화와 해수온도 상승, 대기 특성변화 및 태풍 강도변화에 따른 파랑과 해일의 크기 변화 등을 고려하여 새로운 시설물 설계기준을 마련하는 등 수변공간에서의 기후변화 대응방안을 수립해야 한다.

이러한 방재대책은 재해발생 후 신속한 복구를 위한 시스템 구축뿐만 아니라 재해발생 시 피해를 최소화할 수 있는 대처방법과 재해를 사전에 방지할 수 있는 예방책의 수립을 포함한다.

5.1.2 기후변화와 수변재해

기후변화는 지구상에서 세계적 또는 지역적 규모의 기후가 시간에 따라 변화되는 것을 말한다. 즉, 대기의 평균적인 상태변화를 의미하는 것으로 이러한 변화는 인간 활동에 의한 지구온난화로부터 유발되었다고 볼 수 있다.

IPCC(기후변화에 관한 정부 간 협의체)[3]에 따르면 기후변화의 원인은 자연적인 원인과 인위적인 원인으로 크게 나눌 수 있으며, 가장 큰 원인으로는 인위적인 원인 가운데 온실가스 증가에 의한 것이다. 산업혁명 이후 급속하게 증가된 에너지 수요를 충족시키기 위해 석탄, 석유와 같은 화석연료가 연소되면서 발생한 이산화탄소 등 온실가스 증가로 인한 대기 구성성분의 변화가 기후변화의 주요 원인이 되고 있다.

표 5.2 기후변화 원인

기후변화 요인		내용
자연적 요인	내적 요인	대기의 기후시스템(5가지 요소 : 대기권, 수권, 빙권, 육지표면, 생물권) 상호작용
	외적 요인	태양활동의 변화, 화산분화에 의한 성층권의 에어로졸(aerosol)[4] 증가, 태양과 지구의 천문학상 위치관계 등
인위적 요인	강화된 온실효과	대기조성의 변화, 즉 화석연료 과다 사용에 따른 이산화탄소 증가
	에어로졸의 효과	인간활동으로 인한 산업화가 대기 중 에어로졸의 양을 변화시킴
	토지 피복의 변화	과잉 토지이용(도시화) 및 삼림파괴

출처 : 김춘선 외, 『항만과 도시』, p.245

3 IPCC(Intergovernmental Panel on Climate Change)는 기후변화와 관련된 전 지구적 위험을 평가하고 국제적 대책을 마련하기 위해 세계기상기구(WTO)와 유엔환경계획(UNEP)이 공동으로 설립한 유엔(UN) 산하의 국제협의체임.

4 에어로졸(Aerosol) : 대기 중을 떠도는 미세한 고체 또는 액체 입자로서 연기, 해무, 대기오염, 스모그 등.

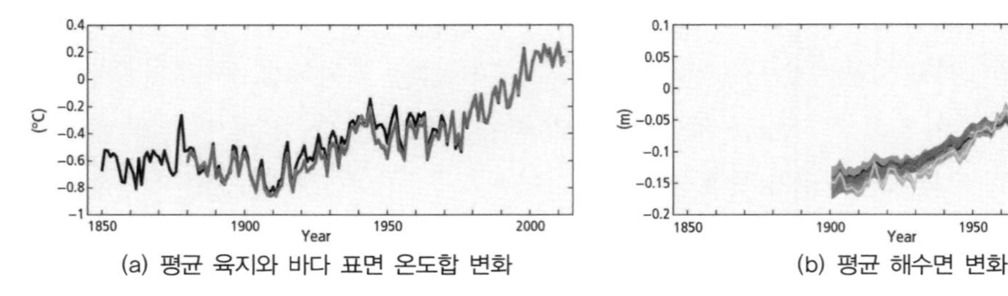

(a) 평균 육지와 바다 표면 온도합 변화 (b) 평균 해수면 변화

그림 5.1 지구적 기후변화

출처 : IPCC, 제5차 평가종합보고서, 2014

기후변화 가운데 기온상승은 전 지구적으로 널리 일어나고 있으며, 해수면 상승은 온난화와 일치하여 나타나고 있다. 해수면 상승의 주된 원인은 지구온난화에 의한 해수 열팽창, 그리고 빙하 및 극지방의 융해이며, 지구 평균해수면은 1961년 이후 평균 1.8mm/yr, 1993년 이후 3.1mm/yr의 속도로 상승하였다.

따라서 현재와 같이 화석연료에 의존하는 대량 소비형 사회가 계속된다면 1980~1999년에 비하여 금세기 말(2090~2099년)에는 지구 평균기온 상승, 해수면 상승, 고온·집중호우 증가, 열대폭풍(태풍, 허리케인 등) 등으로 인한 각종 재해를 예상할 수 있다.

우리나라의 기후변화현황은 세계 평균을 상회하고 있는 실정이며, 지난 100년(1912~2008년 : 강릉, 서울, 인천, 대구, 부산, 목포 6개 관측지점 기준)간 연평균기온은 1.7°C 상승하였고, 연강수량은 19% 증가하였다. 제주지역의 해수면은 지난 40년간 22cm 상승하였고, 제주지역의 해수면 상승폭은 세계 평균보다 3배 높은 수치로서 우리나라의 기후변화 진행속도가 세계 평균을 상회한다고 볼 수 있다.[5]

또한 기후변화가 수변공간에 미치는 영향 중 하나는 대기 중 이산화탄소의 증가에 의한 콘크리트 중성화와 이에 따른 건물성능 저하이다. 콘크리트는 PH(산도) 12~13 정도의 강알칼리성이지만 대기 중 이산화탄소가 콘크리트 내부에 침투하여 PH 8.5~10 정도의 중성화가 되면 내부 철근을 부식시키는 염해 및 누수 등을 억제하는 기능을 상실하게 된다.

IPCC 보고서에는 이산화탄소배출 시나리오에 따라 연도별 이산화탄소량을 나타내고 있는데, 2010년 390ppm을 기준으로 하여 2100년 최대 975ppm까지 배출될 것으로 예측하고 있다. 이 경우 수변지역 건물이나 바다에 위치하는 해양구조물의 경우 성능 저하에 의한 수명단축이 예상된다.

이와 같은 문제를 해결하기 위해서는 수변공간의 건물이나 구조물의 외장마감재를 더 두껍게

5 국토해양부, '기후변화에 따른 항만구역 내 재해취약지구 정비계획' 참고.

해야 하는데, 이렇게 재료를 생산하기 위해 이산화탄소를 추가로 배출하게 되는 악순환이 반복된다. 이러한 악순환의 고리를 끊기 위해 기후변화에 대응하는 새로운 건축기술 및 재료의 개발이 필요하다.

그림 5.2 플로팅 건축물

한편 해수면 상승에 의한 수변공간의 침수에 대응하기 위해 플로팅(floating) 건물이 효과적인 대책으로 떠오르고 있다. 플로팅 건물은 처음에 수역의 매립에 따른 해양생태계 파괴 등 워터프런트개발에 따른 환경문제를 해결하는 대안으로서 제시되었다.

그러나 최근에는 해수면 상승 등에 따른 수변공간의 침수 대응책으로서 더 주목받고 있다. 지반에 기초를 두는 기존의 건축물과 달리 바다 위에 떠 있는 플로팅 건물은 지구온난화에 의한 수변공간의 침수 등 자연재해에 대응하는 가장 현실적인 대응책이라고 할 수 있다.

플로팅 건물은 바다 위에 떠 있는 부유체가 인공지반 역할을 한다. 이러한 부유체에는 폰툰(pontoon)형과 반잠수형이 있는데, 현재 플로팅 건물의 대부분은 폰툰형이다. 폰툰 크기는 일반주택용 크기부터 길이 1km가 넘는 초대형 메가플로트(megafloat) 구조물까지 다양하다.

5.2 수변도시의 방재

5.2.1 기후변화취약성

수변도시란 바다에 면하여 위치한 도시를 말한다. 즉, 수변도시는 바다와 직접 맞닿은 수변공간에 위치하여 기후변화로 인한 부정적 영향, 특히 바다로부터 자연재해를 직접 받을 가능성이 있는 도시를 의미하며, 이와 비슷한 의미로서 '연안도시'를 들 수 있다.

장기간에 걸쳐 지속되는 기후변화는 수변도시의 안전 및 일상생활에 직접 영향을 미치는 홍수, 폭우, 태풍, 해수면 상승 등과 같은 기후현상을 일으킨다. 즉, 수변도시는 바다에 면하여 위치함으로써 기후변화에 매우 취약한 특성을 보이는데, IPCC는 이러한 기후변화취약성을 '자연 또는 사회 시스템이 기후변화로부터 부정적인 영향을 받을 수 있는 정도'를 나타내는 개념으로 정리하였다.[6]

기후변화취약성은 그림 5.3과 같이 기후변화에 대한 어떤 시스템의 민감도, 적응능력, 기후위해(危害)에 대한 노출 정도의 함수로 나타내는데, 수변도시의 경우 기후변화취약성은 도시의 기후노출과 민감도로 구성되는 잠재적 영향에서 적응능력을 뺀 것이다.

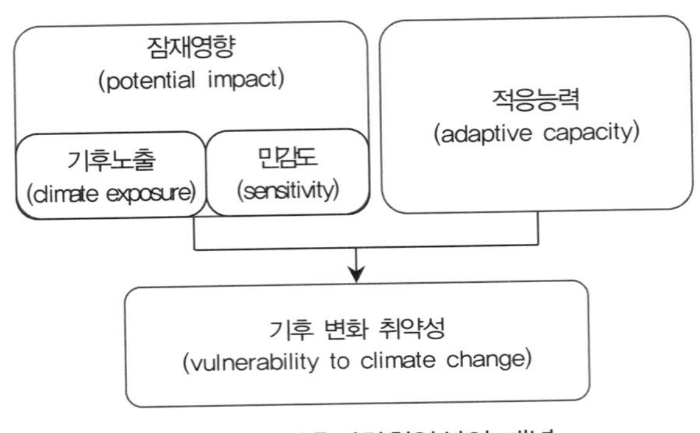

그림 5.3 기후변화취약성의 개념

여기서 '기후노출'이란 수변도시가 직접·간접적으로 재해를 받을 수 있는 기후현상에 노출되는 정도를 말하고, '민감도'는 수변도시의 인간 활동이 기후노출에 의하여 부정적인 영향을 받는 자극의 정도를 말한다. 그리고 '적응능력'은 기후노출에 대응하거나 민감도를 저감시킴으로써 기후변화에 의한 재해에 대처할 수 있는 도시의 총체적 능력을 의미한다.

수변도시에서는 이러한 기후변화취약성을 부분별로 정확히 평가하여 이에 대한 상세한 대책을 수립하는 것이 무엇보다 필요하며 이를 위해 적절한 평가지표의 개발이 시급하다. 최근 우리나라 연안도시 특성을 고려하여 개발된 연안도시의 기후변화취약성 평가지표를 살펴보면 표 5.3과 같다.[7]

6 IPCC, 제4차 평가보고서, 2007 참고.

7 오상백·이한석·강영훈, '국내 연안도시의 기후변화 취약성 평가 연구' 참고.

표 5.3 연안도시 기후변화취약성 평가지표

평가인자	평가요소	평가항목
연안도시 기후노출	기온	1일 최고기온(°C)
		1일 최고기온이 30°C 이상인 날수(일)
	강수	1일 최대강수량(mm)
		1일 강수량이 80mm 이상인 날수(일)
	풍속	1일 최대순간풍속(m/s)
		1일 최대풍속이 14m/s 이상인 날수(회)
	해수면	평균 해수면 높이(cm)
		최고 해수면 높이(cm)
연안도시 민감도	인적요소	인구밀도(명/km^2)
		취약인구(65세 이상 인구비율(%))
	시설요소	단위면적당 도로길이(km/km^2)
		하수도 보급률(%)
	토지요소	국토면적 중 산림면적(%)
		해안선 길이(km)
	해양요소	고극 조위(cm)
		저극 조위(cm)
연안도시 적응능력	경제능력	예산 규모(백만 원)
		지자체 예산중 예비비(백만 원)
	사회능력	의료기관수(개소)
		의료기관 인력수(명)
	행정능력	공무원수(명)
		소방장비(구급차수)(대)
	해양 대응능력	공원·녹지면적(m^2)
		제방면적(m^2)

출처 : 오상백·이한석·강영훈, '국내 연안도시의 기후변화 취약성 평가 연구'

이 평가지표를 사용하여 우리나라 연안도시 기후변화취약성을 평가한 결과를 살펴보면,[8] 먼저 최고 해수면 높이가 연안도시의 기후노출의 평가에서 중요한 요인으로 작용하고 있다. 따라서 연안도시의 기후변화 취약성에 대비하여 향후 해수면 상승에 충분히 주의할 필요가 있다.

또한 민감도를 평가한 결과를 살펴보면, 연안도시의 인구밀도와 해안선 길이가 민감도지표에 큰 영향력을 미치는 것으로 나타났다. 따라서 연안도시의 기후변화취약성을 낮추기 위해서는 장기적으로 홍수 및 태풍 등에 취약한 수변공간에서 인구밀도를 낮추고 철저한 재해대책 마련이 중요하다.

8 오상백·이한석·강영훈, 앞의 책, pp.94~97 참고.

한편 적응능력의 평가결과를 살펴보면, 연안도시의 적응능력에서 중요한 요인으로 공원 및 녹지면적을 들 수 있다. 따라서 연안도시의 기후변화취약성을 낮추기 위해서는 도시의 공원 및 녹지면적을 증가시키고, 특히 자연재해에 취약한 수변공간에서 공원과 녹지면적을 증가시키는 것이 필요하다.

5.2.2 방재도시계획(city planning for disaster prevention)[9]

수변도시의 방재와 관련된 도시계획은 그림 5.4와 같이 먼저 재해대책 관련법에 따라 도시방재 관련 사항을 도시계획과 연계하는 방재도시계획[10]이 있고, 다른 한편으로는 도시계획 관련법에 따라 도시계획 차원에서 직접 이루어지는 방재도시계획이 있다.

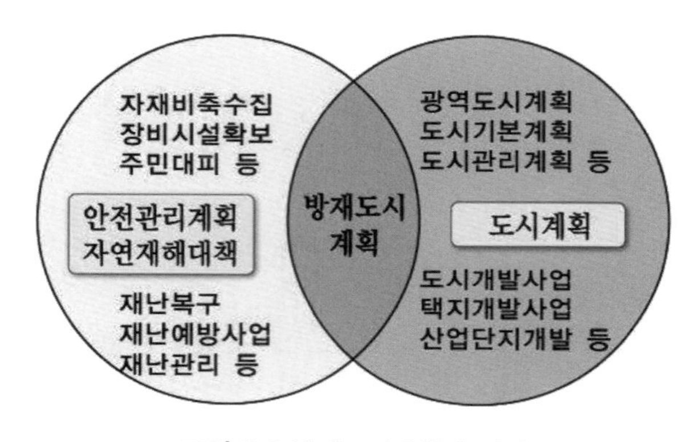

그림 5.4 방재도시계획의 개념

출처 : 김춘선 외, 『항만과 도시』, 제8장

현재 「재난 및 안전관리기본법」에서 방재도시계획은 도시방재대책의 하나로서 '시·군·구 안전관리기본계획'을 수립토록 하고 있으며, 「자연재해대책법」에서는 자연현상으로 인한 재난으로부터 국토를 보존하고 국민의 생명·신체 및 재산과 주요 기간시설을 보호하기 위하여 자연재해위험지구정비계획, 풍수해저감종합계획, 지진재해경감대책 등 재해예방대책을 수립토록 하고 있다. 또 각종 행정계획 및 개발 사업으로 인한 재해유발 요인을 예측하고 대책을 강구하기 위하여 '사전재해영향성검토'를 시행하고 있다.

한편 도시계획체계상 방재도시계획을 살펴보면, 광역도시계획의 방재계획에서는 부분별로

9 김춘선 외, 앞의 책, 제8장, 3. 방재도시계획, 인용 및 참고.

10 방재도시계획은 재해를 예방하고 대응하기 위해 종합적 대책을 마련하는 도시계획을 말함.

방재계획을 수립토록 하고 있으며, 도시관리계획의 경우 '도시관리계획수립지침'에서 방재계획을 수립토록 하고 있다. 또 도시기본계획에서도 방재계획을 세우도록 되어 있으나, 이러한 도시계획 측면에서의 방재계획은 좀 더 체계적으로 제도화할 필요가 있으며, 도시계획상의 방재계획을 교통계획이나 경관계획 등과 같은 수준으로 위상을 강화할 필요가 있다.

현재의 방재도시계획의 내용을 보완하는 방안으로는 첫째, 방재도시계획과 관련된 법·제도를 강화하고, 둘째, 도시계획에서 도시방재 관련 조사·분석을 강화한다. 셋째, 조사·분석 내용은 가급적 도면화하여 활용하기 쉽도록 하고, 넷째, 방재도시계획 관련 계획내용을 충실하게 이행하며, 다섯째, 방재도시계획과 연계된 사업제도를 다양화한다.

그리고 도시계획 관련 방재도시계획과 재해대책 관련 방재도시계획을 비교·분석하여 법령·제도간의 연계방안, 피해발생 전·후 대책 및 대처방안 등을 구체적으로 제시하여 각 지방자치단체별로 지역 특성에 맞게 방재기본계획을 수립할 필요가 있다.

특히 수변도시의 경우에는 항만이나 수변공간에 대하여 태풍, 폭우, 강풍 등에 의한 침수, 파손, 파괴에 따른 단기·중기·장기 방재계획을 수립하고, 선박충돌에 의한 기름 및 가스 등 유출과 선박화재로 인한 사고 등 해상사고에 대해서도 방재계획을 수립한다.

표 5.4 도시계획적 방재대책

풍수해 위험지구에 대한 도시계획적 방재대책

기 개발지역(주거, 상업, 공업 등 지역)	미개발/저개발지역(녹지, 농경지, 자연환경보전 등)
• 이주 대책 및 대체 토지 마련 • 방재지구 지정 및 정비/규제(지자체 조례) • 일반정비사업 : 도시재정비, 주택재개발, 주택재건축, 주거환경정비, 도시환경정비 등 • 개별건축규제 : 대지(예 : 지반고), 건축용도(예 : 지하층 거실 용도 불허), 구조(예 : 필로티, 풍수해에 안전한 구조, 재료), 설비 등	• 신규개발 억제 • 신규개발은 풍수해 저감대책 마련의 조건부 허용 • 도시기본계획의 토지이용계획상 시가화예정용지에서 제외하고 보전용지로 배분 • 도시관리계획에 의한 용도지역상 보전용도지역 지정(보전녹지, 보전관리, 자연환경 보전 등) • 개별건축규제(대지, 건축용도, 구조, 설비 등) • 토지 매입

출처 : 홍성기, 'CAD를 활용한 연안지역 침수 취약성 대응방안 연구', p.108

5.3 자연재해의 사례[11]

5.3.1 태풍피해

우리나라에서 1976~2005년 20년간 태풍피해 사례를 조사한 결과 이 기간에 내습하여 피해를 끼친 주요 태풍은 총 24개이다.[12] 한반도에 영향을 미친 주요 태풍 중 1985년 태풍 '브랜다', 2002년 태풍 '루사', 2003년 태풍 '매미'의 내습에 의해 피해가 가장 큰 것으로 나타났다.

태풍 매미는 2003년 9월 12일 한반도에 상륙해 영남지역을 중심으로 막대한 피해를 일으킨 태풍이다.[13] 'Super Typhoon Maemi' 혹은 '2003년 태풍 제14호'라고 불리었으며 한반도에 영향을 준 태풍 중 상륙 당시 기준으로 가장 강력한 태풍이었다. 그 위력은 2003년에 발생한 모든 태풍 중에서 으뜸인 것은 물론 그해의 모든 허리케인과 사이클론[14]을 통틀어도 가장 강했다.

발생일	2003년 9월 6일
소멸일	2003년 9월 14일
최저기압	910hPa
최대풍속(10분 평균)	54m/s
최대풍속(1분 평균)	75m/s(150kt)
최대크기(직경)	460km(반경)
인명피해(사망·실종)	135명

그림 5.5 태풍 매미

출처 : 김춘선 외, 『항만과 도시』, p.248

태풍의 상륙 시각이 남해안 만조시각과 겹쳐 큰 해일이 발생하였고 높은 파도가 해안가를 휩쓸어서 해안이 침수되고 많은 건물들의 피해가 컸다. 태풍에 동반된 최대순간풍속 50m/s가 넘는 강풍으로 광범위한 지역에서 전신주와 철탑이 쓰러져 전국적으로 145만여 가구가 정전되는 사태가 발생했다.

11 김춘선 외, 앞의 책, pp.248~269 인용 및 일부 보완.
12 국토해양부, '해일피해예측 정밀격자 수치모델 구축 및 설계해면추산 연구' 참고.
13 위키백과(https://ko.wikipedia.org) 참고.
14 사이클론이란 인도양, 아라비아 해, 뱅골 만에서 발생하는 열대성 저기압을 말함.

태풍이 통과하던 9월 12일에서 13일 사이에 쏟아진 폭우로 강원도 영동지방과 경상남도 일부 지역에서는 400mm 강수를 동반하였으며 더욱이 이 강수량의 대부분이 6시간 동안에 집중되어 산사태가 발생하는 등 피해가 컸다.

(a) 부산항 크레인 피해

(b) 마산항 배후도시 피해

그림 5.6 태풍 매미의 피해사례

5.3.2 폭풍해일피해

허리케인 카트리나(Hurricane Katrina)는 2005년 8월 말에 미국 남동부를 강타한 대형 허리케인으로서 플로리다 주 동쪽 약 280km에서 열대성 저기압으로부터 발생했으며 마이애미에 상륙하기 전에 1등급 허리케인으로 커졌다.

발생일	2005년 8월 23일
소멸일	2005년 8월 30일
최저기압	902hPa
최대풍속(1분 평균)	75m/s(150kt)
최대크기(직경)	700km
인명피해(사망·실종)	2,541명

그림 5.7 허리케인 카트리나

출처 : 김춘선 외, 『항만과 도시』, p.251

허리케인 카트리나로 인해 가장 큰 피해를 입은 지역은 미국 뉴올리언스(New Orleans)로서 허리케인으로 인해 폰차트레인호수(Lake Pontchatrain)의 제방이 붕괴되면서 도시의 대부분이 물에 잠겼으며 뉴올리언스 지역의 80% 이상이 해수면보다 지대가 낮아 들어온 물이 빠지지 못하고 그대로 고여 있었다.

피해 원인으로는 첫째, 해일에 취약한 지형조건으로서 뉴올리언스 북쪽의 폰차트레인 호수는 석호(潟湖)[15]로서 리골렛패스(Rigolets strait)[16]를 통해 멕시코 만과 연결되어 있다. 폭풍해일로 인해 바람이 바다에서 육지방향으로 상당기간 불어 바닷물을 육지 쪽으로 밀어 올려 호수가 범람하였다.

특히 북반구에서는 바람이 태풍 중심을 기준으로 반 시계 방향으로 불기 때문에 진행경로의 오른쪽에서는 바람이 바다에서 육지 쪽으로, 왼쪽에서는 육지에서 바다 쪽으로 진행하게 된다. 카트리나로 인해 가장 심각한 피해를 입은 지역은 걸프포트-빌록시(Gulfport-Biloxi)를 잇는 미시시피 주 해안으로 진행경로의 오른편에 해당하였다.

뉴올리언스는 진행경로의 서쪽에 위치하고 있음에도 불구하고 심각한 해일 피해를 입었는데, 그 이유는 카트리나가 뉴올리언스에 도착하기 전 상당한 분량의 바닷물이 리골렛 패스를 통해 폰차트레인 호수에 유입되었고, 다른 한편으로는 뱃길을 단축시키기 위해 만들어 놓은 운하가 자연습지의 해일완충효과를 마비시켜 운하 주변의 제방들을 붕괴시켰기 때문이다.

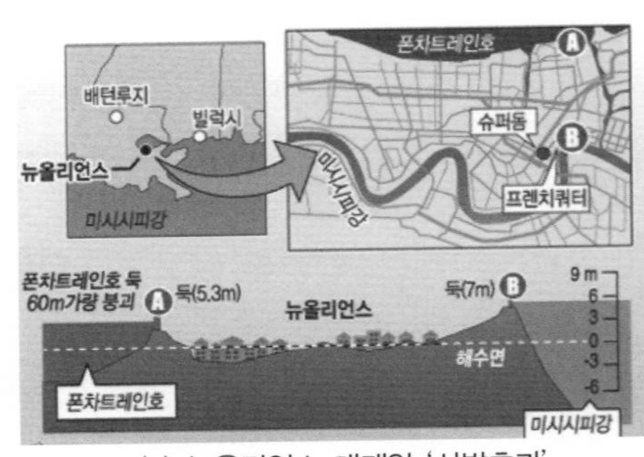

(a) 뉴올리언스 대재앙 '사발효과'

(b) 홍수로 잠긴 뉴올리언스 커널스트리트

그림 5.8 뉴올리언스의 피해 현황

출처 : 삼성방재연구소, 위험관리 2005 가을호

두 번째 피해 원인은 습지간척과 지반침하이다. 1830년부터 10년만에 뉴올리언스의 인구는 두 배로 증가했으며 미국 내에서 가장 부유하고 세 번째로 인구가 많은 도시가 되었다. 따라서

15 석호(潟湖)란 사주와 같은 장애물에 의해 바다로부터 분리된 연안을 따라 나타나는 얕은 호수를 말함.

16 리골렛패스(Rigolets strait)는 루이지애나에 있는 12.9km의 해협을 말함.

토지에 대한 수요가 심각했는데, 문제는 주변이 모두 습지로 토지이용에 부적합하였다.

초기 뉴올리언스는 미시시피 강을 따라서 좁게 시가지가 형성되었다. 도시 북쪽 지역이 습지인 관계로 거주에 불리하였고 상대적으로 홍수에 안전한 자연제방 내에 시가지를 건설하였다.

이러한 결과 직접 물과 접해 있는 제방지역은 계속된 보강공사로 미시시피 강과 폰차트레인 호수의 수면 이상으로 고도를 유지하였지만 도시 내부는 오히려 주변부보다 낮은 이른바 사발모양[17]의 지형이 되었다. 이 때문에 뉴올리언스는 자연배수가 불가능하고 펌프를 상시 가동하지 않으면 도시기능을 수행할 수 없는 침수취약지역으로 변하고 말았다.

세 번째 피해 원인은 운하 건설로 인한 제방의 유실로서 카트리나 피해와 직접 관련된 뉴올리언스의 운하는 산업운하(Industrial Canal, 1923), 멕시코 만 연안수로(Gulf Instra Coastal Water Way : GIWW, 1949), 그리고 미시시피 강 출구운하(Mississippi River Gulf Outlet : MRGO, 1964)가 있다.

이러한 운하가 없었다면 뉴올리언스 동편에는 폭 16km의 완충습지가 존재했을 것이고 이로 인해 기록된 4.7m 최고해일에서 약 1.3m 정도 해일 감소효과를 기대할 수 있었다. 또 제방 붕괴의 위험성도 상당부분 줄어들었을 것으로 분석된다. 습지를 관통한 운하는 자연습지의 해일 완충효과를 파괴하였고, 오히려 저항이 약한 수로를 따라 더욱 많은 바닷물이 몰려드는 이른바 '폭풍해일의 고속도로'로 전락하고 말았다.

특히 MRGO와 GIWW가 합류하면서 생긴 유체의 병목현상으로 인하여 수압이 증가한 MRGO를 따라서 광범위한 제방의 유실이 있었다. 또 산업운하와 만나서 물길이 갈라지고 꺾이는 지점과 물길이 갑문에 의해서 막힌 '로워 나인스 워드(Lower 9th Ward)' 지역의 제방이 무너지면서 수많은 사상자를 냈다.

그림 5.9 폭풍해일방벽

출처 : 김춘선 외, 『항만과 도시』, p.254

17 사발효과란 도시가 해수면보다 낮은 곳에 있어 도시를 둘러싼 둑이 터질 경우 물이 계속 차오르게 되는 현상을 말함.

카트리나의 피해가 있은 후 해일피해대책으로서 2009년 미 육군공병단에 의해 '미시시피 강 출구운하 폐쇄공사'가 완료되었다. MRGO 한복판을 가로지르는 약 460m 길이의 폭풍해일방벽이 건설되었고 따라서 운하를 통한 선박 운항은 불가능하게 되었다.

또한 미 육군공병단은 운하 주변의 습지 복원이라는 계획을 수행하였으며 MRGO와 GIWW가 합류하는 지점에서는 그림 5.10과 같이 완전개폐형 폭풍해일 갑문공사를 2011년에 완공하였다. 갑문공사는 카트리나 이후 100년 홍수에 대비하기 위한 제방공사의 일환으로 시작되었으며, 이 사업의 결과로 뉴올리언즈 동부, 뉴올리언즈 도심 등 뉴올리언즈에서 해일에 가장 취약한 지역의 피해를 저감시킬 것으로 기대하고 있다.

(a) IHNC 갑문 공사

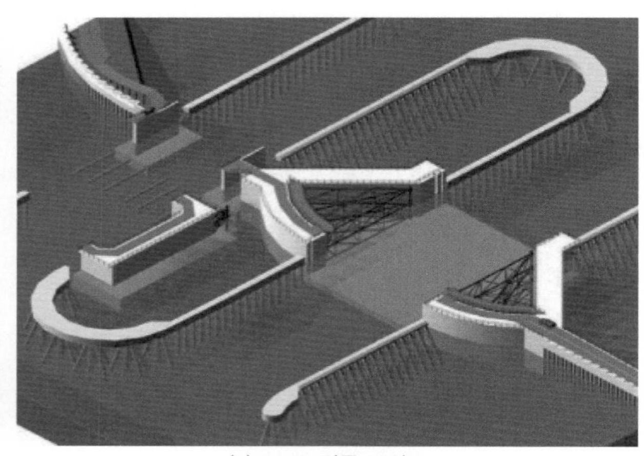

(b) IHNC 갑문 조감도

그림 5.10 폭풍해일 대비 갑문시설

출처 : 김춘선 외, 『항만과 도시』, p.255

5.3.3 지진해일피해

1) 인도네시아 지진해일

2004년 12월 26일 인도네시아 수마트라섬 북쪽 바다 밑 40km 지점에서 리히터 규모 진도 9의 지진이 발생하였다. 지진이 발생한지 30여 분 만에 해일이 440km 떨어진 태국 푸켓(Phuket)에 도달해 10m가 넘는 엄청난 파도를 일으켜서 막대한 인명과 재산피해를 입혔다.

이날 지진해일로 인해 인도네시아에서 11만 명 이상이 사망하고 약 5만 명이 실종됐으며 스리랑카, 인도, 태국 등 해안지대에서는 약 5만 명의 사상자와 9천 명의 실종자가 발생하였다. 지진은 그림 5.11과 같이 북쪽의 유라시아판 쪽으로 아주 서서히 이동하던 호주·인도판의 일부(약

1,000km)가 이날 수마트라 부근에서 유라시아판과 급격하게 충돌하면서 발생했다.

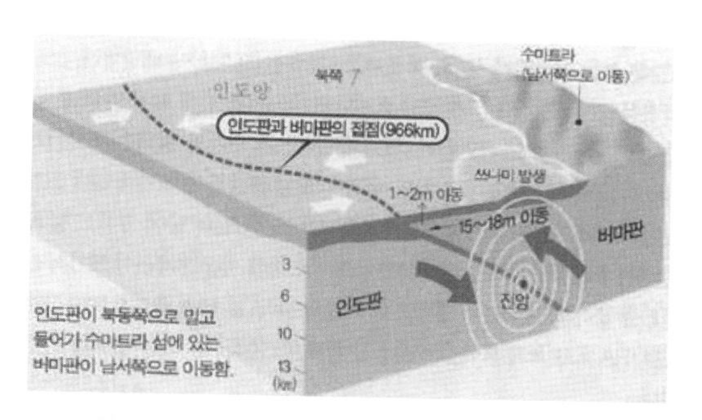

그림 5.11 인도네시아 지진해일 발생 원인

출처 : 주간동아 홈페이지(2005.1.11 기사)

2) 동일본(東日本) 지진해일

일본 동북지방의 태평양 지진이 2011년 3월 11일에 발생하여 일본의 관측 사상 최대 규모인 진도 9.0을 기록했다. 이로 인해 일본의 동북지역 태평양 연안에 파고 10m 이상, 최대 높이가 38.9m에 달하는 대규모 해일이 발생하였다.

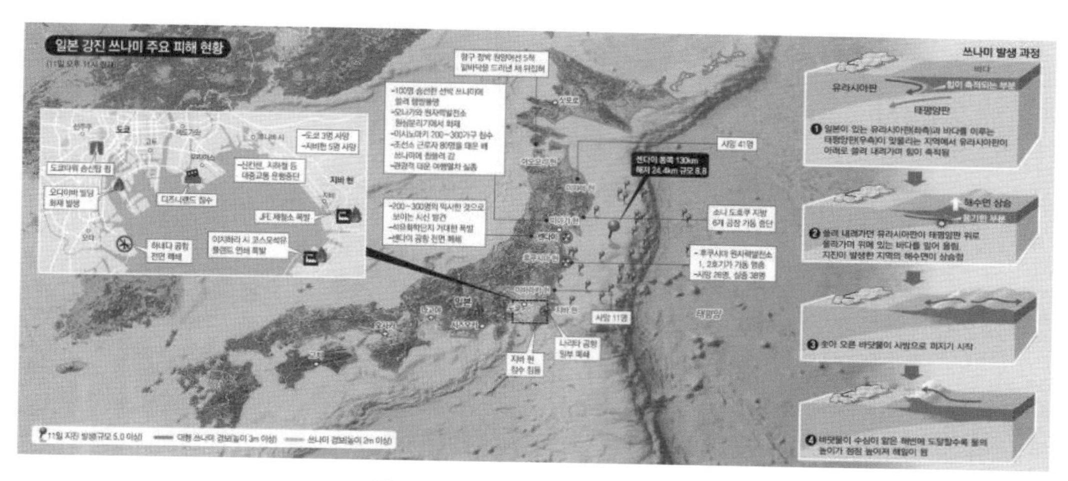

그림 5.12 동일본 지진해일 발생원인

출처 : 한림대학교 홈페이지

해일과 지진으로 의해 일본 동북지방 연안에서 도시기반시설인 도로, 철도가 큰 피해를 입었으며, 후쿠시마 제1원자력 발전소 설비가 손상되어 대규모 원자력 사고가 발생하였다. 미야기현(宮城縣)의 연안에서는 지진해일로 인해 사망자가 1만 명 이상이며 실종자도 1만 명이 넘었다.

그림 5.13 동일본 지진해일 피해상황

출처 : 'SH-60B helicopter flies over Sendai' by U.S. Navy(위키미디아 커먼스 홈페이지)

3) 국내 동해안 지진해일

우리나라 동해안은 지진해일의 발생 가능성이 높다. 1900년대 이후 우리나라에서 관측된 지진해일은 모두 네 차례였으며 이는 모두 동해에서 발생한 지진에 의한 것이었다. 그 가운데 1983년과 1993년에 지진해일이 발생하여 피해가 있었다.

1983년 5월 26일 일본 아키다현 서쪽 해역에서 발생한 규모 7.7의 지진으로 동해상에 큰 지진해일이 발생하였다. 지진이 발생한 후 77분만에 울릉도에, 100분 후에는 동해안에 지진해일이 도착하였다.

이 지진해일로 동해안의 임원항에서는 폭음과 함께 항구바닥이 드러날 정도로 한꺼번에 물이 빠져나갔다가 10분쯤 후 다시 밀려왔다. 이 지진해일로 1명이 사망하고 2명이 실종되었으며 선박 81척이 파괴되고 건물 44동이 부서졌다.

1993년 7월 12일에는 일본 홋카이도 오쿠시리 섬 북서해역에서 발생한 규모 7.8의 지진으로 인해 지진해일이 발생하여 우리나라 동해안에서 최대높이 2.5m의 지진해일을 기록하였다. 이 지진해일로 인명피해는 없었으나 배 35척이 부서지는 피해가 발생하였다.

기상청은 한반도 인근 해역에서 일정 규모 이상의 지진이 발생하거나 지진해일의 가능성이 있을 때 해안지역에 지진해일특보를 발표하며, 동해의 지진해일을 감시하기 위하여 울릉도에 해일파고계를 설치·운영하고 있다.

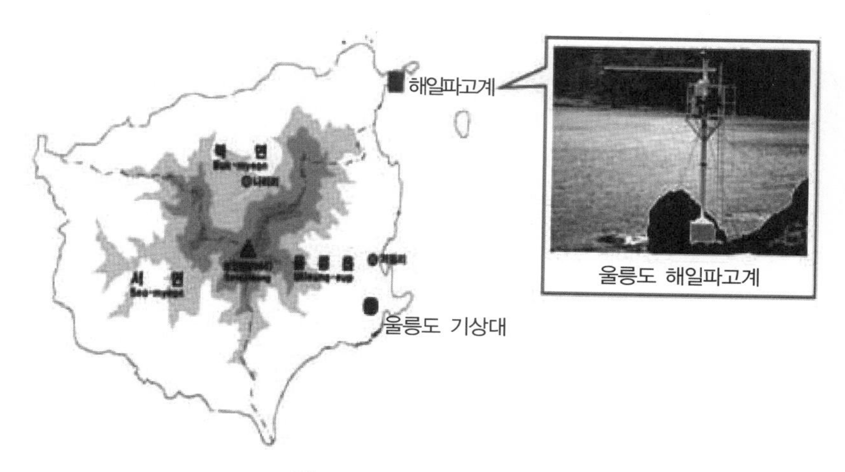

그림 5.14 울릉도 해일파고계

출처 : 김춘선 외, 『항만과 도시』, p.260

지진해일에 의한 피해를 예방하는 데 효과적인 방법은 지진해일의 피해가 예상되는 지역에 예상범람구역을 설정하고 이 구역에서 사람들의 주거지나 활동을 철수시키는 것이다. 예상범람구역은 시뮬레이션을 통해 지진해일의 최대 처오름높이를 계산하여 결정한다.

아울러 수변공간에 시설물을 설계할 때는 지진해일의 영향을 반드시 고려해야 하며, 인구밀접지역과 공공시설이 위치한 수변공간에서는 지진해일에 대해 체계적이며 종합적인 방재대책의 수립이 요구된다.

5.4 수변재해의 대응방안[18]

5.4.1 해일 대응

해일의 대응방안으로는 표 5.5에서와 같이 해일예보시스템, 해안침수예상도 및 피난지도 등을 사전에 구축하는 비구조적 방안과 방호벽, 방재언덕, 각종 게이트 등을 설치하는 구조적 대응방안으로 나눌 수 있다.

18 국토해양부, '기후변화에 따른 항만구역 내 재해취약지구 정비계획'; 김춘선 외, 앞의 책, 인용 및 일부 보완.

표 5.5 해일 대응방안

대응 방안	비구조적 방안	해일예보시스템, 해안침수예상도 및 피난지도 작성, 재해 관련 규정 정비	
	구조적 방안	선적 방어	방호벽, 마루높이 증고, 방재형 화단옹벽 등
		면적 방어	매립형 방재언덕, 매립형 완충녹지
		구조적 방어	각종 게이트(섹터, 플랩형, 리프트형 등)

출처 : 김춘선 외, 『항만과 도시』, p.265

해일 대응방안 중 구조적 대응방안을 살펴보면 다음과 같다.

1) Sector Gate(네덜란드 Maeslant Storm Surge Barrier)

네덜란드 로테르담(Rotterdam)에서 해일로부터 도시를 보호하기 위해 설치된 섹터게이트(Sector Gate)는 폭풍해일 시 360m 폭의 항로를 폐쇄시킬 수 있는 2개 수문(Barrier Gates)으로 구성된다.

수문은 평상시 양쪽 제방 내 두 개의 큰 벽체로 이루어져 있는 드라이 도크(Dry Dock) 안에 있다가 폭풍해일이 예고되면 물을 도크로 주입하여 수문을 띄우고 항로 측으로 회전시켜 두 개의 수문이 맞닿도록 하고 난 후 수문 내부에 물을 채워 항로바닥에 가라앉게 함으로써 항로를 폐쇄한다.

그림 5.15 Maeslant Strom Surge Barrier

출처 : Van Wijngaarden Marine Services(http://www.wijngaarden.com/en)

해일이 지나가면 채웠던 해수를 배수시켜 전체 구조물을 부상시키고 수문은 원래의 도크로 돌아간다. 수문은 Nieuwe Waterweg의 Rotterdam 지역 해수면이 Amsterdam Ordnance Level보다 3m 높이 올라갈 것으로 예측될 경우 작동한다.

표 5.6 Maeslant Storm Surge Barrier

목적	Rotterdam을 폭풍해일로부터 보호 : 끊임없이 위협적인 해일의 위험요소를 차단
로테르담시의 방벽 건설조건	• 가장 붐비는 항구의 입구에 방벽건설(항만운영과 통항에 지장이 없도록 방벽건설) • 1백만 명의 주민과 재산을 해일부터 보호
형상	• 거대한 양쪽 여닫이 라운드형 수문 형태 – 방벽길이 : 210m × 2기 – 높이 : 22m
공사기간 및 공사비	• 공사기간 : 6년(1997년 5월 준공) • 공사비 : 10억 길더(한화 5천억 원)
개폐시간	• 2시간 30분소요(컴퓨터에 의한 자동통제) / 개폐 30분, 진수 2시간
조사내용	• 53년 이후 Delta법 제정 : 최상위 법령으로 정부가 먼저 제정·추진 • 위치 선택 : 북해의 직접적인 파고영향 배제, 위험한 화학공업단지를 외측에 두고 로테르담을 방호할 수 있는 곳 선정 • 섹터 게이트 채택 : 방벽건설이 선박운항에 영향을 주지 않고, 유지관리 및 경제성 우수 • 유지관리 : 중앙정부(수자원 관리국) 33명 상주, 500만 유로/년

출처 : 국토해양부, '기후변화에 따른 항만구역 내 재해취약지구 정비계획'

2) Flab Gate(이탈리아 Mose Project)

도시 전체가 침수의 위협을 받고 있는 이탈리아 베니스에서 모세프로젝트(Mose Project)에 의해 설치된 플랩게이트(Flab Gate)는 향후 100년 동안 최대 3m 조수 및 평균 60cm 해수면 상승으로부터 도시와 석호 지역(Lagoon)을 보호하기 위한 것이다.

그림 5.16 Flab Gate의 개념도

출처 : 워터저널, '국토부, 항만·배후도심권 침수피해 예방'

그림 5.16과 같이 방벽(barrier)은 평상시 만수 상태로 3개 Lagoon Inlet 바닥에 놓여 있다가 압축공기를 주입해 물을 배출하면 힌지를 중심으로 회전하여 수면으로 올라온다. 이렇게 라군(Lagoon)[19] 안으로 들어오는 조류 흐름을 차단하며 라군 안과 밖의 조위가 같게 되면 방벽에

물이 다시 채워져 원래 자리로 돌아간다.

표 5.7 Mose Project(Flab Gate)

구분	내용
목적	• 베니스를 해수면 상승 및 폭풍해일로부터 보호 : 지속적인 해수면 상승에 의한 위협 및 해일의 위험요소를 차단
MOSE PROJECT 건설조건	• 자연환경 훼손 및 변경을 시키지 않으면서 재해에 대한 대책 수립(수중구조물 설치로 환경변화요인 최소화에 중점을 둠) • 1.2m 이상 해수면 상승 시 주민과 재산을 보호
형상	• 수중에 가라앉은 방벽이 압축공기주입으로 올라옴 －방벽길이 : 1,520m(3개소) －수문높이 : 30m × 76기
공사기간	• 11년(2003~2014년)
공 사 비	• 총 7조 원(석호 생태복원 및 Mose project 포함 : 1984~2014년)
내용	• 71년 법 제정 : 정부의 특별법으로 사업추진 • THETIS[20] 탄생 : 시민, 정부, 엔지니어 합동 컨소시엄구성 : Mose project 총괄 • 담당 영역 : 수면 상승 및 해일 대응 : 국가 환경오염 방지 및 복원 : 주정부 경제활동 : 베니스시 • 플랩형 게이트 채택 : 환경변화 요인을 최소화할 수 있는 공법 채택 • 유지관리 : 함체 교체, 100년의 내구연수 • 작동 : 1.2m 수면 상승 시 Flab 가동 • 흰지 : 청소선 운항과 잠수부 투입으로 청결 유지

출처 : 국토해양부, '기후변화에 따른 항만구역 내 재해취약지구 정비계획'

3) Lift Gate(일본)

폭풍해일과 지진해일로부터 인명 및 재산의 피해를 최소화하고자 일본에서는 수문, 방호벽, 쓰나미 방파제 등을 설치하고 있으며, 그중 수문으로는 리프트(Lift) 형식의 게이트(수직형과 아치형 게이트 등)를 주로 사용하고 있다. 수직형과 아치형 게이트의 사례는 표 5.8 및 표 5.9와 같다.

(a) 수문 관리동

(b) 연결 수로 수문

그림 5.17 카미히라이(上平井) 수문(일본 동경)

출처 : 국토해양부, '기후변화에 따른 항만구역 내 재해취약지구 정비계획'

19 라군(Lagoon)은 석호(潟湖)를 의미함.

20 THETIS(The Hybrid European Targeting and Inspection System)는 이탈리아 엔지니어링 및 컨설팅회사임.

표 5.8 수직형 게이트(카마히라이(上平井) 수문)

설치위치 및 목적	• 폭풍해일 및 쯔나미에 대비하기 위해 동경만에서 7.5km 내륙에 설치(1970년 완공)
설계기준	• 진도 5.0 이상일 때 자동 차폐되도록 설계
수문규격	• 수문 폭 : 120.0m(30m × 4기) • 통항 가능 높이(H.W.L상) : 1,4호-9.2m, 2,3호-9.5m
수문 작동시간	• 차폐 시 : 3분 • 개방 시 : 10분
평상시 작동 시스템	평상시는 수문을 개방하여 소형선박이 통항함
비상시 작동 시스템	• 진도 5.0 이상 시 자동 차폐 • 태풍내습에 따른 폭풍해일 예측시 수동차폐
수문 차단 사례	• 2005년 자동 차단됨

출처 : 국토해양부, 기후변화에 따른 항만구역 내 재해취약지구 정비계획

표 5.9 아치형 게이트(아지가와(安治川) 수문)

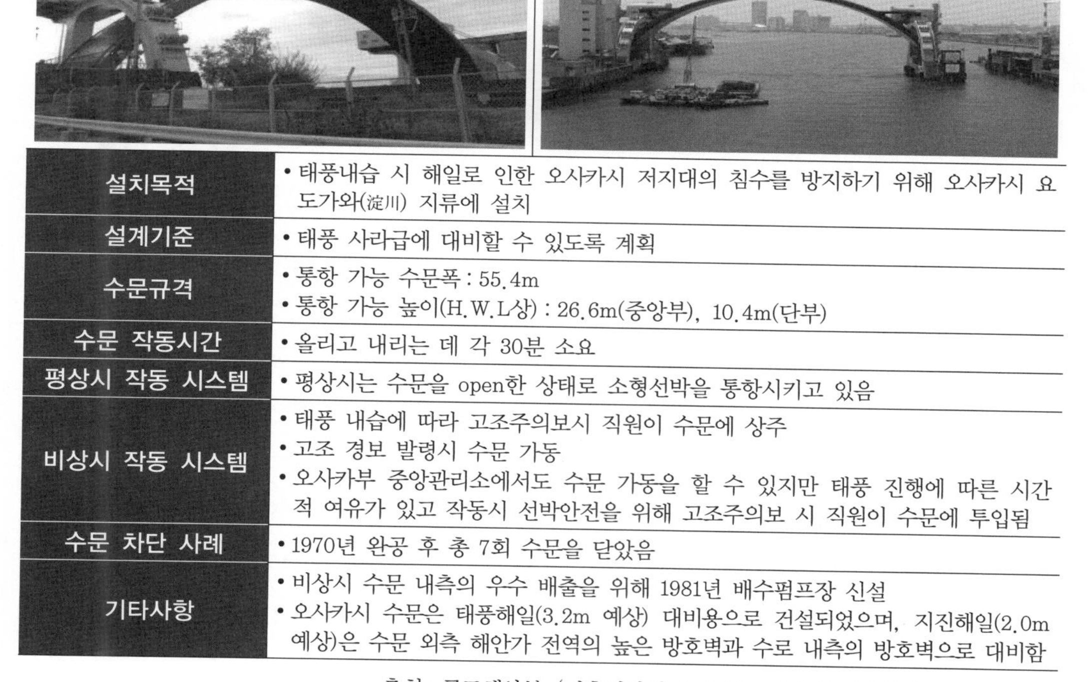

설치목적	• 태풍내습 시 해일로 인한 오사카시 저지대의 침수를 방지하기 위해 오사카시 요도가와(淀川) 지류에 설치
설계기준	• 태풍 사라급에 대비할 수 있도록 계획
수문규격	• 통항 가능 수문폭 : 55.4m • 통항 가능 높이(H.W.L상) : 26.6m(중앙부), 10.4m(단부)
수문 작동시간	• 올리고 내리는 데 각 30분 소요
평상시 작동 시스템	• 평상시는 수문을 open한 상태로 소형선박을 통항시키고 있음
비상시 작동 시스템	• 태풍 내습에 따라 고조주의보시 직원이 수문에 상주 • 고조 경보 발령시 수문 가동 • 오사카부 중앙관리소에서도 수문 가동을 할 수 있지만 태풍 진행에 따른 시간적 여유가 있고 작동시 선박안전을 위해 고조주의보 시 직원이 수문에 투입됨
수문 차단 사례	• 1970년 완공 후 총 7회 수문을 닫았음
기타사항	• 비상시 수문 내측의 우수 배출을 위해 1981년 배수펌프장 신설 • 오사카시 수문은 태풍해일(3.2m 예상) 대비용으로 건설되었으며, 지진해일(2.0m 예상)은 수문 외측 해안가 전역의 높은 방호벽과 수로 내측의 방호벽으로 대비함

출처 : 국토해양부, '기후변화에 따른 항만구역 내 재해취약지구 정비계획'

5.4.2 해수면 상승 대응

1) 해수면 상승의 현황

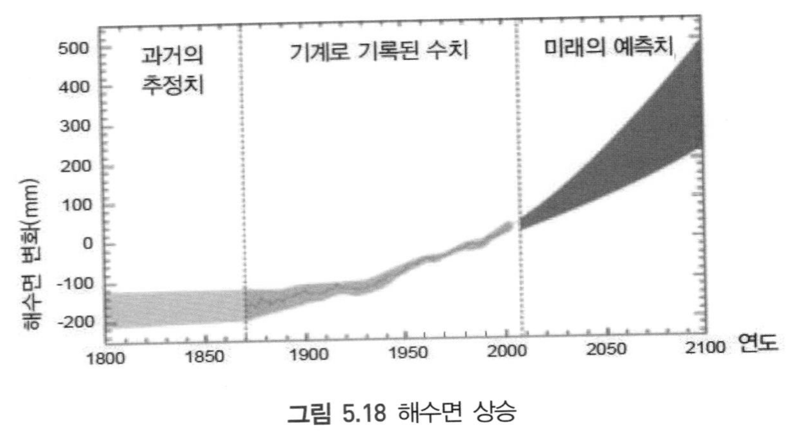

그림 5.18 해수면 상승

출처 : IPCC, 제4차 평가보고서

IPCC의 제4차 평가보고서에 따르면, 지구 차원에서 지난 100년 동안 해수면은 약 1.17mm 상승했으며 해수면 상승률은 연간 12~22mm로서 특히 1961~2003년 사이에는 상승활동이 가속화 되어 연평균 3.1mm(2.4~3.8mm)에 이르고 있다.

그러나 향후 예측치는 정확하지 않으며 지역적으로 해수면 상승에는 많은 차이가 발생한다. 한반도의 경우 조위관측과 위성자료에서 나타난 주변 해역의 최근 해수면 상승률은 전 지구 해수면 상승률보다 1.3~2배 높은 것으로 보고되고 있다.

해수면 상승에 따른 부산 지역의 해안선 변화를 보면, 해수면이 1m 상승할 경우 부산 강서구 일대 및 김해공항은 접근 도로와 활주로 일부가 바다 속으로 사라지는 것으로 예상된다.

또한 국립해양조사원의 실측자료를 보면 부산 앞바다 해수면은 1962년 연평균 62.56cm에서 2006년 71.1cm으로 45년간 약 8.8cm 상승했다. 하지만 2001년에서 2006년까지 매년 1cm씩 상승하여 갈수록 해수면 상승속도가 빨라지고 있는 것으로 나타났다. 이런 추세라면 100년 후에는 해수면 상승이 지금보다 1m를 넘을 것이란 우려가 나오고 있다.

표 5.10 한반도 해수면 평균 상승률

지역		상승률(mm)
서해안	안흥	1.6
	군산	0.3
	목포	1.2
남해안	완도	2.3
	여수	1.5
	부산	2.3
동해안	포항	2.2
	울릉도	2.0
	속초	2.2
제주부근	추자도	3.3
	거문도	5.9
	서귀포	6.0

출처 : 기상청 기후변화정보센터 및 한국과학창의재단 사이언스 올 홈페이지, 내용 구성

2) 대응방안

(1) 하드웨어적 대응방안

수변공간은 해수면 상승의 영향과 수변개발에 의한 영향을 동시에 받는데 저지대, 항만구역, 매립지, 인구밀집지역, 삼각주 등이 침수에 취약한 공간이다. 해수면 상승과 관련한 하드웨어적 대응방안을 살펴보면, 그림 5.19에서와 같이 먼저 이용 및 개발공간을 침수에 취약한 곳으로부터 후퇴시키고 완충지대를 확보하는 것이다.

그러나 이러한 후퇴방안이 가능하지 못한 경우에는 방어나 공격방안도 고려할 필요가 있다. 방어는 수변에 구조물을 만들어 침수를 막는 방법으로서 현재 가장 많이 이루어지는 대응방안이지만 침수취약지역의 복합적이고 다양한 상황을 고려하지 않은 채 획일적으로 사용되고 있다.

다음으로 공격방안은 해수면 위에 부유식 구조물이나 고정식 구조물을 조성하여 침수되는 수변을 적극적으로 활용하는 방안으로서 이미 개발이 상당히 진행된 고밀도 수변지역에 적당하다.

이와 같이 수변공간은 지속 가능한 발전이 요구되는 지역으로서 해수면 상승으로 인한 재난에 대비하여 지역 특성에 적합한 적응 및 대응전략을 미리 수립하는 것이 중요하다.

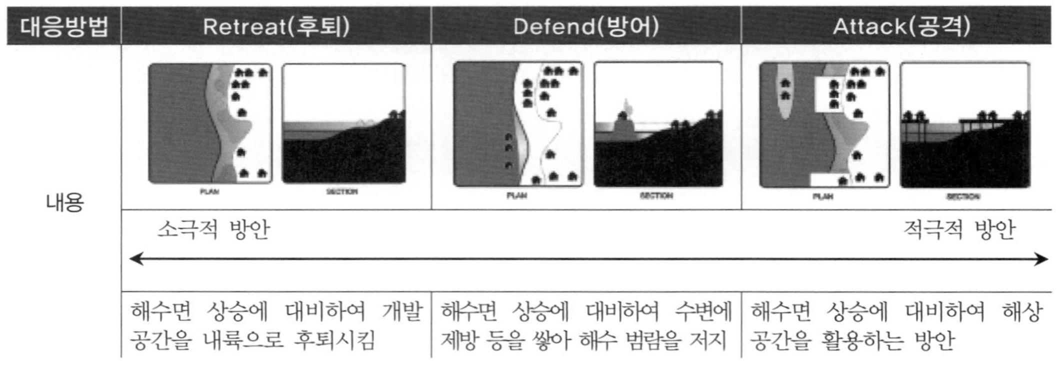

대응방법	Retreat(후퇴)	Defend(방어)	Attack(공격)
내용	PLAN SECTION	PLAN SECTION	PLAN SECTION
	소극적 방안 ←	→	적극적 방안
	해수면 상승에 대비하여 개발공간을 내륙으로 후퇴시킴	해수면 상승에 대비하여 수변에 제방 등을 쌓아 해수 범람을 저지	해수면 상승에 대비하여 해상공간을 활용하는 방안

그림 5.19 하드웨어적 대응방안

출처 : RIBA Building Futures, Institution of Civil Engineers, 'Facing up to rising sea-levels : Retreat? Defend? Attack?', 내용 재구성

(2) 소프트웨어적 대응방안

하드웨어적 대응방안이 적절하게 수립되고 또한 효과적으로 실행되기 위해서는 소프트웨어적 대응방안 마련이 시급하다. 소프트웨어적 대응방안으로는 해수면 상승 자료구축, 침수지역 및 피해예측, 관련 법제도 정비, 재해정보체계구축, 재해보상대책 등을 들 수 있다.

해수면이 상승함에 따른 침수예상도, 재해정보지도와 같은 재해지도를 작성하며 침수지역을 분석하고 그 지역에 적합한 대응방안을 모색하여 범람과 같은 재해에 대비하여야 한다.

우리나라에서는 태풍내습의 가변성을 고려한 예측 시나리오 개념을 도입하여 신속한 침수범람정보 추출, 3차원 침수범람가시화 구현을 위한 침수범람자료 DB 구축, 해안침수예상도 제작 등 장기적 추진계획을 수립하여 시행하고 있다.

또한 해수면 상승 시나리오별 데이터를 기반으로 기상청 태풍정보와 연계하여 예상 침수현황을 시각적으로 확인할 수 있고 침수피해도 가늠할 수 있는 시스템도 필요하다.

5.4.3 수변방재대책

1) 도시 및 연안방재

지구온난화에 따른 지구적인 기후변화가 급속도로 진행 중이고 이에 따라 세계적으로 자연재해가 급격하게 증가하고 있으며, 과거에 비해 규모가 커진 태풍에 의해 수변에서 항만이나 도시에 피해가 증가하고 있는 실정이다.

우리나라의 수변은 기후변화에 따른 해수면 상승 및 해양외력의 변화에 취약하고 주요 도시 및 산업단지 등이 수변에 위치하여 그 피해가 클 것으로 예상된다. 해수면 상승 외에도 이상기후에 따른 태풍강도의 증가가 예상됨에 따라 수변의 피해 가능성이 매우 높다.

특히 우리의 경우 수변에서 안전에 위협적인 요소는 태풍으로 인한 강풍과 폭풍해일, 그리고 지진해일이다. 이 가운데 지진해일에 의한 피해보다 태풍에 의한 폭풍해일의 피해가 훨씬 더 클 것으로 예상된다.

최근 사례로서 슈퍼태풍인 '매미'에 의해 남해안 일대의 수변 고층건물이나 항만시설물이 막대한 피해를 입었으며 마산 항에서는 고조시에 폭풍해일이 내습하여 마산시가 침수피해를 입고 많은 인명피해를 낸 바 있다.

또 우리나라 수변에서는 해수면 상승 관점에서 보면 매립 등 침수취약성이 매우 높은 방식으로 개발이 진행되어 왔기 때문에 수변완충지대 부족, 수변생태계 훼손, 수변지역의 과도한 도시화 등에 의해 향후 수변도시 및 연안지역에서 침수피해는 빈도와 규모면에서 매우 심각할 수 있다.

따라서 침수취약성이 큰 지역을 조사하여 개별적 침수대책을 수립하고 구체적인 침수대비 개발지침을 마련하여 지속 가능한 공간으로 활용하는 것이 바람직하다. 특히 남해안은 우리나라 평균치보다 높은 해수면 상승률을 나타내고 있으며 침수에 취약한 지형적 구조를 안고 있으므로 해수면 상승에 대한 지속적인 모니터링이 필요하고 해수면 상승을 고려한 토지이용계획, 도시 기반시설 구축 등이 이루어져야 한다.

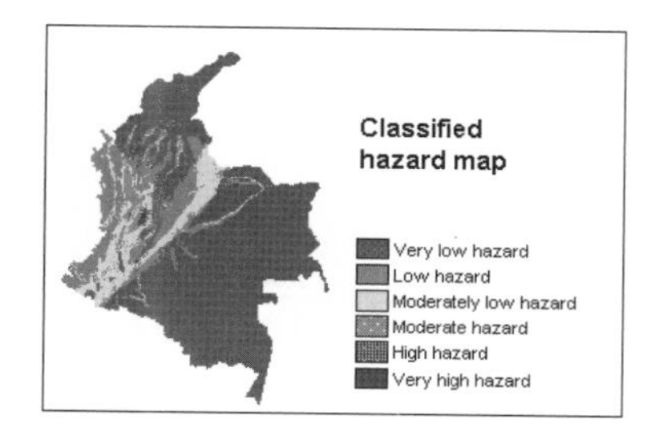

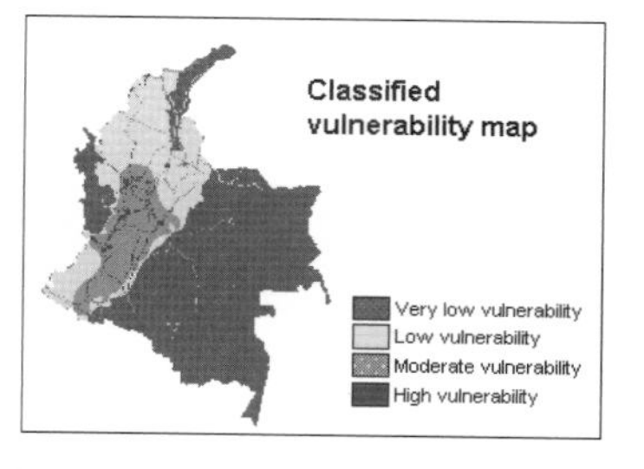

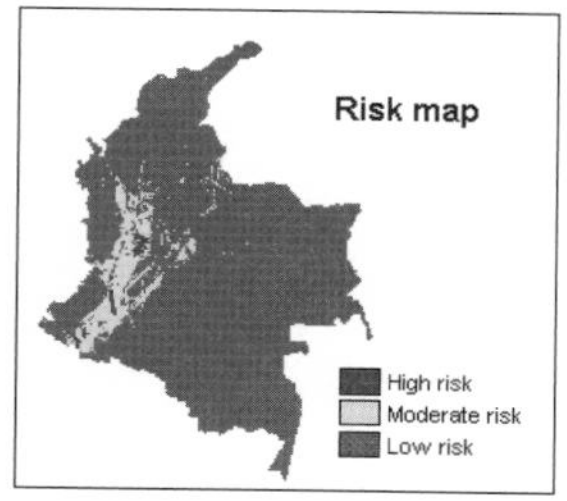

그림 5.20 Hazard Map, Vulnerability Map, Risk Map 사례

출처 : ITC 홈페이지

이와 함께 연안 전체의 재난방지를 위해 연안방재계획을 수립하여 수변, 항만, 도시를 하나로 묶는 대규모 스케일의 종합적인 방재대책을 수립하고 연안의 각종 재해에 대비해야 한다.

일본이나 미국 등 선진국에서는 피해경감을 위한 사전대비책으로 연안도시를 대상으로 특정 재해에 대하여 방재지도를 작성하고 지역의 위험도를 평가한다. 태풍과 지진이 심한 일본에서는 홍수 및 지진에 대한 해저드맵(Hazard Map, 위험도)을 작성하여 일반에게 알려주고 있다.

특히 연안에서는 태풍해일 방재지도가 필요하다. 태풍해일 방재지도는 태풍해일 발생 시 침수가 예상되는 지역의 피해정보, 피난방법, 피난장소 등 구체적인 대응행동에 관한 정보를 제공한다. 방재지도의 작성은 과거 태풍해일 발생을 고려하여 내습 가능한 최대 규모의 태풍해일을 대상으로 한다.

2) 건물방재

수변에서는 대규모 고층 주거단지가 개발되어 인구의 집중화가 이루어지고 있으며 향후에도 양호한 주거환경과 바다조망에 대한 요구로 고층주거 건물이 많이 들어설 전망이다. 하지만 수변의 건물은 태풍과 해일이라는 자연재해에 의해 심각한 피해를 입을 가능성이 많다.

따라서 수변방재계획은 도시나 지역적 차원에서뿐 아니라 건물 차원에서도 이루어져야 한다. 건물 차원의 방재대책은 특히 인명과 재산의 피해와 직접 연결되어 있으므로 세심한 계획이 필요하다.

미국의 경우 연방재난관리청(FEMA)[21]에서 자연재해의 모든 위험사태에 대비하여 비상관리 프로그램을 운용하는데, 특히 주목할 점은 연안지역 및 침수범람 위험이 있는 지역의 건물에 대해 ASCE/SEI 24-05 내수설계·시공법(Flood Resistant Design and Construction)을 적용하는 것이다.

건물의 내수설계법은 물에 의한 피해를 최소화하기 위한 건물설계법으로서 내륙침수위험지역과 해안침수위험지역으로 나누어 지역에 맞는 설계법을 제시하고 있다. 이 설계법에서는 물의 범람이 예상되는 지역에 대한 건물설계기준을 제안하고 있는데, 특히 물의 범람이 의심되는 지역을 구분하여 구역을 설정하고 각 구역에 적합한 기준을 제시하고 있다.

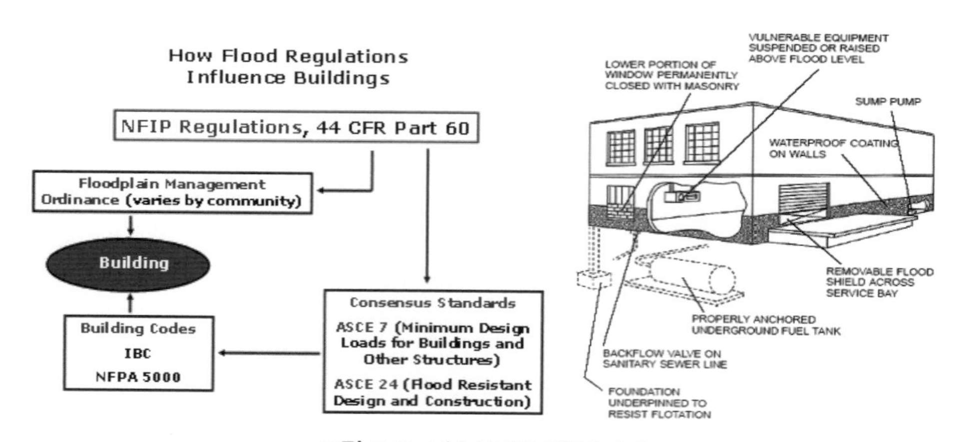

그림 5.21 내수설계법 적용(미국)

출처 : WBDG(Whole Building Design Guide) 홈페이지

21 FEMA : Federal Emergency Management Agency.

구체적인 내용을 살펴보면, 위험지역의 분류, 건물 재료사용, 건물방수방법, 중요한 시설의 위치, 건물의 출입구 등에 대해서 언급하고 있다.

또한 내수설계법 이외에도 폭풍해일, 고조, 쓰나미와 같은 해일에 의해 침수가 발생하는 지역은 특별침수지역으로 구분하여 건축규제선을 정하고 피해위험이 높은 건물에 대한 성능평가를 엄격하게 실시하고 있다.

한편 통계청에 따르면 부산지역의 경우 지난 10년간 풍수해에 의한 피해액 중 건물 피해액이 48%를 차지하고 있으며 이 중 96%는 해안에서 발생하였다. 이는 태풍으로 인한 피해가 대부분을 차지하고 있으므로 수변에 위치한 건물에서 태풍에 대한 방재대책이 마련되어야 한다.

국내에서 수변건물에 대한 방재계획을 살펴보면, 지하층의 침수를 대비하여 이곳에 배치되던 전기실과 발전기실, 연료탱크와 같은 설비시설에 대해서 지상층이나 1개 층 높은 곳에 배치하고 있다. 또 지하층 장비하부에 장비패드를 설치하고, 출입구에는 차수문을 설치하며, 우수배출통로를 신설하는 등 방안을 마련하고 있다.

수변에 거주하는 주민을 대상으로 조사한 결과[22] 많은 사람이 태풍 시 강풍으로 인해 심한 소음, 창문작동의 어려움, 건물주변에서 보행의 어려움이 있었다고 답하였으며, 이와 같은 사항을 고려하여 수변건물을 계획할 경우 안전보행을 위한 대책과 창호에 대한 대책이 필요하다.

또 건설현장 전문가를 대상으로 한 조사[23]에서 수변건물의 내구성이 가장 취약한 곳으로는 창문, 발코니, 문과 같은 비구조체를 지적하였으며, 내구성을 저하시키는 원인으로는 염분, 강풍, 침수, 해수에 의한 영향을 지적하였다. 따라서 수변건물에서는 내구성을 저하시키는 이들 요인에 대한 대책이 필요하다.

한편 수변의 건물이나 구조물의 안전을 보장하기 위한 구체적인 방안으로서 헬스모니터링시스템(Health Monitoring System)의 구축이 필요하다. 헬스모니터링이란 구조물에 다양한 센서를 부착하여 거동을 계측하고 데이터를 분석하여 구조물의 안전 및 건전성을 실시간으로 감시하고 평가하는 방법이다.

사회기반시설인 교량, 댐, 사면 등과 같은 토목구조물에는 이러한 첨단계측 시스템을 도입하여 안전을 관리하고 있지만 수변건물에는 아직 그 적용이 미미하다. 수변건물이나 해양구조물은 초기 설계 및 시공이 잘 되었다 하더라도 태풍, 지진, 해일 등과 같은 하중의 반복과 예기치 못한 하중으로 손상이 발생하기 쉽다.

22 송화철, '해안지역 건축물의 자연재해 대비 방재대책 연구' 참고.

23 송화철, 앞의 책 참고.

또한 수변건물은 시간이 흐름에 따라 노후화가 심각하게 진행되고 염해에 쉽게 노출되어 부식 등 구조물 내 손상이 축적되기 마련이다. 이러한 손상을 조기에 발견하고 치유하지 못하면 건물의 특성상 대형사고로 이어져 막대한 인명 및 재산 손실을 입게 된다.

헬스모니터링시스템은 수변건물의 위험도 평가와 접목하여 사용하면 유용한 방재대책이 될 수 있으며, 재해 발생 후에도 손쉽게 건물의 안전도를 평가할 수 있기 때문에 수변건물의 유지관리에도 상당한 도움이 될 수 있다. 또한 기존 사회기반시설에 설치된 시스템과 연계하여 네트워크를 구축하면 수변도시의 전체 방재대책으로도 활용할 수 있다.

CHAPTER 06

수변환경계획

수변환경계획

6.1 수변환경의 개념

6.1.1 수변환경이란?

환경이란 넓은 의미에서 인간을 둘러싼 주변 전체이고, 자연환경뿐만 아니라 인간이 편리함을 위해 만든 인공 구조물과 시스템도 환경에 포함된다. 한편 수변은 수제선을 사이에 둔 바다와 육지로 구성된 공간이고, 대기(기권)와 해수(수권)와 육지(지권)의 경계지역이다.

따라서 바람직한 수변환경이란 수변에 위치하고, 공해가 없으며, 풍요로운 자연생태계에 둘러싸여 있고, 자연재해로부터 안전하며, 생활의 편리성도 높아 이용이 활발하고, 모든 생명체에게 건강한 환경이라고 할 수 있다. 즉, 이상적인 수변환경은 '수변의 아름답고 안전하며 활기찬 환경'이며, 이러한 수변환경을 구성하는 요소를 살펴보면 다음과 같다.

표 6.1 수변환경의 요소

수변 환경	자연·생태	해안선 (사력해안·암석해안, 자연해안·인공해안) 기권 (기상, 대기질, 악취, 음) 수권 (수상, 해저지형, 수질, 저질) 지권 (지상, 지형, 토양질, 지하수, 지표수) 생태 (육생·수생동식물, 벤토스·플랑크톤·넥톤, 간석, 조장) 경관 (자연경관·인공경관)

표 6.1 수변환경의 요소(계속)

수변 환경	안전·방재	고조·파랑 홍수 지진·해일 해안침식
	개발·이용	교통 (항만, 어항, 공항) 자원·에너지 (파도·조석·조류·온도차에너지, 석유·광물자원) 수산업 (어장, 양식장) 공업 (공장, 발전소, 에너지 비축기지) 상업·도시 (오피스, 주택) 레크리에이션 (해수욕, 조개줍기, 낚시, 산책, 관광, 서핑, 요트·보트, 캠프, 사이클링) 공간 (폐기물·건설잔토·준설토사처리)

출처 : 機部雅彦 編著, 『海岸の環境創造』, p.2

6.1.2 수변환경계획의 개념

수변환경계획은 수변에 물을 기반으로 생태계가 성립되어 있음을 인식하고 그곳에 서식하고 있는 모든 생물에게 좋은 환경을 제공하기 위한 목표 지향적 활동이다. 즉, 수변에서 생태계의 균형을 유지하면서 인간과 자연환경이 적절한 관계를 맺도록 계획하는 것이다.

생태계란 미생물, 동물, 식물, 인간 등의 생물적 요인과 그들의 생활에 영향을 주는 대기, 물, 흙, 빛 등의 물리적 요인(무기적 환경)으로 구성되어 있으며, 이 두 가지 요인 사이에서 물질 순환과 에너지 흐름 과정을 통해 구성요소들이 상호 관련된 계(系)를 유지하고 있다.

따라서 수변환경계획에서는 이 계를 구성하고 있는 어느 요소를 분리하여 취급하는 것은 적당하지 않다. 더욱이 수변환경은 육역과 수역으로 이루어진 환경이며 아주 독특한 특성을 가지고 있다. 그러므로 수변의 개발 및 이용이 생태계에 미치는 영향에 대해 충분히 이해하고 수변생태계가 유지되도록 계획할 필요가 있다.

또 수변환경은 물에 의해 어느 곳에 한정되지 않고 광범위하게 연속되어 있기 때문에 한 곳의 조그만 변화가 주변에 연쇄적인 영향을 일으킨다. 그래서 계획 대상지의 물리적 조건이 수변 전체 생태계에 미치는 영향을 최소화하도록 계획을 세우고 환경개선조치를 실시하는 것이 필요하다.

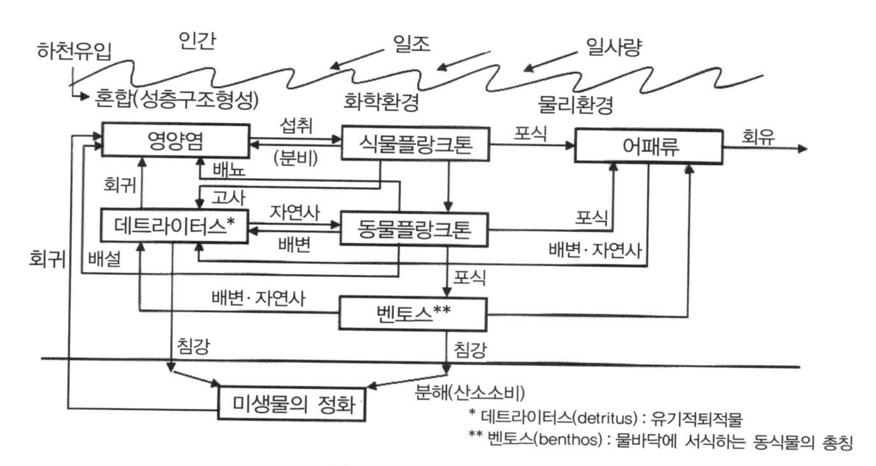

그림 6.1 수변생태계의 구성

출처 : 이한석·도근영 역, 『워터프론트계획』, p.66

이와 같이 수변환경계획을 실시할 때에 다음과 같은 수변의 특성을 고려한다.[1]

① 자연환경으로서 수변

수변은 중요한 자연환경으로서 수변에서의 냄새, 탁 트인 조망, 바람이나 수면의 움직임 등을 통해 자연의 변화를 느끼게 한다. 이러한 자연환경의 경험은 사람들에게 정서적인 감동이나 평화, 해방감을 주기 때문에 특히 도시 내의 수변은 귀중한 자연환경으로 보전해야 한다.

② 수변이용을 높이는 수질

물을 기반으로 하고 있는 수변에서 공간의 매력을 만들어 내는 것은 투명감이 있는 수질과 반짝임이 있는 수면의 존재이다. 특히 양호한 수질은 친근감을 주는 수변경관과 다양한 수변활동을 만들어낸다. 따라서 수변환경계획의 초점은 우선적으로 수질 확보에 맞추어져야 한다.

③ 생물과 교감하는 수변

수역과 육역의 생태계가 만들어내는 수변에는 다양한 생물이 서식하고 있으며, 이들 생물과의 교감을 통해 사람들은 자연의 귀중함을 배우고 정신적인 평안을 느끼게 된다. 또한 수변에서 생물의 활동은 환경을 정화하고, 사람들에게 레저의 기회를 제공하기 때문에 이들 생물을 보호할 뿐 아니라 생물과 교감할 수 있는 수변환경계획이 중요하다.

1 이한석·도근영 역, 『워터프론트계획』, pp.67~68 참고.

④ 생태계의 창조

수변생태계는 취약하기 때문에 유지·보전을 위한 특별한 계획이 필요하다. 수변의 인공구조물은 생물의 서식환경에 적합하게 계획하고, 수변개발계획에서는 원래의 자연환경을 보전하도록 배려하며, 이전보다 좋은 수변환경을 계획하여 생물과 인간이 공생할 수 있도록 하는 것이 중요하다.

6.2 연안관리

6.2.1 연안의 개념

수변환경계획의 출발점은 연안이라는 더 넓은 공간범위에서 자연환경과 생태계를 고려하는 것이다. 연안은 해안선을 경계로 일정 범위의 해역과 육역으로 구성된 공간이며, 그 특성 및 개발 등의 관점에서 다양한 범위가 통용되고 있다. 지금까지 논의된 연안의 범위는 대개 세 가지로 나눌 수 있다.

첫째는 수변의 관리 측면에서 정하는 행정 범위이다. 수역은 따로 정하지 않고 육역의 범위만을 기존 행정 체계에서 규정하고 있다.

둘째는 수변의 환경적 특성을 고려한 범위이다. 수변에서 생태계가 풍성한 공간은 수심이 50m보다 얕은 공간으로서, 풍부한 먹이와 광합성이 가능하여 동식물의 서식환경으로서 가치가 높다. 이와 같은 수변환경을 고려하여 수심 50m까지를 연안의 범위로 정한다.

셋째는 수변에서의 인간 활동을 고려한 사회적 범위 혹은 문화·역사적 범위이다. 즉, 수변에서 인간 활동이 이루어지고 문화·경관·역사가 확립되어 있는 곳을 연안의 범위로서 정하는 것이다.

이상과 같이 연안의 범위는 수변지역의 현황과 특성을 고려하여 개별적으로 설정되는 경우가 많으며, 기계적으로 정하는 것이 아니라 주민들의 생활범위와 환경·생태·문화·역사 등의 측면을 고려하여 사람들이 연안으로 인식하고 있는 범위로 정한다.

한편 그림 6.2에서와 같이 「연안관리법」 제2조에서는 '연안'을 연안해역과 연안육역으로 구분하고, 연안해역은 바닷가와 만조수위선으로부터 영해 외측한계까지의 바다로 규정하며, 연안육역은 무인도서 및 연안해역의 육지 쪽 경계선으로부터 500m(단 항만, 어항, 산업단지의 경우 1km) 범위의 육지로 규정하고 있다.

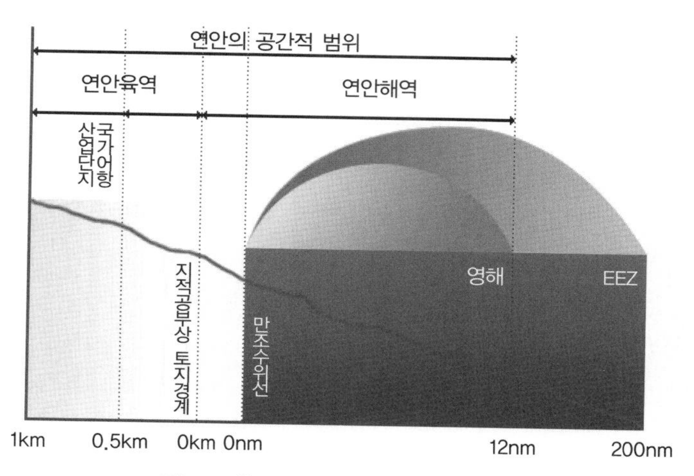

그림 6.2 「연안관리법」에서 연안의 범위

출처 : 국토해양부 연안포탈사이트

6.2.2 연안의 특성

연안은 풍부한 생태계를 구성하고 있으며 다양한 인간 활동이 가능한 이용특성을 가지고 있다. 따라서 연안은 생태계의 보전과 이용을 위한 개발이라는 갈등요인을 항상 품고 있다. 다음에서는 연안의 특성을 구체적으로 살펴본다.

① 지리적 특성

연안은 평면형상에 따라 폐쇄성·개구성·외해성·반개구성 해역으로 구분된다. 또한 해안선의 형상에 따라 평탄형·리아스식·반도형·도서형·암초형 등으로 구분되기도 하며, 수변의 상태에 따라서는 간석·라군 등 습지대, 하구, 모래나 조약돌의 수변 등으로 분류된다.

그리고 연안지형의 단면구배에 따라 200분의 1 이하의 평탄한 해변, 100분의 1 전후의 완경사 해변, 50분의 1 이상의 급경사 해변으로 나누어지며 보통 대륙붕까지는 비교적 완만한 구배의 지형을 이룬다.

연안해역의 저질(底質)에는 암초·조약돌·모래·실트·점토 등이 있으며, 천해부(淺海部)에는 유기물의 퇴적층, 흔히 말하는 니토층이 있다. 이러한 저질은 연안에 서식하는 동식물에 많은 영향을 끼친다.

한편 연안은 인공구조물이 없는 자연연안, 제방이나 호안·잠재·도류제 등 인공구조물의 영향을 받는 인공연안, 또는 인공연안이기는 하나 양빈(養濱)을 하거나 전빈(前濱)이 넓게 남아 있는 반자연연안의 세 가지로 나누기도 한다.

그림 6.3 자연연안과 인공연안

② 지구물리학적 특성

천문학상 지구의 공전, 자전, 그리고 태양이나 달 등은 연안에서의 바람, 온도, 조석 등에 영향을 미친다. 특히 지구 해양의 순환류, 지형 등에 의한 해류, 조위차에 의한 조류, 고조·해일·파랑 등에 영향을 준다. 이것과 하구류의 표면수 영향이 더해져 연안의 특성을 만든다.

특히 폐쇄성, 반개구형의 연안에서는 태풍에 의한 고조의 영향이 크다. 또한 지구온난화로 인한 해수면 상승은 연안의 자연적 특성에 중요한 영향을 미친다.

③ 생물학적 특성

무엇보다 연안의 중요한 특성은 생물학적 특성이다. 모든 생물의 발생과정을 연안에서 볼 수 있다고 해도 과언이 아니기 때문이다. 하구부근의 기수역(estuary)을 포함하여 연안에는 각종 동식물이 발생하여 자라고 성장한다. 많은 담수어, 해수어도 알을 낳기 위하여 모여든다. 연안에서는 위치, 형상 등 지리적 특성, 기상·해상·수질, 다른 생물계의 영향 등으로 인해 복잡한 생물상이 구성된다.

④ 교류의 특성

연안은 자연환경 및 인간 활동 두 측면에서 모두 교류의 특성을 갖는다. 하천에서 유출되는 토사는 하구에 삼각주를 만들고 이것이 흘러가 해안을 형성한다. 홍수 때는 돌이나 조약돌을 운반하고, 갈수 때는 실트나 점토 등을 운반한다. 이들은 서로 층을 형성하여 순차적으로 퇴적한다.

이러한 충적층의 토지에는 많은 사람이 산다. 사람들은 이용할 수 있는 땅을 얻기 위해 간척·매립을 해간다. 그러나 연안은 토지로서 불안정하고 바다의 작용으로 침식·퇴적·침하·변형된다.

또한 영양분이 많은 담수는 해수와 섞여서 기수역를 구성한다. 이러한 영역에서는 생태계가 형성된다. 햇빛이 도달하는 천장(淺場)·간석에서는 무수한 유전자와 종의 발생을 볼 수 있으며 복잡한 생산·소비·분해작용이 활발하게 이루어진다. 그 과정에서 자연정화기능도 이루어진다.

인간은 연안의 자연에서 중요한 먹거리를 얻으며, 사람들이 서로 교류하면서 연안에는 수세기에 걸쳐 거대한 문화·경제권이 생겨났다. 물자교환은 산업을 발전시켜 교역의 장을 만들고, 서로 다른 문화가 융합하여 새로운 문화가 생겨난다.

⑤ 이용특성

연안은 광대하며 여기에 잠재된 자연자원은 헤아릴 수도 없다. 수산자원이나 해저광물자원 외에 온도차에너지·조력·파력을 이용한 발전도 가능하다. 수산업은 잡아들이는 어업에서 키우는 어업으로 변모해 가고 있다.

연안해로는 지구를 뒤덮은 교통로로서 대량운반과 저렴한 수송에 최적이다. 또한 연안은 해운·도로·철도의 중계터미널로 이용되어 정보화 사회에서 국제 및 지역교류의 거점으로서 수요가 높다. 연안어업, 낚시어선 등을 위한 어항과 새로운 형태의 마리나 항이 연안에 분포되어 있다.

또한 내륙에 토지를 구하기 어려운 대규모 도로·철도·공항 등 사회기반시설이 연안에 정비된다. 이와 함께 연안은 주거단지, 업무용지, 대규모 하수처리장, 수변공원, 폐기물처리장, 각종 도시시설용지로서의 수요도 크다.

6.2.3 연안의 관리

1) 연안관리계획

연안관리(CZM : coastal zone management)란 해역과 육역의 환경특성을 동시에 갖고 있는 연안의 자연환경과 개발요구를 조화시키는 것이다. 즉, 연안관리의 기본이념은 자연환경보존의 개념에 근거하여 연안을 사람과 자연이 공존하는 지속 가능한 장으로서 관리하는 것이다.

여기서 지속 가능한 연안관리란 연안의 개발을 전면 부정하는 것이 아니고 개발사업의 환경영향을 제대로 평가하여 자연환경을 가능한 훼손하지 않으면서 연안에서의 생활환경을 개선하는 것을 목표로 한다. 즉, 연안관리의 요점은 연안의 명확한 정의, 연안 전체 관리계획, 개별 연안의 특성에 맞는 정비사업, 연안의 이용방침 명확화, 개발과 환경보전을 조화시키기 위한 미티게이션(mitigation) 등이다.

그림 6.4 연안정비사업(부산 남구)

우리나라에서는 체계적인 연안관리를 위해 1999년 「연안관리법」을 제정하였고, 이에 따라 '제1차 연안정비 10개년 계획안(2000~2009년)'에 이어 '제2차 연안정비 10개년 계획안(2010~2019년)'을 수립하여 시행하고 있다. 이와 함께 연안의 난개발방지를 위해 '자연해안관리지역'을 설정하여 운영하고 있으며, 또한 연안보전사업과 친수연안조성사업 등으로 구성된 연안정비사업을 전국 연안지자체를 대상으로 진행하고 있다.

한편 연안관리는 연안개발, 연안보전 및 연안보존과 관계된 활동이다. '연안개발'은 연안의 자연자원을 인간의 생활에 도움이 되도록 변화시키는 것이다. 그러나 자연이 수용할 수 있는 용량을 넘은 개발은 환경파괴를 일으키고 개발주체인 인간 및 사회의 환경을 악화시키는 요인이 된다.

또한 '연안보전'이란 연안의 자연환경을 보호하여 안전하게 하는 것으로서 그 수단에는 법적인 강제력이 있다. 그리고 '연안보전이용'은 자연환경이나 역사적 유물에 대해 그 중요성을 존중하고 사회에 인식시키기 위해 일부를 개방하여 엄격한 관리 하에 교육이나 계몽에 이용하는 것이다.

한편 '연안보존'이란 연안의 자연환경을 유지하여 남긴다는 의미로 연안보전보다 더욱 엄격한 개념이다. 원칙적으로 원형을 그대로 유지·존치시킨다.

2) 미티게이션(mitigation)

미티게이션이란 1970년대 후반 미국에서 도입된 환경정책의 하나로서 '인간의 행동은 환경에 영향을 미친다'는 것을 전제로 이 영향을 줄이는 것을 목적으로 하는 영향완화조치이다.

미국의 연안환경문제는 1950년경부터 급속하게 진전된 공업화로 인해 해양오염이 심각해지고, 수역에서 대규모 매립이 진행되며, 연안의 습지대가 소실되어 수질악화와 함께 수생생물이 사멸하면서 현저하게 나타났다. 동시에 시민이 수변으로의 접근이 불가능해지고 수변경관도 크게 훼손되었다.

따라서 1957년 샌프란시스코 만에서는 항만보전개발위원회(BCDC)가 시민의 힘으로 조직되었고 육군공병대와 BCDC는 미티게이션의 개념을 만들어 활동하게 되었다. 또 1965년에는 맥앳티어 페트리스법(Mc-Ateer Petris Act)이 제정되어 BCDC 활동이 법적 지원을 받을 수 있게 되었다. 이로써 자연환경의 가치를 손상하지 않는 미티게이션 개념이 확립되었고, 1969년 국가환경정책법(NEPA) 제정, 환경보호국(EPA) 설립, 1972년 연안관리법(CZMA) 제정 등으로 인해 미티게이션의 도입이 정착되었다.

미티게이션의 정의에 대해서는 목적하는 개발의 성격에 따라 달라지므로 통일되지는 않았으나, 1978년 환경질심의회가 발표한 정의 및 과정이 폭넓게 이용된다. 연안에서 개발행위를 할 때 환경에의 영향을 사전에 평가하여 다음 ①~⑤ 중 하나를 시행하거나 이들을 조합해 시행하여 그 영향을 해소하는 것이다.

① 개발행위의 전부 또는 일부를 실시하지 않음으로써 영향을 피하는 것
② 개발행위의 규모나 정도를 제한함으로써 영향을 최소화하는 것
③ 개발행위의 영향을 받은 환경을 수복(repair), 회복(restore), 혹은 개선(improvement)하는 것
④ 개발행위의 전체 기간에 걸친 보호 및 보수(maintenance)를 통해 영향을 경감하든지 제거하는 것
⑤ 개발행위의 영향을 받은 환경을 대체할 수 있는 환경을 제공하든지 또는 그와 치환(replacement)함으로써 영향을 보상하는 것

이상과 같은 미티게이션의 좋은 사례로서 부득이한 매립개발의 경우 미티게이션을 통해 개발 후에도 종전의 수역면적을 유지하는 것이 있다. 매립으로 인한 수역면적의 감소에 따라 자연생태계나 해안경관에 미치는 악영향을 방지하기 위해 이용도가 낮은 육역의 일부를 수역으로 만들어서 전체적인 수역면적을 유지하는 방법이다.

미티게이션에는 개발이 이루어지는 장소에서 자연환경의 회복을 모색하는 온사이트(on-site) 미티게이션과 개발 장소와 다른 곳이라도 동등한 가치를 가진 환경을 재현하여 자연이 상대적으로 감소하지 않게 하는 오프사이트(off-site) 미티게이션이 있다. 또한 영향완화조치를 추진하기 위한 기금운용제도로서 개발부담금을 이용하는 미티게이션뱅킹이 있다.

6.3 수변의 친환경기술[2]

수변에서 적용되는 친환경기술은 생물서식환경, 해역정화, 해안침식방지, 수역정온화, 그리고 친수성 향상을 목적으로 개발된 기술이며, 이들 목적을 달성하기 위해 단독 기술보다 다양한 기술들의 조합이 필요하다.

수변의 친환경기술의 바탕이 되는 기본개념은 생물서식환경을 지키고, 손상된 자연환경은 인공적으로 복구하며, 수변환경의 오염원을 줄이는 것이다. 특히 악화된 수변환경을 개선하기 위해서는 해수정화, 저질정화, 해빈정화가 필요하다. 또한 수변의 이용을 위해 수역정온화와 해안침식방지가 필요하며, 인간과 바다가 가까워지기 위해서는 친수성의 향상이 필요하다.

수변의 친환경기술에는 경관계획, 수경(修景), 환경평가, 환경관리 등 정책이나 계획과 관련된 기술과 수변에 설치되는 시설이나 장치에 관계된 기술이 있다. 다음에서는 수변의 친환경기술 가운데 시설과 관련된 주요기술을 소개한다.

1) 해빈(beach)

수변의 해빈은 후빈, 전빈, 외빈으로 구성된다. 해빈의 기능을 살펴보면, 조수간만으로 인해 해수가 해빈에 들어왔다 나갔다 하면서 오염물질이 모래나 자갈에 의해 여과되고 저생생물은 유기물을 분해하여 물이 정화된다. 이와 함께 해빈은 시민들의 휴식이나 레저를 위한 공간으로서 친수성이 높다. 수변에서 자연의 해빈이 파괴되면서 최근에는 인공적으로 모래해빈을 조성하는 경우도 있다.

2 (社)日本海洋開発建設協会 海洋工事技術委員会,『これからの海洋環境づくり』에서 인용 혹은 수정.

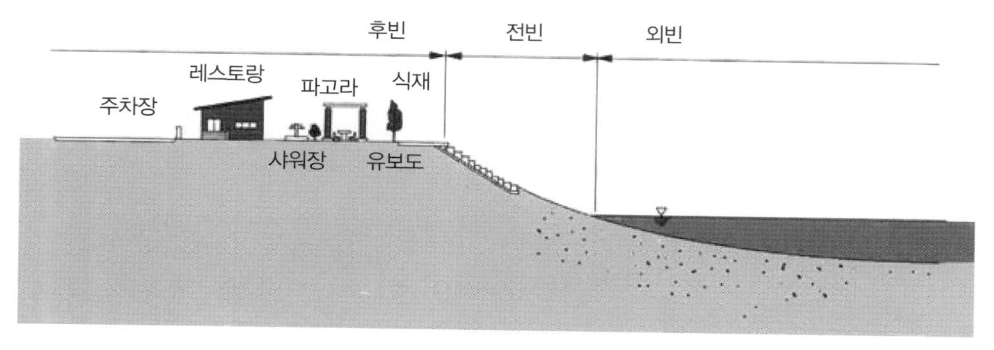

그림 6.5 해빈의 구성

출처 : (社)日本海洋開発建設協会, 『これからの海洋環境づくり』, p.14

2) 갯벌

갯벌은 조간대에 위치하는 물가로서 물새가 먹이를 잡거나 휴식을 취하는 곳이고, 모래진흙 속에는 미생물이 서식하여 해수를 정화하는 역할을 하는 장소이며, 사람들이 자연을 체험할 수 있는 좋은 장소이다. 갯벌은 생물 서식환경의 필수조건인 적당한 지반높이(간조 때에는 물이 빠져나가고 만조 때에는 침수하는 정도), 적절한 저질(모래진흙, 砂泥), 침식되지 않을 정도의 적당한 구배를 갖추고 있다. 최근에는 매립에 의한 자연갯벌의 소실을 막고 이를 보충하기 위해 인공갯벌이 조성되고 있다.

그림 6.6 갯벌

3) 조장(藻場)

조장은 해조초류(海藻草類)가 군락하고 생육하는 장소이다. 조장에는 해수의 흐름이 적고 해역에 적당한 식물연쇄가 보전되어 있어 어패류에게 양호한 먹이장소, 은둔장소, 산란장소, 생육장소를 제공한다. 특히 조장은 광합성을 통해 수중의 영양염류를 흡수하여 해수를 정화하는 기능을 갖는다. 조장을 인공적으로 조성하기 위해서는 해조류의 서식환경이 필요하다.

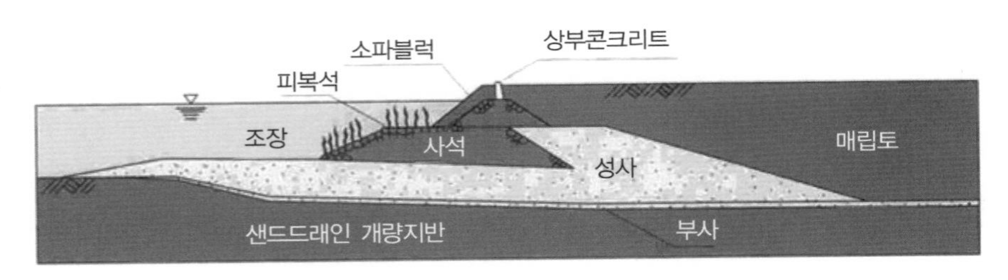

그림 6.7 완경사석축호안과 조장

출처 : (社)日本海洋開発建設協会,『これからの海洋環境づくり』, p.18

4) 기장(磯場)

기장은 바위나 암반 등으로 이루어진 둔치로서 조석, 파랑 등의 영향으로 다양한 수생생물이 생육하는 공간이다. 기장은 부착생물 및 해조류의 착생(着生)기반이 되고 그 주변은 어패류의 서식장소가 된다. 최근 인공수변에 자연석이나 의석(擬岩)을 투석하여 자연기장과 같은 효과를 얻고 있다.

그림 6.8 기장

5) 천장(淺場)

천장은 간조 시에도 해저면이 노출되지 않는 수심 10~15m 이하의 해역을 말한다. 천장의 저질은 일반적으로 모래와 진흙 또는 모래진흙으로 된 곳이 많고, 바위, 암초 등이 혼재되어 있는 곳도 있다. 이곳의 해저면에는 조장이 발달하여 어패류의 산란장소, 번식장소, 치어의 생육장소로서 적당하다. 인공적으로 천장을 조성하기 위해서는 저질이나 미생물이 파도나 조석에 의해 흘러가지 않도록 하고, 저질에는 유해물질이 없으며 적정한 영양염이 유지되는 환경조건이 필요하다.

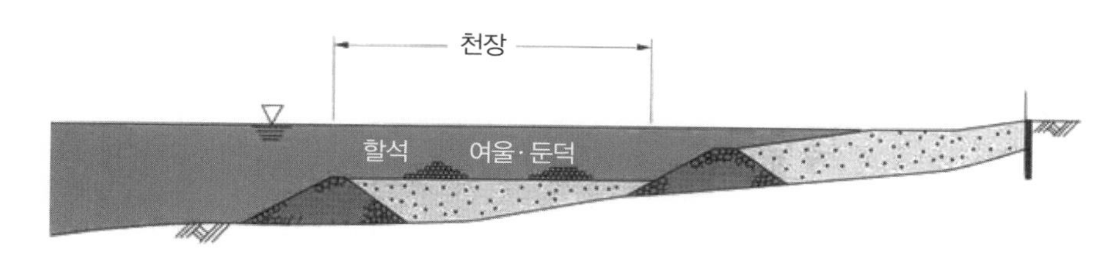

그림 6.9 천장의 단면

출처 : (社)日本海洋開発建設協会, 『これからの海洋環境づくり』, p.22

6) 라군(lagoon)

라군은 석호라고도 하며 바다의 일부가 사주(砂州)로 인해 외해로부터 분리된 낮은 바다(潟), 또는 환초(環礁) 내의 얕은 여울이다. 자연적으로 형성된 사주나 환초의 제방은 투수성이 좋아 해수가 투과할 때에 미생물에 의한 정화작용이 이루어진다. 따라서 라군은 많은 어패류의 서식장소가 된다. 인공라군은 자연환경 및 어패류의 서식환경을 만들기 위해 석재나 콘크리트블록 등을 환상(環狀)으로 쌓아 만든다.

그림 6.10 라군(석호)

7) 기수지(汽水地)

기수지는 민물과 바닷물이 섞여 염도가 낮은 물로 이루어진 연못으로, 갈대나 수초가 무성하고 수생생물이 살고 있으며 야생조류들이 집단을 이루어 서식한다. 최근에 인공시설물로 뒤덮인 수변에 야생조류공원이나 물새공원 등 기수지가 재생되고 있다.

그림 6.11 기수지

출처 : (社)日本海洋開発建設協会, 『これからの海洋環境づくり』, p.52

8) 인공리프(artificial reef)

리프는 열대지방에서 산호초에 의해 연안에 폭넓게 만들어진 천장을 의미하며, 이러한 리프는 파랑을 파쇄, 감쇄시키므로 자연방재기능을 갖는다. 반면에 인공리프는 급구배의 해저에 자연산호초를 모방하여 사석(捨石), 콘크리트블록 등을 투입하여 원천(遠淺) 해안을 조성하는 것이다. 인공리프는 경관을 손상시키지 않으면서 해역정온화, 해안침식방지를 이룰 수 있으며 어패류의 서식장소로도 유용하다. 인공리프의 설치위치는 일반적으로 수심 10m 이내에 설치한다.

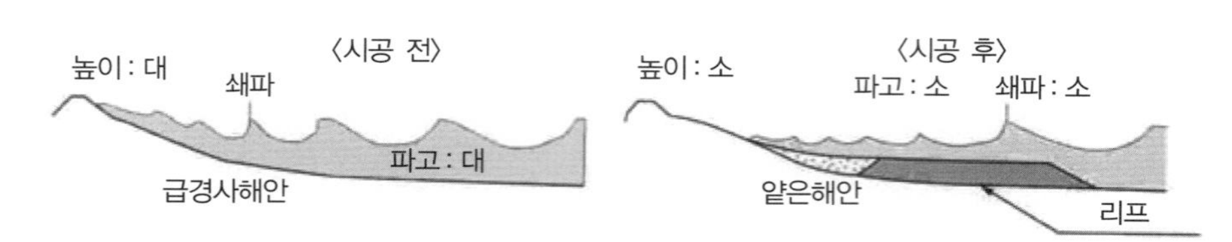

그림 6.12 인공리프

출처 : (社)日本海洋開発建設協会, 『これからの海洋環境づくり』, p.24

9) 리빙필터(living filter)

리빙필터는 수생식물이나 해조류를 이용하여 수질을 정화하는 것으로서, 정화작용은 물론 표사(漂砂), 비사(飛砂)를 방지하고 수경(修景)의 역할도 기대할 수 있다. 이 경우 수생식물은 큰고랭이, 갈대 등의 내염성이 있는 식물이 좋으며, 식생지의 바닥은 모래진흙(砂泥)이 좋고, 파도가 심한 곳이나 오염이 심한 곳은 바람직하지 않다.

그림 6.13 리빙필터

10) 수로 및 운하

폐쇄성 내만에서 만의 깊은 곳은 외해로부터 해수가 들어오지 못해 수질이 악화된다. 이러한 해역의 수질개선에는 해수교환의 촉진이 효과적이며 해수교환의 수단으로서 수로나 운하를 만들어 준다. 이때 해수교환을 위한 에너지는 주로 조석, 해수의 흐름, 파도 등 자연의 힘을 이용하고 전기 등 보조적인 에너지도 사용한다. 한편 수심이 낮은 내만이나 갯벌에서는 국부적으로 깊은 도랑을 만들어서 물의 흐름을 빠르게 하여 부니(浮泥)의 침강 및 퇴적을 방지하며 해수교환을 촉진하여 저질(底質)을 개선한다.

그림 6.14 수로 및 운하

11) 석적제(石積堤)

석적제란 돌로 쌓은 제방을 말하며, 조수간만이나 파도에 의해 석축 사이를 통과하면서 바닷물이 정화된다. 해수가 접촉 면적이 큰 돌 사이를 통과하면서 바위의 표면에 서식하는 미생물의 생물막에 접촉하면서 해수에 용해되어 있는 유기성 오염물질이 미생물의 정화작용으로 제거되는 것이다. 콘크리트 호안이나 돌제를 석축형식으로 바꾸거나 방파제의 콘크리트케이슨에 석재를 채워 해수를 이곳에 투과시킴으로써 정화하는 방법이 있다.

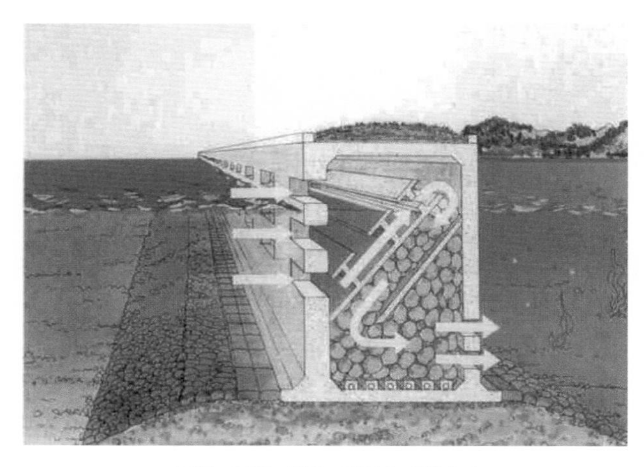

그림 6.15 석축 케이슨 방파제

출처 : (社)日本海洋開発建設協会, 『これからの海洋環境づくり』, p.31

12) 소파구조물

소파구조물은 파력을 경감시키고 반사파에 의한 파의 증대나 교란을 억제시켜 정온수역을 만드는 역할을 한다. 일반적으로 소파블록을 많이 사용하지만 최근에는 슬리트식 직립소파구조, 유공식 직립소파구조, 곡면슬리트구조, 반원형구조, 이중원통구조 등 새로운 구조물이 개발되고 있다. 한편 테트라포드로 대표되는 소파블록에서는 주민들의 친수활동(산책, 낚시, 바다조망 등)이 일어나고 있으며 이에 따라 미끄러짐, 추락에 의한 안전사고가 발생하고 있다. 또한 커다란 콘크리트의 소파블록은 해안경관을 훼손하고, 구조물 사이에 각종 쓰레기가 쌓여도 청소하기 어려워 수변환경의 훼손 및 오염의 원인이 되고 있어서 새로운 소파블록이 개발되고 있다.

(a) 이중원통 케이슨 구조

(b) 반원통 구조

그림 6.16 소파구조물

출처 : (社)日本海洋開発建設協会, 『これからの海洋環境づくり』, pp.34-35

13) 완경사호안

호안은 파도나 고조, 진파 등에 의한 월파, 해안침식 등을 방지하기 위한 구조물이다. 완경사 호안·제방은 해안선의 보호라는 본래의 방재기능에 더하여 보다 자연에 가까운 형태의 호안으로서 생물의 생육장소를 형성하고 있다. 또한 폭기(曝氣)[3]에 의해 해수를 정화하여 친수성, 경관 향상을 기대할 수 있는 호안이다. 완경사면 형상은 직선형이나 계단식이 있고 표면의 피복재료에는 콘크리트블록, 석재 등이 있으며 수변조건, 경관, 친수성 등을 고려하여 정한다.

그림 6.17 완경사호안

3 폭기란 파를 부수거나 강제적으로 교란시켜 해수 중에 공기를 기포로서 끌어들여 물속 산소의 용해를 촉진시키는 것을 의미함.

14) 헤드랜드와 돌제

돌제는 해안에서 바다방향으로 길게 돌출한 구조물이며, 헤드랜드(人工岬)는 돌제의 끝에 섬 모양 혹은 종 모양으로 폭이 넓고 약간 규모가 큰 갑(岬) 형태의 구조물을 말한다. 돌제는 연안류를 지연시키고 표사를 보충하여 해안선을 안정시키는 데 목적이 있으며, 헤드랜드는 자연스러운 넓은 비치나 기장을 형성하여 환경적으로나 경관적으로 긍정적인 역할을 한다.

그림 6.18 돌제

15) 이안제와 잠제

이안제란 해안선에서 떨어진 바다에 해안선과 거의 평행으로 석제나 소파블록을 쌓아 만든 제방으로, 파랑을 제어하여 구조물 뒤의 해역을 정온화시키며, 해안의 모래를 퇴적시키고, 침식을 방지하는 기능을 갖는다. 이안제가 그 끝이 해면 위로 돌출된 것이라면, 잠제는 간조 시에도 그 끝이 물에 잠기기 때문에 경관을 손상시키지 않으며 잠제의 천단(天端) 폭을 넓게 한 것이 리프이다.

그림 6.19 이안제

16) 수변녹지

수변에 설치된 공원과 녹지는 사람들이 물과 친해지고 쾌적한 기분을 맛볼 수 있는 공간을 제공한다. 시계가 개방된 넓은 수변녹지는 마음을 온화하게 하고, 수목들과 시원한 바람은 차분함을 준다. 그리고 변화가 풍부한 산책로나 사계절을 느낄 수 있는 공원은 사람들에게 기쁨과 활력을 준다. 또한 수변녹지는 수변의 생태계에 중요한 역할을 한다.

그림 6.20 수변녹지

6.4 수변환경의 녹화[4]

6.4.1 수변식생환경

바닷가 수변에는 조풍(潮風) 이외에 비사, 물보라, 침수 등 내륙과 다른 혹독한 환경이 존재하여 제한된 종류의 식물만이 식생하고 있다. 이 때문에 수변의 녹화는 어렵고 무엇보다도 지형 및 환경과 식물의 관계를 고려한 녹화가 필요하다.

식재의 기술로는 내조성(耐潮性)이 강한 수목을 주로 사용하고, 수제선(수면과 육지가 맞닿은 선)에서의 거리에 따라서 종류나 밀도, 배열 등을 변화시킴과 동시에 숲 내에 바람이 들어가기 어려운 내조풍의 구조를 도입하는 것이 중요하다.

식재지 기반정비에 대해서는 모래의 이동방지대책(사빈·사구), 고정된 지반토의 대책(구릉지), 배수·염분대책(매립지) 등이 중요하고, 사빈·사구에서는 퇴적모래 울타리의 설치, 구릉이

4 박상길 외 역, 『워터프런트학 입문』, 3. 해안녹화, 인용 및 수정·보완.

나 매립지에서는 마운드 방식의 성토 등이 필요하다.

수변이라 하더라도 남해·동해·서해, 난온대와 냉온대, 모래와 자갈, 직선해안과 만입해안·돌출해안, 자연해안과 인공해안 등 지리, 기후, 지형, 토지 이용의 차이에 따라 환경이 아주 다르기 때문에 수변녹화계획은 식물의 성장 및 생활을 고려하여 정한다. 수변의 식생환경을 구체적으로 살펴보면 다음과 같다.

1) 지형

수변지형은 침식지형으로서의 해식애·암초지, 퇴적지형으로서 사빈·사구·역빈(礫浜), 염소지(해수의 습지) 등으로 크게 구분된다. 구릉이 있는 수변에서는 자갈이나 벼랑이 발달하고, 평야가 인접한 수변에서는 사빈이나 사구가 발달하는 것이 대부분이다. 또한 파도가 조용한 만에서는 조석으로 운반된 가는 흙이 퇴적하여 만들어진 염소지가 보인다.

2) 조풍과 염해

수변은 기온의 변화가 작고 적설·강수량이 적은 것 외에 바람이 강하다. 강한 바람은 수목의 줄기를 꺾는 등 피해를 줄 뿐 아니라 잎의 증발량을 높여 생리적으로 스트레스를 주며, 조풍해나 염수해를 발생시키기도 한다.

조풍해는 잎에 부착한 염분이 기공 등에서 잎 내로 침투하여 세포간극 용액의 침투압을 높여 세포를 탈수시키거나, 유해한 Cl이온 등이 비타민C나 엽록소를 파괴하여 생리기능을 저해한다. 해수의 침투에서 발생하는 염수해는 염분이 뿌리에 접촉하여 흡수, 호흡, 대사기능을 저해하거나, 뿌리에서 흡수되는 염화물이 줄기·잎으로 축적되어 생리기능을 저해한다.

그림 6.21 수변의 자연식생

조풍해 발생의 정도는 바람, 비, 습도 등의 기상요인 외에 수제선과의 거리, 식물의 종류(잎의 두께, 단단한 표피층인 큐티클층의 발달정도, 기공을 보호하는 털의 발달정도), 잎의 크기, 생육단계(수령, 엽령) 등에 따라 다르다. 보통 잎의 염소농도가 0.5% 정도가 되면 잎의 끝이나 가장자리에서 괴사가 발생하고, 평소에 조풍을 받은 경우에는 바다 측의 싹이나 잎이 고사하여 편형수형이 된다.

3) 환경압

환경압은 식물의 생활 및 성장 측면에서 본 수변환경의 혹독함을 말하며, 사빈·사구, 애지(涯地),[5] 염소지(鹽沼地) 등에서 각각 다르다. 사빈이나 사구에서는 강풍으로 모래가 날려 비사현상이나 지표면의 모래 이동이 일어난다. 이외에 모래의 양분이 적고 건조하며 여름에 지표면이 고온으로 된다. 특히 비사나 모래의 이동은 식물에 손상을 미치고 식물체를 매몰·노출시키기 때문에 식물에게는 최악의 환경이 되어 극히 한정된 풀만이 생육한다.

수변의 바위가 많은 곳(岩場)이나 애지의 경우, 파도에 의한 물보라나 조풍이 아주 강한 위쪽과 바위가 많은 곳에서는 뿌리를 뻗을 흙이 거의 없고 벼랑에서는 붕괴도 발생한다. 물보라가 치기 쉬운 벼랑의 하부에서는 한정된 풀이 굵고 곧게 깊은 뿌리(직근)나 혹은 가늘고 많은 뿌리(세근)를 바위의 갈라진 틈으로 내리고 물이 적은 바위에서 조풍에 견디어 생활하고 있다.

한편 염소지의 식물들은 고농도의 염분을 취하는 기관이나 염수를 배출하는 기관을 뿌리나 잎에 비축함과 동시에, 기근이라 불리는 통기조직을 가지는 지상근을 발달시켜 침수에 견디고 있다.

6.4.2 수변녹화의 고려사항

수변에는 혹독한 환경이 존재하고 그 환경에 적응한 한정된 식물이 빠듯한 생활을 영위하고 있다. 그 식물은 다른 식물로 대체할 수 없고 대개 인간의 조작을 뛰어넘는 것이다. 또한 수변에서 환경과 식물은 어떤 식물의 존재가 환경을 바꿔서 다른 식물의 생활을 가능하게 하는 등 공간이나 시간을 통해 서로 관계를 맺는다.

그러나 이들의 상호관계가 토지개발 등에 의해 일단 파괴되면 복원이 불가능하기 때문에, 수변녹화는 지형과 환경, 식물의 생활, 식물의 종류와 특성, 식물끼리의 상호관계 등을 고려해야 한다. 그래서 무엇보다 기존의 지형과 환경을 보전하는 것이 중요하다.

5 애지(涯地)란 침식 해안을 따라 형성되는 해안 절벽을 말함.

또한 녹화를 할 때에는 주변 환경의 면밀한 조사에 근거하여 적정한 식물을 선정하는 것은 물론, 그 식물의 생활을 가능하게 하는 지형과 환경의 정비가 중요하다.

이 외에 수변은 해양생태계와 육상생태계의 접점이기 때문에 해양과 육상의 생물이동 및 교류의 장으로서 기능하도록 녹화할 필요가 있다. 녹화지점마다 자연환경 및 사회환경의 특성을 바탕으로 녹지의 존재이유와 기능을 명확하게 하고 녹지의 내용을 상세하게 검토하는 것이 중요하다. 수변녹화의 유형을 구분하면 다음과 같다.

1) 해안방재림

수변의 녹화에서 오랜 역사를 가진 것이 방재림이다. 사빈해안에서 주로 비사의 방지를 목적으로 해송이 심어져왔으며, 해송림은 해안선의 보전은 물론 비사나 조풍으로부터 마을을 지키고 배후지에서 농업을 가능하게 하는 등 큰 효과를 가져 왔다.

그림 6.22 하코다테시 나카마쵸 해안방재림 조성 사례

출처 : 홋카이도 도청 내부 자료

2) 매립지녹화

수역을 매립한 지역에서는 공지나 건물 주변을 녹화하여 혐오시설의 차폐나 사람이 모이는 장소의 수경(修景) 등에 이용하고 있다. 또한 매립지의 녹화를 통해 식생에 둘러싸인 수변경관을 만들어내고 조풍을 완화하여 주민에게 편안함을 주고 새들을 모으기도 한다. 또한 건물 주변 녹지는 미관이나 계절감을 높여 생활하는 사람들에게 편안함을 준다.

그림 6.23 매립지녹화

3) 항만녹화

항만에서는 환경정비를 위해 녹지가 조성되는데, 주변지역과의 조화, 작업환경의 정비, 경관 개선 등을 고려하여 녹화를 행하고 있다. 항만녹지에는 심볼녹지, 휴식녹지, 완충녹지, 피난녹지, 수경녹지, 레크리에이션녹지 등이 있다. 심볼녹지나 레크리에이션녹지는 도시공원의 성격을 가지고 주민에게 레크리에이션 공간을 제공하며, 휴식녹지나 수경녹지는 인공구조물로 이루어지는 항만에 부드러움과 휴식을 만들어내어 항만작업자의 작업환경개선에 도움이 된다.

그림 6.24 항만녹화

4) 친수공간녹화

친수공간에는 레크리에이션 공간과 함께 녹지공간이 필수적이다. 친수공간에서 녹지는 대개 공원으로 만들고 있으며, 이들 친수공원은 레크리에이션 공간과 어울리게 계획된다. 친수공간 녹화에서는 기존의 해안림 보전과 시민의 친수요구를 조화시키는 것이 중요한 과제이다.

그림 6.25 친수공간녹화

6.4.3 수변녹화계획

1) 내조풍구조

자연의 해안림은 강한 조풍 안에서 생존하고 있기 때문에, 조풍에 견디는 녹지의 구조를 알기 위해서는 자연의 해안림을 관찰하는 것이 중요하다. 조풍이 강한 해안에서는 저목성(低木性)의 수종이 많이 관찰되고, 해안에 따라서 낙엽수 혹은 상록수가 많이 관찰되기도 한다.

해안림의 수종구성은 주로 내조성의 수종으로 이루어지고, 수제선에서 내륙방향으로 내조성이 강한 순으로 배열되어 저목성의 수종에서 고목성의 수종으로 배열되어 있는 경우가 많다. 이 때문에 수림의 높이도 수제선에 가까울수록 낮고 내륙으로 갈수록 높아진다.

그림 6.26은 바람이 강한 장소에서 해안림의 구조를 나타낸 것이다. 우선 특징적인 구조로서 숲의 표면이 평편한 것이 관찰된다. 이런 현상은 머리가 높이 솟은 나무의 지엽이 강한 조풍으로 시들어 버려 자연스럽게 일어나며, 숲 전체로서는 바람에 대한 저항이 적은 구조로 되어 있다.

또한 숲 가장자리에는 제일 앞의 낮은 나무가 지표면 가까이까지 가지를 내리거나(그림 6.26의 ③) 일단 지면을 기어가다 일어서며(그림 6.26의 ⑤), 숲 가장자리 나무의 전방에 풀이 나 있어(그림 6.26의 ②, ④) 숲의 중앙에 바람이 들어가기 어려운 구조로 되어 있다.

또한 수제선 가까운 해안림에서는 숲 가장자리 나무의 줄기가 위로 똑바로 뻗지 않고 지면에서 포기 모양으로 많은 가지를 내고 있는 것이 관찰된다(그림 6.26의 ⑥). 이런 수형은 풍압에 강할 뿐만 아니라 지상부가 마르더라도 맹아(새로 트는 싹)를 통해 쉽게 회복할 수 있다. 이상과 같이 해안림의 내조풍구조를 정리한 것이 표 6.2이며 이것은 수변녹화를 위한 식재계획에 중요하다.

①

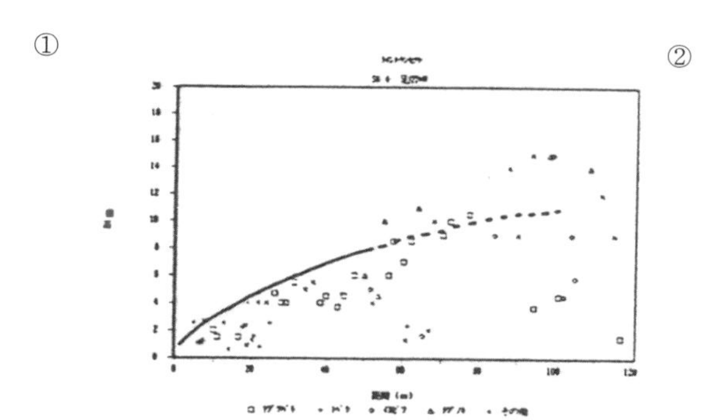

녹지에서 내륙방향으로 향한 나무 높이가 증가하여 임관단면은 대수곡선을 나타내고 바람의 저항이 적은 구조로 되어 있다.

②

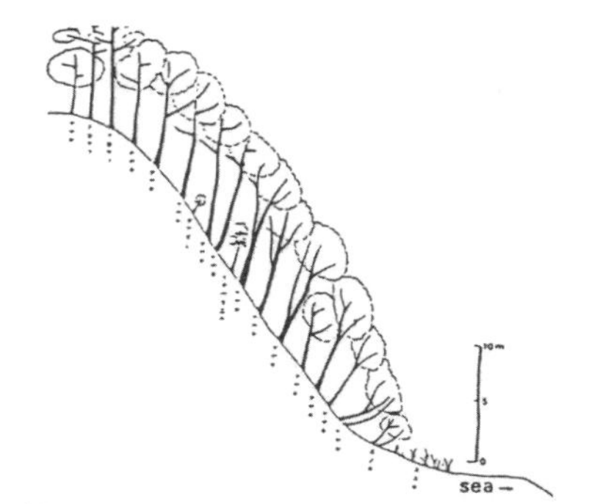

임관면은 굴곡이 적고 평균적으로 가지런하여 바람의 저항이 적은 구조로 되어 있다.

③

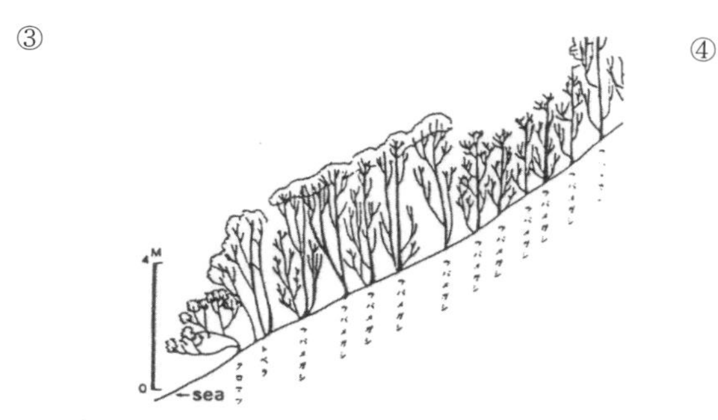

녹지최전선의 저목이 아래까지 지엽을 부착하여 숲 내에 바람이 들어가기 어려운 구조로 되어 있다.

④

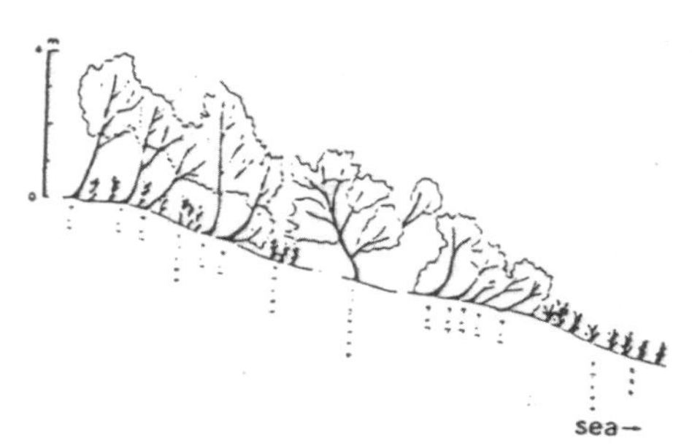

해안선 쪽으로 빽빽한 초본군락이 근접하고 그 군락 높이에서 위로 임녹목의 가지와 잎이 뻗어 녹지를 봉쇄한다.

⑤

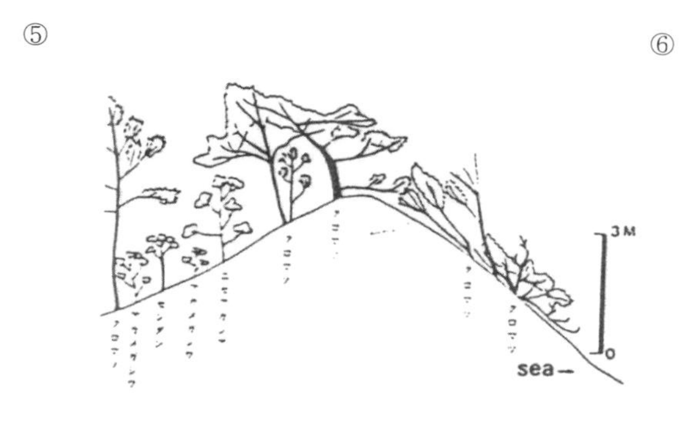

임녹목의 가지가 일단 바다 측으로 향하여 지면에 붙어 뻗어나가고 그곳에서 위로 가지와 잎을 뻗는 것으로 녹지를 봉쇄한다.

⑥

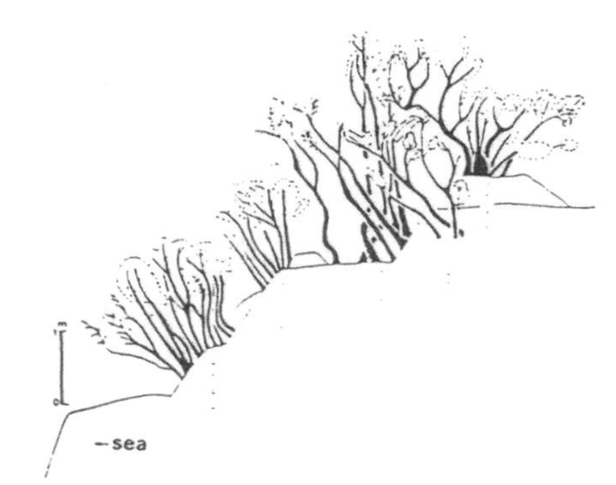

땅끝에서 많은 가지와 잎을 내는 주상구조로 되어 있다.

그림 6.26 해안림의 내조풍구조

출처 : 박상길 외 역, 『워터프런트학 입문』, p.67

표 6.2 해안림의 내조풍구조

	특징	효과
임관부(林冠部) (숲의 윗부분)	숲의 윗부분에서 평편하게 모양이 갖추어져 있다.	바람의 저항이 적다.
바다 측 녹지부	바다 쪽의 풀이 녹지를 폐쇄하여 최전선 나무의 가지가 녹지를 폐쇄하는 바다 쪽으로 향하여 가지가 포복한다.	숲 내에 바람이 들어가기 쉽다. 숲 내에 비사가 들어가기 쉽다. 바람이 약한 지표면에서 생존한다.
수목의 형상	최전선에서는 주상의 나무가 많다. 직경에 비하여 나무 높이가 낮다.	강풍 조건하에서 경직이 유리하다. 풍압에 대하여 강도가 크다.
수목의 높이	내륙으로 향하여 차례로 높아진다.	나무 각각의 풍압이 적게 된다.
수종의 배열 (해안선→내륙)	내조성이 큼→강한 것에 대해 저목→고목	전방의 나무가 후방의 나무의 바람막이가 되고 공존한다.
밀도	밀도가 높다(내륙으로 향해 감소). 밀도가 높다(조풍이 강한 곳 거의 고밀도).	나무 각각의 풍압이 적게 되어 건조로부터 지킬 수 있다.

출처 : 박상길 외 역, 『워터프런트학 입문』, p.68

2) 식재방법

수변녹화에서는 우선 조풍에 강한 나무를 심을 필요가 있으며, 배열, 밀도, 고·저목의 비율 등은 조풍의 크기나 수제선으로부터의 거리 등에 따라 적절하게 계획한다. 수종은 수변을 납작한 모양의 편형수형(扁形樹形)이 현저한 A지대, 약간 나타나는 B지대, 완전히 나타나지 않는 C지대로 구분하고, 또한 수제선측에서 내륙방향으로 I(폭 수 m), II(폭 수 m~10m), III(폭 10~30m)의 세 가지 벨트를 고려하여, 이 지대와 벨트를 조합하여 배열한다. 이에 따라 다음과 같이 수종을 선정하는 방법이 있다.

① AI은 해수의 물보라가 큰 곳이고 저목성의 강내조성 수종이 적합하다.
② AII(=BI)에서는 고목성의 강내조성 수종이 적당하다.
③ AIII(=BII=CI)에서는 내조성 수종이 적당하다.
④ BIII(CII) 이후는 내륙성 수종도 가능하다.

강풍지대의 최전방인 AI에서는 지면에서의 맹아 능력이 높은 수종을 사용하고 그 전면에 벼과, 국화과 등의 풀이나 포복성 저목, 덩굴성 저목을 심어 숲에 바람이 들어가지 않는 내조풍구조를 도입한다. 또한 AII에서는 성장이 다 같이 느린 나무를 심어 각각의 식재목 피해를 낮추면서 풍저항이 적은 내조풍구조를 도입할 수 있다.

수종의 배열 외에, 수목의 생활형(여기서는 상록수와 낙엽수의 차이)에 주목하여 겨울철 계절풍이 강한 수변에는 내조성 수목 중에서도 낙엽수를 주체로 사용하고, 기타 수변에서는 상록수를 주체로 사용한다.

또한 식물 맹아의 능력, 포복능력, 생장속도 등의 특성에 주목하여 해안림에 내조성 구조를 도입하는 식재방법을 검토하는 것이 중요하다. 이상의 식재방법을 정리하면 그림 6.27 및 표 6.3과 같다.

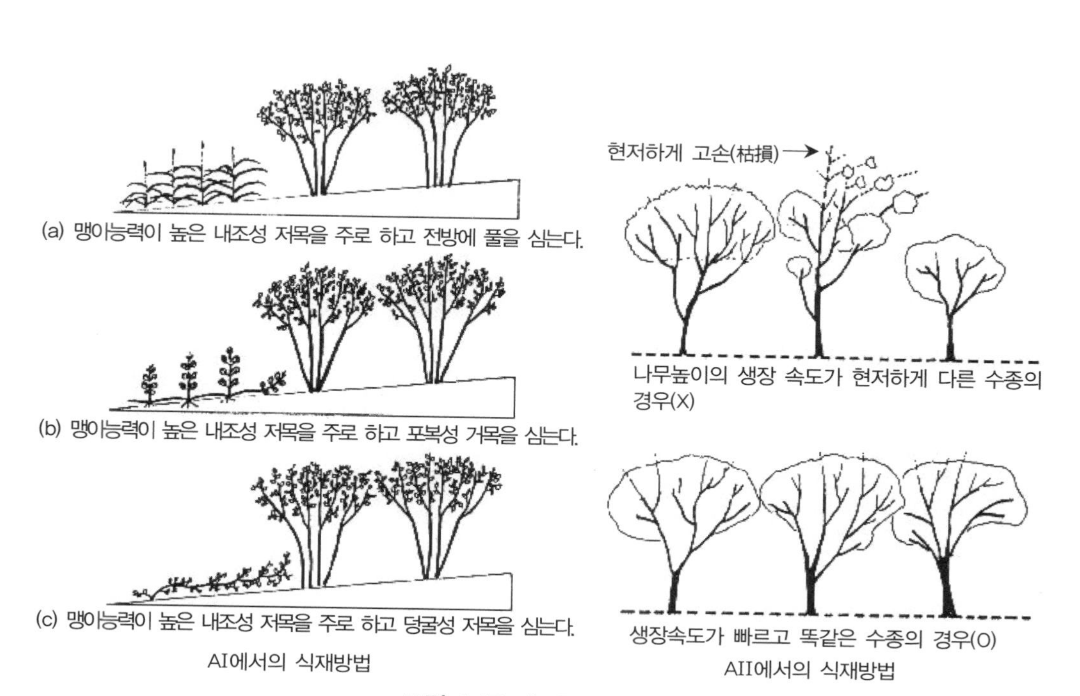

그림 6.27 내조풍구조의 식재

출처 : 박상길 외 역, 『워터프런트학 입문』, p.70

표 6.3 내조풍구조를 위한 식재방법

	식재방법안	기대되는 효과
임관부(숲의 윗부분)의 구조	나무 높이의 생장속도가 빠르고 또한 같은 수종을 AII~AIII에 심는다.	각종재목의 피해를 경감하면서 AII~AIII의 숲의 윗부분을 풍저항이 낮은 구조로 도입한다.
바다 측 녹지부의 구조	AI에서는 맹아능력이 높은 저목을 빽빽하게 심고 그 전방에 풀이나 포복성저목을 심는다.	풀 등의 희생의 아래에 맹아능력이 높은 저목에 대한 조풍을 억제하고 임녹부의 구조를 강화한다.
수목의 형상(형상비)	주상의 모종이나 길이가 낮고 옆으로 길게 뻗은 모종을 사용한다.	피해 후의 빠른 회복이 바람직하다. 활착율의 향상이 바람직하다.
수목의 높이	아저목→저목→아고목의 배열로 하고 급한 변화를 주지 않는다.	전방목이 후방목의 풍압을 약하게 하고 생존율을 높인다.
밀도	묘목의 옆으로 뻗은 가지가 서로 접하는 위치을 고밀도로 한다(후에 간벌).	군락효과에서 식재목의 활착률을 높인다.

출처 : 박상길 외 역,『워터프런트학 입문』, p.71

3) 식재기반정비

수목은 생명활동에 필요한 물이나 양분을 흙에 의존하고 있어 토지조성에 따라서 녹화의 성패가 결정되므로 식재기반의 정비가 중요하다. 식재기반을 정비할 때 중요한 사항은 뿌리의 성장에 충분한 토양 확보, 배수성·보수성 등 토양의 물리적 성질 유지, 수목성장에 필요한 영양분을 위한 토양의 화학적 성질 유지 등 세 가지이다.

수변녹화의 경우도 원칙적으로는 이 세 가지를 달성해야 하며 사구지, 구릉지, 매립지 등 지형·입지조건의 차이에 따라 중점을 두는 내용이나 정도가 달라진다. 즉, 사구지에서는 모래의 이동을 방지하는 대책이 가장 중요하고, 구릉지에서는 단단한 기반토의 대책이 중요하며, 매립지에서는 배수와 토양염분의 대책이 중요하다.

특히 매립지에서는 낮고 평평한 지형으로 인해 배수가 불량하고 중장비로 다져진 기반의 흙이 견고하다. 또한 준설에 의한 매립의 경우에는 준설한 토사의 문제도 있다. 헤도로[6]의 문제는 준설방법과도 관계가 있으며 샌드펌프의 배출구에서 먼 장소에 미세한 헤도로가 퇴적하여 투수성이 아주 나쁜 토층을 형성하는 것이다. 투수성이 나쁘기 때문에 함유염분도 빠지기 어렵고 그 성질은 비교적 장기간 지속된다.

헤도로의 대책으로는 갈아 엎기 등의 방법을 통해 일단 토양의 구조를 파괴하는 것이 중요하고 이로써 토양의 성질을 변화시키는 것이 가능하다. 그러나 매립지는 낮고 평평한 지형이어서 배수성이 불량하기 때문에, 지형에 변화를 주어 배수성을 높이는 것이 중요하고 성토를 하는 것이 효과적이다.

성토는 그림 6.28과 같이 마운드방식, 축제방식, 대형 마운드방식, 평지방식 등으로 나누어지며 식물의 성장 및 생활 측면 이외에 녹지의 볼륨감, 경관 등을 고려할 때 마운드방식이 효과가 크다.

마운드의 조성은 아래층의 기반 자체를 마운드형상(구배는 7도에서 20도까지)으로 정비하는 것이 중요하다. 기반토 위에는 양질의 토양을 고목 식재지에서는 100cm 이상, 저목 식재지에서는 50cm 이상, 지표면·잔디 식재지에서는 30cm 이상 객토한다. 객토에 사용하는 흙은 통기 및 투수성이 뛰어난 흙, 보비(保肥) 및 보수(保水)성이 높은 흙이 중요하다.

6 바닥에 퇴적한 질척질척한 개흙을 말함.

① 평지방식

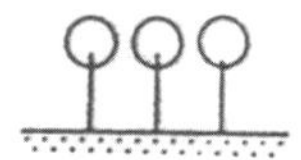

• 내용 : 기반을 평지형으로 조성한다.
• 이점 : 조성작업이 간단하다.
• 결점 : 체수(滯水)가 발생하여 습하기 쉽다(뿌리가 썩고 생장저하가 발생하기 쉽다).

② 마운드방식

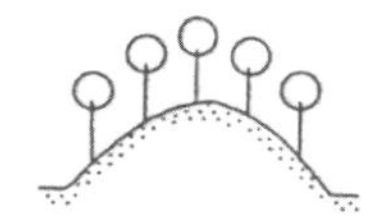

• 내용 : 기반을 마운드형으로 성토한다.
• 이점 : 배수성이 높은 수목의 생장에 좋다.
• 결점 : 특히 안쪽의 조성작업이 조금 복잡하다.

③ 축제방식

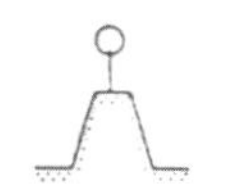

• 내용 : 기반을 제방형으로 성토한다.
• 이점 : 배수성이 좋다.
• 결점 : 천단부가 건조하기 쉽다(가지선단의 고사 등이 발생하기 쉽다).

④ 대형 마운드방식

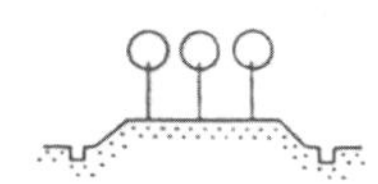

• 내용 : 기반을 낮은 받침대형상으로 성토한다.
• 이점 : 조성작업이 비교적 간단하다.
• 결점 : 조금 습하게 되는 경우가 있다.

그림 6.28 매립지 성토방법

출처 : 박상길 외 역, 『워터프런트학 입문』, p.73

6.5 수변의 생활환경

수변의 매립지나 항만재개발지에 대규모 주거단지가 건설되고 있다. 이렇게 새로운 주거환경을 만들기 위해서는 일상생활과 관련된 수변의 특성을 검토해야 한다. 수변은 바다의 존재로 인해 특수한 생활환경을 가지며, 대표적으로 기후환경과 염분의 영향 등을 들 수 있다.

또 매립지나 항만재개발지의 주거단지에는 일반적으로 편의시설, 안전성, 교통시설, 어메니티 등과 관련한 문제가 발생한다. 수변에 대규모 주거공간을 계획할 경우에는 이러한 문제점에 대한 대책을 충분히 고려해야 한다.

6.5.1 기후환경특성

수변이나 배후도시에서는 개발에 따른 기후환경의 변화로 인해 다양한 문제가 발생하고 있으며, 수변과 배후도시에서 기후환경은 삶의 질과 주민의 건강에 매우 중요하다. 주거생활과 관련된 수변의 기후환경특성을 살펴보면 다음과 같다.

1) 기후조건

수변은 바다의 영향을 받아서 다음과 같은 기후특성을 나타낸다. 첫째, 바다의 영향을 받아 여름, 겨울 모두 최저 기온이 높으며, 최고기온은 하계에 낮고 동계에 높은 것이 특징이다. 둘째, 인접한 내륙에 도시화가 많이 진행되지 않은 수변에서는 여름, 겨울 모두 최저기온이 낮게 나타나기도 한다.

일반적으로 수변에서 최고기온과 최저기온의 차이는 바다에 가까울수록 적으며, 이와 같이 수변지역은 대체로 겨울에 따뜻하고, 여름의 낮에는 기온이 낮은 온화한 기후를 가지고 있다.

2) 최저기온의 상승

수변은 본래 최저기온이 높기 때문에 도시화로 인해 최저기온이 더욱 높아지게 되면 여름밤에는 견디기 힘든 열대야가 될 가능성이 있다. 최근 도시의 수변에서는 도시화의 영향으로 계절에 관계없이 일최저기온이 항상 높으며 그 중에서도 8월의 최고기온과 최저기온이 모두 높은 현상이 나타나고 있다.

따라서 수변에서는 주거단지의 개발규모를 너무 크게 하지 않으며, 적당한 크기의 자연지표면을 확보하고, 건물밀도를 너무 높이지 않는 것이 좋다. 또한 지표면 포장재료는 아스팔트와 같은 축열성 재료를 가능한 한 피하는 것이 바람직하며, 여름철 건물의 냉방기 등에서 나오는 인공적인 배열은 가능한 최소화하고, 자연에너지를 이용한 냉방 시스템 도입이 필요하다.

3) 배후지역의 기후

수변에서 매립 등 대규모 개발을 계획할 경우에는 수변의 기후환경뿐만 아니라 배후지역에서의 기후변화도 검토해야만 한다. 낮의 해풍은 배후지에서 기온 등의 기후환경 조절이나 대기오염의 경감 등 건강에 중요한 역할을 한다.

그러나 매립지에 병풍과 같이 해풍을 차단하는 고층 건물이 들어서면 배후지역에서는 바람이 약하게 되어 대기오염이나 열 정체현상에 의해 영향을 받게 될 가능성이 많다. 일반적으로 여름철 낮에는 해풍이 배후지역을 식히며, 야간에는 육풍이 배후지역을 식히기 때문에 이러한 해풍과 육풍의 효과를 살리는 계획이 필요하다.

4) 대기오염

이전에는 수변에 공장이 점유하여 오염물질이 발생하면, 그것이 해풍에 의해 배후도시로 운반되어 심각한 대기오염을 가져왔다. 그러나 최근에는 수변을 가득 메운 자동차로 인해 수변과 배후도시가 질소산화물의 오염에 시달리고 있다.

수변의 매립지나 항만재개발지에는 도로가 건설되고 이에 따라 상당한 교통량이 집중되고 있다. 또 매립지에는 대형 주거단지 및 집객시설이 건설되는 경우가 많아서 자동차 교통이 집중되고 수변에 심각한 대기오염이 발생할 가능성이 있다. 이러한 대기오염을 고려한 계획이 필요하다.

5) 기후변화

이산화탄소를 비롯한 온실가스의 증가로 발생하는 지구온난화는 크고 작은 규모로 수변에 영향을 주고 있다. 지구온난화가 수변에 미치는 가장 중요한 영향으로 해수면 상승을 들 수 있다. 해수면 상승으로 인해 저지·습지의 소실, 수제선(汀線)의 후퇴, 하천이나 지하수의 수위 변화, 물의 염분농도 변화 등이 발생한다.

또한 지구온난화로 인한 기온상승에 의해 해면이나 지표에서의 증발이 활발하여 기압이나 태풍의 특성에 변화가 일어난다. 풍파나 고조뿐만 아니라 강우 및 강설, 토양수분이나 지하수의 변화 등 수문현상에도 영향을 미친다. 이에 더하여 수변에서 침수 피해 등 자연재해 위험성이 증대함과 동시에 저지나 습지의 생태계가 파괴될 가능성이 있다.

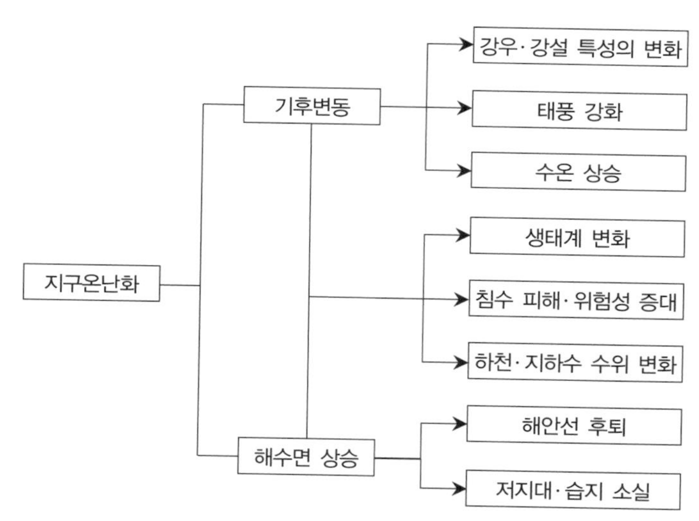

그림 6.29 수변에 미치는 지구온난화의 영향

출처 : 川崎浩司, 『沿岸域工学』, p.179

6.5.2 염해대책

1) 염분부착의 영향인자

수변에서 발생하는 염해에는 농작물에 영향을 주는 '조풍해', 전기시설이나 철도에 영향을 주는 '염진해', 건물의 급속한 부식, 그리고 콘크리트구조물의 열화 등이 있다. 그러나 수변에서 건물의 열화는 건물 위치에 따라 염분 이외의 환경조건, 예를 들면 온습도나 대기오염물질의 존재 등에 의해서도 영향을 받는다.

따라서 수변에서 주거건물의 계획 시에는 직접적인 피해사례뿐 아니라 대기 중의 염분량이나 부착량의 지역분포를 정량적으로 파악함으로써 염해 발생 가능성을 파악해야 한다.

해상에서 발생한 해염입자는 대기를 통해 운반되어 건물표면에 도달하므로 대기의 이동확산을 고려하여 해염입자의 공간분포를 알 필요가 있으며, 또 건물벽면에서 염분부착의 메커니즘을 알아야 한다. 건물표면의 염분부착량은 염분농도와 풍속, 그리고 부착효율의 곱의 형태로 나타내고, 일반적으로 염해발생의 지표로서 이용되는 실측방법에는 가제법이라 불리는 단위기간·단위면적 당의 염분부착량이 있다.

2) 대기 중 염분량

일반적으로 대기 중 염분농도는 수평적으로는 해안선으로부터의 거리에 따라서 감쇄하고, 수직방향으로는 일반적으로 지수함수로 나타낼 수 있다. 즉, 염분농도의 수직분포는 해안에서 내륙으로 들어갈수록 수직방향으로 일정하며, 수평분포는 거리에 따른 감쇄를 나타내고 있다.

한편 염분부착량의 수직분포는 고도가 높아질수록 부착량도 증대하는 경향을 보여준다. 이와 같이 수변에서 건물벽면에의 염분부착량은 대기 중 염분농도와 풍속에 지배된다. 일반적으로 풍속은 상공일수록 강하므로 상공일수록 부착량이 커진다.

그림 6.30 염분의 피해사례

3) 염분량과 풍속의 관계

수변에서 건물벽면에의 염분부착량은 태풍이나 우천일수와 관련이 있다. 그리고 월최대풍속과 염분부착량은 전체로서 정(正)의 상관관계가 있으며, 부착량은 평균풍속보다는 최대풍속과의 상관이 커서 일시적인 강풍이 염분부착량에 지배적인 영향을 준다.

또한 해안에 가까운 건물일수록, 또한 건물의 상부일수록 염분에 의한 영향이 크다. 따라서 수변에 위치하는 고층건물의 상층부는 염분의 피해를 특히 고려할 필요가 있으며 계절풍이나 태풍 등의 강풍에 의한 영향을 중요하게 고려한다.

4) 염분피해 방지

염분은 바다에서 불어오는 바람을 타고 수변의 건축물에 부착하여 구조물을 부식시킨다. 콘크리트 구조물에는 염분이 쉽게 침투하여 그 안에 있는 철근을 부식시키며 콘크리트와 철근의 일체성을 저해시킨다.

이렇게 염분의 침투로 일어나는 콘크리트 구조물의 노후화는 진행 정도에 따라 외관에서는 전혀 알 수 없는 상태도 있으며, 철근의 부식, 콘크리트의 균열 등이 일어나고 최종적으로는 건물이 붕괴되는 지경에 이를 수도 있다.

이러한 현상을 예방하기 위해, 우선 수변에는 콘크리트 구조물이 건설될 장소에 대해 실측 및 컴퓨터 시뮬레이션 등을 이용하여 염분평가를 철저하게 하고 그 결과에 따라 정확하게 콘크리트를 배합해야 한다.

또한 초기의 균열 방지를 위해 콘크리트 양생에도 주의해야 하며 적절한 마감재료를 이용하여 콘크리트를 보호하고 지속적인 유지관리 또한 필수적이다. 이렇듯 수변의 콘크리트건물에는 신축에서 철거에 이르기까지 체계적인 유지관리시스템이 필요하다. 수변에 들어서는 건물의 염분피해를 방지하기 위해 계획 시 고려할 사항은 다음과 같다.

① 건물의 외벽에 많은 요철이 생기지 않게 한다.
② 계절별 주풍향, 태풍 등 이상기상 시 바람방향을 고려하여 건물을 배치한다.
③ 바람이 불어오는 방향으로 방풍림이나 그물망 등을 사용하여 염분이 건물에 부착되는 것을 막는다.
④ 염해에 강한 외장재료를 사용하고 외장재료에 염해방지 도료를 코팅하며, 특히 이음 부분이나 재료의 끝부분에 코팅한다.
⑤ 건물의 계단이나 발코니 난간, 철제 창이나 문틀 등 건물의 금속재료가 염해를 받지 않도록 주의한다.
⑥ 수변에서는 여름철에 습도가 높고 습기에 염분이 함유될 가능성이 많아 실내에서도 금속 등 염해에 약한 재료의 사용에 유의하고, 가능한 자연통풍이 잘 되도록 공간이나 창문을 계획한다.

⑦ 실내에 공조기를 사용하는 경우에는 공조기 계통의 급기구부분에 염분제거 필터를 사용하는 것이 바람직하다.

이와 함께 매립지나 항만재개발지에서 건물기초를 설계할 경우에는 다음과 같은 사항을 고려한다.

① 토양의 염분 농도가 높기 때문에 기초콘크리트와 철근에는 염분에 의한 부식을 방지할 수 있는 대책을 세운다.
② 밀물 때 바닷물이 침투할 수 있기 때문에 기초구조물의 방수와 수압에 신경써야 하며, 바닷물이 얼마나 침투할지를 예상하여 구조물을 설계한다. 심한 경우는 기초구조물이 바닷물의 부력을 받을 수도 있다.
③ 땅이 골고루 충분히 안정화되지 않을 수 있으므로 건물의 부동침하를 생각하여 기초구조물을 설계한다. 특히 기둥 사이 경간이 큰 대형 구조물인 경우에는 기초구조물의 설계에 유의한다.
④ 철근콘크리트 구조물의 내구성을 고려하여 고강도콘크리트(30MPa 이상)를 사용하고 경우에 따라서는 표면피복재를 사용하며 콘크리트 부재의 허용균열폭을 검토한다.

6.5.3 주거환경정비

수변에서 대규모 주거단지를 계획하는 경우에 주거환경을 위해 수변의 공공용지, 편의시설, 교통수단 등에 대해 다음과 같은 고려가 필요하다.

그림 6.31 수변 주거단지

1) 공공용지

수변을 주거단지가 점유하게 되면 누구나 접근할 수 있는 공공용지가 사라지는 것이 큰 문제이다. 따라서 수변에 주거단지를 개발하는 경우에는 공공이 접근할 수 있는 수변 공공용지는 전체 대지의 30% 이상으로 하고 공공이 접근할 수 없는 수제선은 전체 수제선의 30% 이하로 억제하는 것이 필요하다.

2) 편의시설

매립지나 항만재개발지에 주거단지를 개발하는 경우에 주거단지가 고립되기 싶다. 따라서 쇼핑 등 편의시설에 대한 불만이 많게 되므로 편의시설의 확보를 위해 적당히 큰 단지규모로 계획하거나 규모가 작을 경우에는 도로와 교량 등을 계획하여 인접한 타 지역의 편의시설을 쉽게 이용하도록 한다.

3) 교통수단

매립지나 인공섬 또는 항만재개발지에는 배후지나 도시에서의 접근교통수단이 부족하고 주요 교통요금이 상대적으로 높아지며 버스 등 대중교통기관이 부족할 수 있다. 특히 인공섬의 경우 접근도로는 최소 2개 이상이 필요하다. 교통수단도 모노레일 등 새로운 교통수단, 자동차 외에 자전거+보행로 등 복수의 교통수단이 필요하며, 평탄한 지형을 이용하여 자전거 이용을 권장할 필요가 있다.

6.5.4 수변환경의 이용

수변과 내륙의 환경특성이 크게 차이가 나는 우리나라에서는 수변의 환경특성과 장점을 잘 이용하고 단점을 극복하면 주거환경이 개선되고 지구환경문제에도 크게 기여할 수 있다.

일반적으로 도시가 성장하면 할수록 도시의 기온은 높아지고 이와 함께 열섬현상이 현저해진다. 그런데 수변에서는 바다에서 불어오는 시원한 바람으로 인해 내륙에 비해 열섬현상이 완화되며, 여름철 야간의 열대야 일수를 줄일 수 있다.

한편 수변은 내륙에 비해 바람이 강한 특징이 있다. 그러나 수변의 강풍은 시민들의 야외생활에 지장을 줄 정도로 강한 것이 아니라 오히려 상쾌함이나 쾌적감을 높여줄 정도의 강한 바람이라고 할 수 있다.

또한 수변의 바람이 강하다는 것은 생각을 바꾸어보면 바람을 쉽게 이용할 수 있다고 할 수 있다. 강한 바람을 이용한 풍력발전이 가능하며, 강한 바람을 통풍에 이용하면 에어컨 없이 자연의 시원함을 얻을 수 있고, 환기에 이용하면 항상 깨끗한 실내공기를 얻을 수 있다.

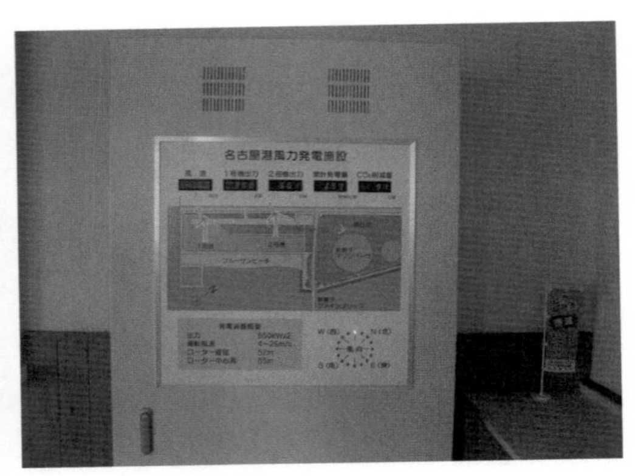

그림 6.32 수변의 풍력발전

수변에서는 강한 바람 말고도 강한 일사가 특징이다. 이것 또한 태양광 발전이나 태양열 이용이라는 측면에서 큰 장점이 된다. 또한 공기온도보다 시원한 여름철 바닷물을 냉방에 이용할 수도 있다.

수변에 짓는 주거건물은 이와 같은 수변의 환경특성을 최대한 이용하여 쾌적한 환경을 얻을 수 있다. 특히 수변건물에서는 기후조건을 살려서 인공적인 설비에 의존하지 않고 자연에너지를 이용해 여름에는 시원하고 겨울에는 따뜻한 환경을 만들 수 있다.

이러한 친환경적인 수변건물이 활성화되면, 에너지 소비의 절감과 함께 지구온난화의 원인이 되고 있는 탄소배출량을 큰 폭으로 줄일 수 있어 지구환경문제의 해결에 공헌할 수 있다. 그러나 주의해야 할 점은 무분별한 수변의 난개발이 수변뿐만 아니라 내륙의 기후환경을 크게 악화시킬 수 있다는 것이다.

6.6 수질개선

6.6.1 수질오염[7]

수변환경계획에서 가장 주의해야 할 사항이 바로 수질오염이다. 물은 수변공간의 핵심이자 수변에서 이루어지는 모든 인간 활동의 기반이 된다. 따라서 수질오염이 일어나면 아무리 좋은 계획으로 원하는 수변공간을 조성하였다 해도 결과는 무(無)로 끝난다.

7 수질오염에 대해서는 한국학중앙연구원, 한국민족문화대백과(http://terms.naver.com/)에서 인용하고 일부 수정하였음.

수질오염이란 엄밀한 의미에서 수질이 자연수(natural water)의 성격을 상실한 상태를 의미하며, 오염물질이 해수에 유입되어 수질저하를 초래하고 수자원과 자연생태계를 파괴하는 현상을 말한다.

자연수의 특징은 물리적으로 부유물질, 악취, 거품, 색깔이 없으며, 수온이 주위의 수온과 비슷하고, 화학적으로 생물에 필요한 적당한 산소와 무기질이 녹아 있으며, 독성이 없고, 동식물의 생활과 서식을 위해 생태적으로 안정된 물이다.

수질오염은 이러한 자연수가 가지고 있는 물리적·화학적·생물학적 특성이 자연적 또는 인위적 요인에 의해서 분해됨으로써 물의 이용에 지장을 초래하거나 환경의 변화를 야기하여 수중생물에 영향을 주는 상태로 바뀐 것이다.

수질오염원은 오염물질의 배출지점을 확실히 식별할 수 있는 점오염원(point source)과 배출지점을 확실하게 식별할 수 없거나 확산되면서 오염을 일으키는 비점오염원(non-point or diffuse source)으로 구별된다. 점오염원은 생활오염원, 산업오폐수, 축산폐수 등이며, 비점오염원은 강수에 의한 유출로 넓은 면적에서 발생하는 특징을 지니고 있다.

수질오염의 영향으로는 대표적으로 부영양화(富營養化, eutrophication)를 들 수 있으며, 이는 적정량 이상의 유기물, 질소화합물, 인산염이 물속에 과도하게 축적되어 식물성 플랑크톤의 빈번한 발생과 호기성 세균류의 발생 등으로 인하여 용존산소가 감소되면서 수질이 악화되는 현상이다.

수질오염에 의해서 어패류나 식물 등이 직접 피해를 받는 외에 사람이 직접 피해를 당하거나 오염된 어패류, 기타 식물에 의해 간접적으로 피해를 받는 경우가 있다. 수질오염에 의한 피해는 급성과 만성으로 나눌 수 있는데, 급성피해는 확인이 쉽지만, 만성피해는 조금씩 축적되어 서서히 나타난다.

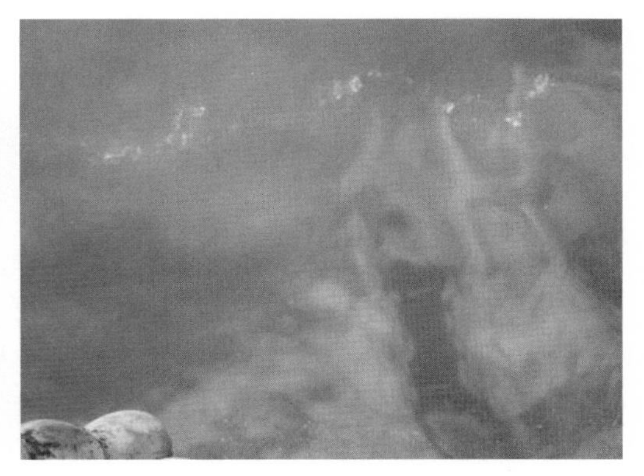

그림 6.33 수질오염 사례

6.6.2 수질오염의 요인

최근 수질상황을 보면 배후지에 큰 수질오탁[8]의 부하원(負荷源)을 갖고 있는 내만에서는 질소· 인의 저감 노력에 의해 만내의 수질이 많이 개선되었다. 그러나 여전히 환경기준의 달성은 저조하고 내만이나 항만수역에서 적조[9]가 발생하고 있으며, 여름철에 저층수(底層水)가 무산소상태가 되면서 이에 따른 청조[10]도 나타난다. 해역의 수질이나 저질은 다음과 같은 요인에 영향을 받는다.

① 유기물이나 영양염의 유입

유기물의 직접 유입에 의해 수역 내의 유기물이 증대하여 수질이 악화되는 경우나 무기영양염의 유입에 따른 플랑크톤의 증식에 의해 유기물이 증대하고 수질이 악화되는 경우가 있다.

② 현탁물[11]의 퇴적과 영양염의 용출

플랑크톤의 시체 등이 침강하고 해저에 퇴적함과 동시에 그것이 무기화되어 영양염으로서 수역에 용출되고 이것이 다시 플랑크톤의 증식을 가져온다.

③ 외해와 해수교환

외해와 물의 교환에 의해 수질이나 저질의 농도가 결정되는데, 이 교환이 나쁘면 해수가 정체하여 희석되지 않는다.

④ 빈산소화 혹은 무산소화

여름철에 표층의 수온이 상승하여 수온이 표층에서는 높고 하층에서는 낮은 층상이 되면 (성층화현상) 물의 연직 방향의 혼합이 방해되고 하층에서는 상층으로부터 용존산소의 보급이 없어지기 때문에 빈산소화 혹은 무산소화 등의 수질악화가 발생한다.

8 수질오탁이란 공장 폐수, 가정 폐수 등으로 인하여 해역이 오염되는 것.

9 적조 : 플랑크톤이 비정상적으로 크게 발생하여 물의 빛깔이 붉은 빛을 보이는 현상.

10 청조 : 저층의 유황을 포함한 무산소의 물이 용승류에 의해 표층에 나타나 청백의 형광색을 보이는 현상으로 산소가 없기 때문에 조개류는 전멸상태가 됨.

11 현탁물 : 물에 녹지 않고 수중에 떠 있는 유기물과 무기물을 모두 포함한 고형 물질.

6.6.3 수질개선의 방법

수질과 저질의 오탁이나 부영양화는 여러 가지 요인이 서로 복잡하게 얽혀 생긴다. 또한 해역에 따라 각각 요인의 기여도가 다르기 때문에 각 해역에 대응한 수질개선대책이 필요하다.

육역으로부터 영양염류의 유입은 해역의 수질·저질을 결정하는 최대의 요인이며 해역의 수질을 개선하기 위해서는 종합하수처리장 등을 설치하여 육역으로부터의 유입부하를 감소시키는 것이 가장 효과적이다.

이미 오탁이 진행된 해역에서는 육역으로부터의 유입부하감소를 추진함과 동시에 앞서 기술한 수질·저질을 지배하는 요인에 따라서 저니(底泥 : 밑바닥 진흙)로부터 영양염 용출의 방지대책, 해수교환의 촉진, 연직혼합의 촉진 등 수역 내 대책도 적극적으로 시행할 필요가 있다.

저니로부터 영양염 용출을 방지하는 대책으로서 저니의 준설이 필요하다. 그러나 준설은 비용이 높고 또한 준설된 저니의 처분이라는 새로운 문제가 발생한다. 따라서 저니를 모래로 덮는 복사(覆砂)공법이 있지만 침전물이 복사된 것 위에 계속 침전되기 때문에 일차적인 처리방법일 뿐이다. 그래서 좀 더 근본적인 수질개선을 위해 해수교환이나 연직혼합의 촉진, 그리고 최근에는 자연의 정화능력에 관심이 모아지고 있다.

1) 해수교환

폐쇄적인 만내의 해수교환은 다기수로(多岐水路)방식이 많이 이용된다. 즉, 외해의 바닷물을 풍력이나 태양열을 이용한 동력으로 다기수로를 통해 만내 오염이 심하거나 예상되는 곳으로 유입시키는 것이다.

또 하나의 방법은 바닷가에 설치된 화력·원자력 발전소의 냉각수를 이용하는 것이다. 발전소에서는 냉각수로서 다량의 해수를 이용하고 있는데, 만내에서 취수하여 외해로 방수하는 경우 만내의 해수교환이 증대하고 수질개선의 효과가 있는 것으로 알려져 있다.

그림 6.34 다기수로에 의한 해수유입

2) 연직혼합의 촉진

여름철 성층기에 해역의 저층에서 발생하는 빈산소수괴(용존산소가 적은 물덩어리)를 에어레이션[12]에 의한 성층파괴를 통해 개선하는 방법으로서 이것은 원래 호소(湖沼)의 수질개선방법으로 제안된 것인데 해역에서도 수질개선을 위해 사용된다. 그러나 현실적으로는 연직혼합의 흐름이 대단히 느려서 규모가 작은 수역에 적용될 수 있으며 조류가 세게 흐르는 장소에서는 적용할 수 없다.

3) 자연의 자정작용

최근에는 자연의 정화능력을 이용한 수질개선방법이 제안되고 있는데, 습지를 이용하는 방법과 역간접촉(礫間接觸)을 통한 정화방법이 대표적이다. 이들은 해역으로의 유입부에 위치하기 때문에 넓은 의미에서는 육역으로부터의 유입부하 저감대책의 일종이다.

① 습지에 의한 수질정화

습지는 수생식물이 생육하고 또한 토양수분의 포화상태가 유지되는 곳으로 충분한 기간 동안 지표면 가까이에 지표수가 존재하고 있는 토지로 정의할 수 있다. 이곳에는 갈대, 부들, 등심초 등이 서식하고 있다.

습지는 물, 수생식물, 토양이 공존하는 생태계로서 배수처리과정에 인공습지를 만들면 자연의 습지가 갖는 종합적인 정화능력을 가질 수 있다. 수질정화방법으로서 인공습지는 표면흐름방식과 침투흐름방식으로 나눌 수 있는데, 전자는 배수를 토양이나 수생식물과의 접촉과정에서, 후자는 수생식물의 뿌리범위에서 정화가 일어나는 것이다. 이런 방법은 BOD,[13] SS[14]의 제거에 효과가 있지만 적정한 부하나 체류시간 등의 계획이 필요하다.

② 역간접촉정화

역간접촉을 통한 정화방법은 주로 하천의 정화방법으로 사용되지만 해역에서도 이용되고 있다. 역간접촉수로에서 자갈의 지름이 작으면 정화효과는 크지만 장시간 정화의 지속, 시설 유지관리의 편리함 등으로 인해 자갈의 크기는 100~150mm 정도를 사용한다.

이밖에도 자연의 정화능력을 이용한 수질개선의 예로서 인공적으로 조성된 해빈공원이 있

12 에어레이션 : 수중에 공기를 주입하고 수중의 산소를 녹여 넣거나 순환을 일으키는 것.

13 BOD(생화학적산소요구량) : 물속에 있는 미생물이 유기물을 분해하는 데 필요한 산소소모량.

14 SS : 수중에 존재하는 부유물질량.

으며 이것은 COD[15]나 질소·인의 정화에 효과가 있다. 이러한 자연적인 정화방법은 아직 경험이 적고 효과의 정도에 대한 정량적인 검토가 충분하게 이루어져 있지 않아 각각의 적용범위나 효과에 대해 보다 상세한 검토가 요구된다.

15 COD(화학적 산소요구량) : 배수의 유기물양을 나타내는 것으로 배수를 황산산성(酸性)의 조건으로 끓는 물 가운데 30분간 방치했을 때에 소비되는 과망간산칼륨의 양.

CHAPTER 07

수변레저공간계획

수변레저공간계획

이 장에서는 해양레저가 일어나는 주요 수변레저공간인 해변리조트, 마리나, 해양공원, 해변산책로, 해수욕장, 바다낚시공간 등에 대해 다룬다. 이들 가운데 해변리조트, 마리나, 해양공원의 계획에 대해서는 이미 다른 책[1]에서 상세하게 다루고 있기 때문에 간략하게 소개하며 해변산책로, 해수욕장, 바다낚시공간의 계획에 대해 좀 더 상세하게 설명한다.

7.1 해양레저의 개념

7.1.1 해양레저란?

레저란 일상 생활환경을 떠나 행해지는 자발적인 여가활동으로서 여유시간과 경제적 여건이 충족되었을 때 삶의 질 향상을 위해 스스로 선택하여 행하는 적극적 활동이다. 즉, 레저는 인간이 여가시간에 자유로운 활동이나 기회를 가지는 것을 의미하며, 노동시간 이외의 자유 시간에

1 해변리조트에 대해서는 이한석, 『영국의 해변리조트』를, 마리나에 대해서는 이한석·강영훈, 『해양건축계획』을, 해양공원에 대해서는 김성귀, 『해양관광론』 및 이한석, 김남형 역, 『해양성 레크리에이션 시설』을 참고하기 바람.

행하는 모든 여가활동이다. 이 레저의 개념에는 여가활동으로서 관광과 스포츠를 포함한다.

'해양레저'라 함은 바다를 중심으로 이루어지는 레저로서 바다와 관련된 모든 레저를 종합하여 해양레저라고 한다. 해양레저는 해양공간에서 이루어지는 레저로서 활동공간이 어디인가에 따라 특성에 차이가 있다. 해양레저의 일반적인 특성을 살펴보면 다음과 같다.

첫째, 주말이나 휴가철 등 여가 시간에 자발적으로 발생한다.

둘째, 일상 거주지에서 벗어나 해양공간 및 수변에서 발생한다.

셋째, 해양공간 및 수변의 자연환경과 물리적·정서적 특질을 활용한다.

넷째, 육체적·정신적 즐거움과 재충전을 목적으로 적극 참여한다.

이와 같이 해양레저를 해양공간에서 진행되는 여가 활동으로 생각하면 레저의 활동공간 및 활동내용 등을 토대로 해양레저의 범위를 그림 7.1과 같이 규정할 수 있다.

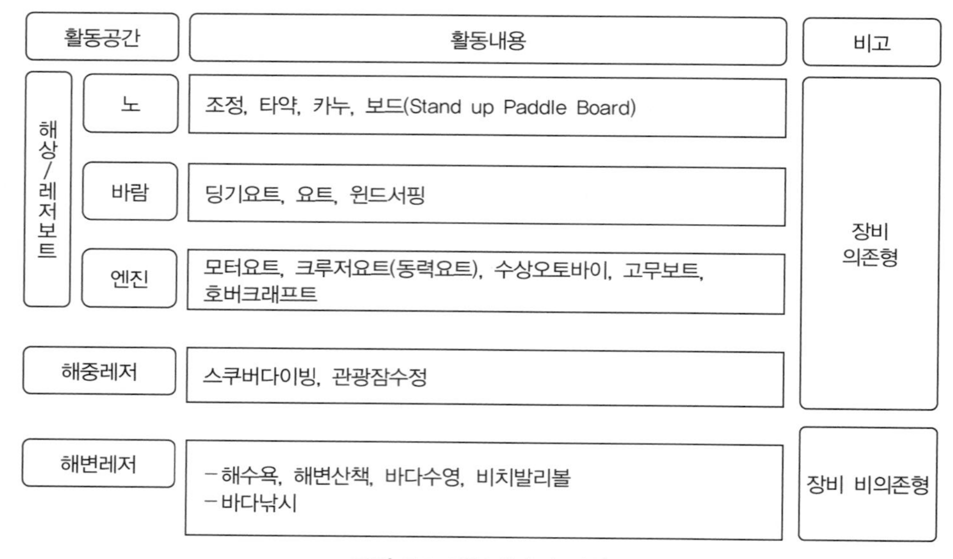

그림 7.1 해양레저의 범위

출처 : 홍장원 외, '해양레저스포츠 진흥을 위한 정책방향 연구', p.14

한편 해양레저는 관광이나 유람 등 정적인 레저에서 체험과 스포츠 활동 중심의 능동적 형태로 전환되고 있으며, 최근에는 경관감상, 해수욕, 낚시 등 전통적 활동에서 스킨스쿠버, 요트·보트 타기, 크루즈여행, 어촌체험 등으로 다양화되고 있는 추세다.

7.1.2 해양레저의 현황

우리나라에서는 매년 해양레저 활동인구가 늘어나고 있으며, 이에 따라 해양레저 관련 사업장도 증가 추세를 보이고 있고, 레저 트렌드의 변화에 따라 바다에서도 캠핑문화 확산 및 가족단위 레저 활동이 증가하고 있다.

해양경찰청에 따르면 2012년 기준으로 전국에 914개소의 수상레저사업장이 운영 중이며, 이는 2011년보다 52개소 늘어난 수치이다. 이 중 내수면사업장은 래프팅과 수상스키 활동이 주를 이루고 있으며, 해양에서의 사업장은 모터보트나 바나나보트 등 견인형 수상레저기구 활동이 주를 이루고 있다.

해양레저의 수요를 요트조정면허[2] 취득자수를 통해 간접적으로 살펴보면, 2008년에 9,205명이던 것이 2012년에는 14,233명으로 연평균 11.5% 증가하였다. 연령별로는 30대가 32.1%로 가장 많은 비중을 차지하고 있으며, 40대 29.1%, 20대 19.4%의 순으로 나타나 중·장년층 중심으로 많은 것을 알 수 있다. 여성은 2012년에 947명으로 전체의 약 6.7%를 차지하고 있다.

표 7.1 수상레저기구 조종면허 발급 추이

(단위 : 명)

면허종별	2008	2009	2010	2011	2012	증감률주)
일반 1급	3,077	4,134	3,933	4,243	4,884	12.2
일반 2급	5,700	7,170	6,814	7,707	8,108	9.2
요트	428	751	753	1,463	1,241	30.5
계	9,205	12,055	11,500	13,413	14,233	11.5

주) 증감률은 2008년과 2012년의 4년간 연평균증감률임.

출처 : 해양경찰청, 2013년 해양경찰백서

한편 해양관광은 2010년 전체 관광 활동 중 69.1%를 차지하고 있으며, 해수욕장, 낚시 등 전통적 강세분야와 함께 도보여행, 스킨스쿠버 등 새로운 분야의 증가세가 뚜렷하고, 관광형태의 고급화 및 장기화에 따라 숙박여행의 증가비율이 당일여행의 증가비율보다 높게 나타나고 있다.[3]

향후 해양레저의 수요는 해양스포츠, 해양생태관광, 해변관광의 전 분야에서 지속적으로 증가할 전망이지만 해양레저는 계절성이 크고 자연자원에 대한 의존도가 높아 지역적, 계절적 편중이 발생하며, 그림 7.2에서 볼 수 있듯이 수요에 대응하는 레저시설이나 기구는 부족한 형편이다.

2 「수상레저안전법」에 따라 최대출력 5마력 이상의 수상레저기구를 조종하고자 하는 사람은 일반조정면허 1·2급이나 요트조정면허를 취득해야 함.

3 해양수산부, '해양관광 기반시설 조성 연구용역' 참고.

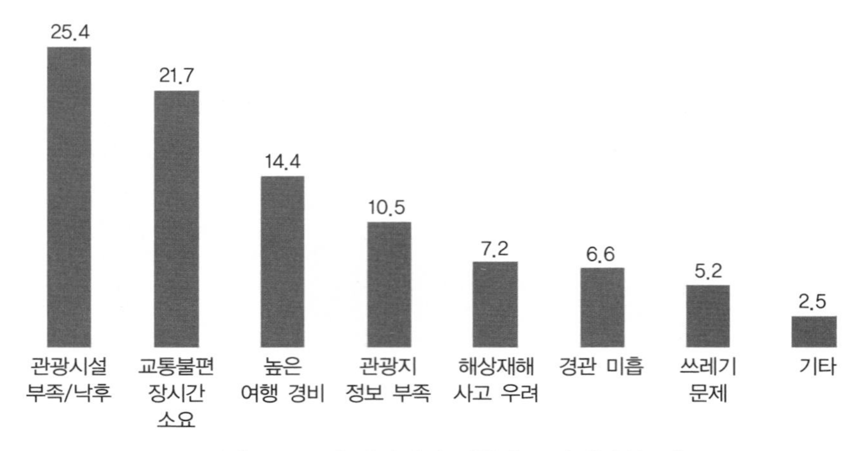

그림 7.2 국내 해안지역 여행의 문제점(단위 : %)

출처 : 해양수산부, '해양관광 기반시설 조성 연구용역'

다음에서는 우리나라 해양레저 관련 현황을 주요 분야별로 살펴본다.[4]

1) 마리나

마리나는 해양레저를 위한 종합기지이며 레저용 선박의 정박지이다. 우리나라에서는 2007년부터 2012년까지 5년간 레저용 선박이 2,37척에서 8,560척으로 3배 이상 증가하는 등 마리나 관련 레저 활동이 확대되고 있다.

이에 반해 마리나는 전국에 27개소(1,600척 계류)가 있으며, 레저용 선박의 제조업체는 10여 개소에 불과하여 기반시설 및 산업기반이 크게 부족한 것으로 나타났다. 국내 마리나 수는 일본의 570개소에 비해 1/21 수준이며, 레저용 선박 수는 우리와 고소득층의 인구가 비슷한 덴마크의 1/7 수준에 불과하다.

2) 해양생태관광

생태관광(ecotourism)이란 '환경피해를 최소화하면서 우수한 자연자원을 체험·관찰·이해하는 관광'으로 정의된다. 주 5일 근무제 확산과 체험·학습관광의 활성화로 갯벌탐사, 탐조관광 등 해양생태관광이 지속적으로 성장하고 있다. 순천만, 신두리 해안사구, 증도 습지보호구역 등을 중심으로 해양생태관광이 증가 추세에 있으며, 해양보호구역 방문자수도 2009년에 5개소 246만 명에서 2012년에는 7개소 272만 명으로 증가하였다.

4 해양수산부, '제2차 해양관광진흥기본계획' 인용.

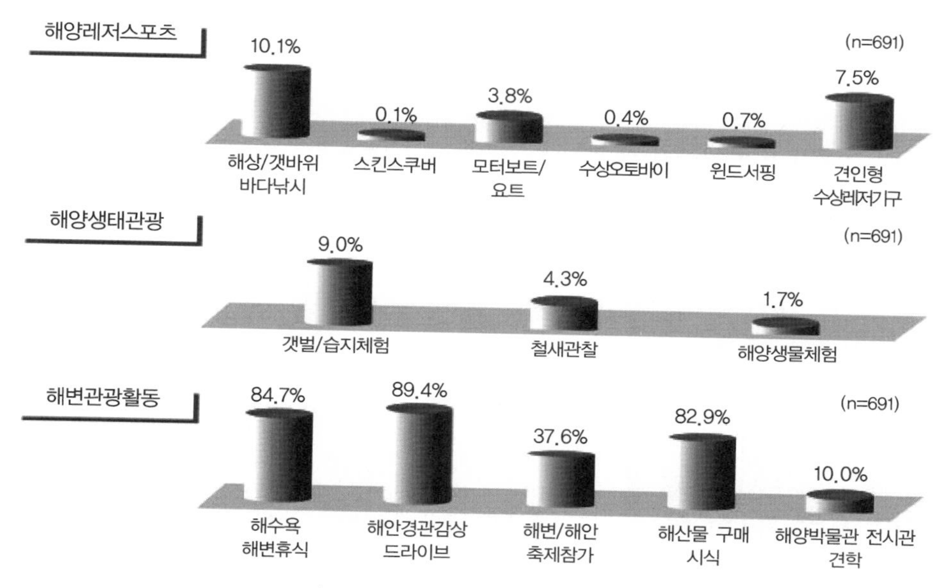

그림 7.3 우리나라 해양레저 참여활동

출처 : 한국해양수산개발원, '해양관광실태조사'

3) 해중레저

국내에서 스킨스쿠버 등 해중레저 동호인은 약 30만 명 정도이며, 다이빙숍은 190여 개소로 추산되고, 한국수중협회 및 한국잠수협회 등 10여 개 민간단체에서 자율적으로 교육 및 자격증 발급 등 활동을 하고 있다. 2010년에 연간 12만 명이 해중레저를 체험한 것으로 나타났다.

현재 국내에서는 해중레저와 관련한 법제도가 미비한 실정이며, 2013년에 미출수, 어선 충돌 등으로 총 8명이 해중레저 활동 중 사망하였다. 이러한 상황을 볼 때 안전한 해중레저를 위해 관련법제도의 정비가 필요한 상황이다.

4) 해수욕

국내에는 총 360여 개 해수욕장이 지정·운영되고 있으며 이 중 어촌계 등이 자율적으로 운영하는 소규모 해수욕장이 150개에 이른다. 해수욕장 이용객은 매년 7천만 명 이상으로 계속 증가하고 하고 있는데 2012년 7,527만 명에서 2013년에는 8,770만 명으로 늘어났다.

여름 휴가철에 집중되는 해수욕은 특히 해운대 등 상위 5개 해수욕장 이용객이 전체의 52.3%를 차지할 만큼 이용객 집중현상이 뚜렷다. 한편 이안류 발생, 해파리떼 및 상어 출현 등 해수욕장의 안전을 위협하는 요인이 증가하고 있어 체계적 안전관리가 요구되고 있으며, 2013년 여름에 해수욕장에서 해파리 쏘임 사고는 2,144건, 이안류 사고는 10건이 발생하였다.

7.2 해변리조트[5]

7.2.1 해변리조트의 개념

최근 해변리조트(seaside resort)에 대한 관심이 증대되고 있으며, 향후 해안지역에는 레저 활동을 위한 대규모 리조트개발이 일어날 것으로 예상되고 있다. 그러나 해변리조트는 학문적으로 개념조차 제대로 정의되어 있지 않으며, 명확한 의미를 전달하지 못하여 혼란을 일으키고 있다.

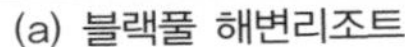

(a) 블랙풀 해변리조트

(b) 브라이튼 해변리조트

그림 7.4 영국의 해변리조트(현재)

리조트는 일상의 공간을 떠나 비일상의 장소에서 거주 혹은 체재할 수 있는 생활환경이며, 일정 규모의 지역에 레크리에이션, 스포츠, 상업, 문화, 교양, 숙박 등을 위한 시설들이 복합적으로 갖추어져 심신의 휴양 및 레크리에이션을 목적으로 조성된 공간이다.

리조트 가운데서도 목적형 리조트(destination resort)는 대규모 지역에 장기적인 계획에 따라 체계적인 개발이 이루어지고, 리조트 내에는 장기체재나 일상생활을 위한 시설들이 편리하게 갖추어져 있다.

일반적으로 리조트의 구성은 주택, 콘도미니엄, 호텔 등 주거 및 숙박시설이 중심이 되어 사계절 고객이 즐길 수 있는 스포츠, 오락, 놀이시설 등이 복합적으로 조성된다. 즉, 리조트는 일시적인 방문 및 비일상적인 것과의 접촉을 주목적으로 하는 관광지와는 달리 자연경관이 우수한 곳에 장기체류하기 위한 시설을 중심으로 스포츠, 오락, 문화 등 다양한 시설이 복합적으로 구성된 곳이다. 이러한 리조트가 해변에 입지하여 바다의 물리적, 환경적, 심리적 특성을 적극 활용한

5 이한석, 『영국의 해변리조트』, 인용 및 참고.

것이 해변리조트라고 할 수 있다.

7.2.2 해변리조트의 탄생

현대적인 해변리조트가 본격 개발된 것은 영국에서 19세기 초에 처음 시작되었다. 영국의 해변리조트는 섭정시대(the Regency period, 1811~1820년)에 탄생하여 빅토리아시대(1837~1901년)에 꽃을 피우게 되었다.

영국에서 해변리조트의 탄생 배경에는 해변휴가의 발달이 있다. 영국에서 해변휴가는 왕족과 귀족들을 중심으로 바닷가에서 신선하고 깨끗한 환경을 누리고자 하여 18세기 초부터 발달하였다. 이와 함께 1830년대에 노동 관련법들에 의해 노동시간이 감축되었고 여름휴가제도가 북서 산업지대를 중심으로 널리 퍼짐으로써 해변휴가가 대중화되었다.

(a) 브라이튼

(b) 블랙풀

그림 7.5 영국의 해변리조트(1900년대 초)

또한 해변리조트가 탄생하는 데 결정적인 역할을 한 것은 바로 철도다. 1830년대와 1840년대 영국에서는 산업혁명의 결과로서 철도가 빠르게 발전되어 작은 해변마을까지 연결되었다. 철도의 부설로 기차여행이 보편화되면서 조그만 해변마을들이 해변리조트로 변모하였다. 이와 같이 해변리조트가 탄생하게 된 배경에는 노동시간 감축, 휴가 및 놀이에 대한 사회적·종교적 태도의 변화 등이 있었다.

해변리조트는 1860년대부터 급속도로 성장하였으며 이곳에는 방문객을 만족시킬 수 있는 주택, 호텔 등을 비롯하여 놀이와 오락을 위한 모든 편의시설이 갖추어졌으며, 노동자 계급을 위한 하숙집, 모래해변의 당나귀, 그리고 피어(pier)가 크게 유행하였다.

또한 해변에는 새로운 형태의 오락이 발달하였다. 거리음악가, 익살스런 인형극, 흑인분장쇼, 곡예, 아이스크림 손수레, 순회사진사, 노점상 등이 비치와 해변산책로에 가득하였다.

한편 해변리조트의 성장에 따라 해변경관이 변모하였고, 특히 전기조명에 의해 야간경관이 크게 변화되었다. 해변리조트에서 야간조명은 블랙풀에서 1897년 빅토리아 여왕의 60주년 기념일(Diamond Jubilee)을 축하하기 위해 해변산책로를 따라 달리는 전차에 조명을 설치했던 것이 시초이다.

7.2.3 해변리조트의 시설물

해변리조트가 발달하면서 독특한 시설물들이 들어섰다. 해변리조트의 특성을 결정짓는 중요한 시설물로는 먼저 해변산책로가 있다. 바닷물이나 강풍의 엄습으로부터 안전하도록 잘 정비된 해변산책로는 이탈리아의 광장(piazza)과 같은 장소가 되었다.

해변산책로에는 당대의 유명한 건물을 비롯하여 비바람을 피하기 위한 철제 피난처부터 난간, 깃대에 이르기까지 신기하고 새로운 것들이 많이 들어 섰다. 해변산책로가 만들어지면 자연스럽게 기념물이나 정원, 장식물 등이 산책로에 설치되었고 의자, 피난소, 화장실 등이 제공되어 산책로 주변에는 흥미로운 장소가 생겨나게 되었다.

그림 7.6 오락용 피어

다음은 오락용 피어(pleasure pier)로서 이것은 해변리조트의 시설물 가운데 가장 독특한 위치를 차지하는데, 19세기 초까지 부두로서 사용되던 피어가 오락용 피어로 변화하였다. 피어는 처음에 바다로부터 해변에 접근하는 기능적인 수단으로 만들어졌으나 해변산책로와 연결되어 바다 위를 걷는 즐거움을 위해 오락용 시설로 변하였다.

한편 해변리조트는 당시 대중오락의 중심지였다. 일상생활에서는 접근하기 어려웠던 오락을 해변리조트에서는 마음껏 즐길 수 있었다. 따라서 오락용 기기들을 전문적으로 설치한 펀하우스(Fun House)나 오락아케이드(amusement arcades)와 같은 건물이 해변리조트에 생겨났다.

또한 해변리조트에는 합성수지, 전자공학, 음향효과, 조명효과 등 첨단기술을 사용한 대규모 놀이공원이 들어섰다. 이러한 놀이공원은 현대 테마파크의 원조로서 다양한 레저활동을 즐길 수 있는 환경을 갖추고 있었다.

그리고 해변리조트에서 정적인 오락으로 인기를 끌었던 것이 정원 산책이었다. 이를 위해 빅토리아시대 말(19세기 말)에 정원이 조성되었으며, 특히 남부지방의 해변리조트에서는 아열대식물로 이루어진 야외정원이나 실내 겨울정원(winter garden)이 만들어졌다.

그림 7.7 영국 해변리조트의 윈터가든(19세기)

이 시기에 해변리조트에는 호텔이 본격적으로 들어서기 시작했는데, 호텔은 철도역 주변에 위치하였고 철도회사에서 건설하였기 때문에 철로호텔(railway hotel)이라고 불리었다. 또한 해변리조트에는 화려함의 상징으로서 타워가 건설되었다. 대표적인 블랙풀타워는 파리의 에펠탑을 모방하여 1891~1894년 세워진 것으로 높이는 에펠탑의 1/3 정도이지만 해변에 독특한 상징물로서 아름답게 서 있다.

한편 빅토리아시대에 해변리조트를 찾는 사람들 가운데는 건강을 위한 부유한 은퇴 노인들과 환자들이 있었다. 따라서 이들을 위한 요양원이나 휴양소 건물이 해변리조트 곳곳에 들어섰다.

7.2.4 해변리조트의 특성

현대적인 해변리조트의 계획을 위해 고려해야 할 해변리조트의 기본적이고 본질적인 특성을 정리하면 다음과 같다.

첫째, 해변리조트는 조그만 어촌에서 건강을 위한 휴양지로 출발하여 자연스럽게 해변리조트로 발달하였다.

둘째, 해변리조트는 도시와 일체화 되었다. 즉, 도시와 함께 성장하였으며 도시 전체가 리조트였다고 할 수 있다. 따라서 주민이 리조트의 주인이자 종업원이 되었다.

셋째, 해변리조트는 해변산책로를 중심으로 호텔을 비롯한 다양한 숙박시설과 오락시설, 문화시설, 상업시설 등 복합시설로 구성되어 있다. 리조트에서의 주요활동은 해변산책, 경관감상, 공연관람, 크루즈 등이 주를 이루고 있다.

넷째, 해변리조트는 19세기 영국의 사회적, 경제적 여건변화에 따라 자연스럽게 생겨났으며, 개인 자본과 철도회사 자본 등 민간자본에 의해 주식회사의 형태로 개발되었다.

다섯째, 해변리조트는 기후조건 및 자연조건(특히 모래해변)이 좋고 대도시에서 거리가 가까운 해변에 발달하였으며, 기후조건과 시장규모가 해변리조트의 발달에 중요한 요인이 되었다.

그림 7.8 현대적인 해변리조트

여섯째, 해변리조트에는 어촌마을의 전통적 건물과 리조트 개발 후에 지어진 현대적인 건물이 조화를 이룬다. 또한 해변리조트는 휴가지로서의 성격과 기존 어촌마을의 성격을 동시에 유지하고 있다.

일곱째, 해변리조트에서 휴양이나 오락을 위한 건물들은 내륙의 같은 종류 건물과 다른 독특한 특성을 가지고 있다. 바닷가의 자연과 독특한 분위기가 해변의 건물에 매력을 갖게 하였으며 해변리조트에 독특한 장소성을 부여하였다.

여덟째, 해변리조트는 지역인구가 크게 증가하는 혼란을 겪은 반면에 개발은 단계별로 소규모로 이루어졌고 주변 자연환경과 조화되었으며, 인공경관이 자연경관과 친밀함과 균형을 유지하였다.

아홉째, 해변에는 거대한 호텔들이 개발되어 해안경관을 압도하고, 주변과 어울리지 않는 캠프장이나 카라반파크 등이 해변의 넓은 부지를 차지하는 등 부정적 효과도 나타났다.

7.3 마리나

7.3.1 마리나의 개념

마리나란 레저용 선박을 계류하기 위한 시설을 총칭하고 있다. 「마리나 항만의 조성 및 관리 등에 관한 법률」에 따르면 '마리나 항만'은 레저용 선박의 출입 및 보관, 사람의 승선과 하선 등을 위한 시설과 이를 이용하는 자에게 편의를 제공하기 위한 서비스시설이 갖추어진 곳을 말한다.

한편 마리나는 해양레크리에이션의 기지로서 레저용 선박의 보관 계류시설과 함께 레스토랑, 낚시시설, 산책시설 외에 호텔 등의 숙박시설을 포함한 종합적인 레저공간을 의미한다. 이렇게 정의되는 마리나는 표 7.2와 같이 다양하게 분류된다.

표 7.2 마리나의 분류

구분	마리나의 분류
성립조건	• 천연항 : 천연적인 만, 강입구 등에 형성 • 인공항 : 방파제 등의 외곽시설에 의존
지리적 조건	• 해항, 하천항, 호항, 운하항
건설 형태	• 매립항 : 입지부족 등으로 바다를 매립하여 만든 항 • 굴입항 : 바다 안쪽을 파내서 만든 항
기능 및 역할	• 일상형 마리나 : 단기체류형, 대도시 근교 • 리조트형 마리나 : 장기 체류형, 숙박 체재형, 관광지 인근
기능	• 단일형 마리나 : 선박계류 및 관련 서비스 중심 단일기능 제공 • 복합형 마리나 : 선박 계류 및 관련 서비스 제공과 상업시설, 문화시설 등 복합기능 제공
대상보트	• 딩기요트 중심 : 최소한의 설비, 경기용 마리나 • 크루저 요트 중심 : 대도시권 및 관광지 • 모터보트 중심 : 낚시 중심지
정비관리 주체	• 공공 마리나 : 공공기관 건립, 직영 혹은 민간위탁 운영 • 민간 마리나 : 민간 건립 및 운영 • 공사합동 마리나 : 자본 합동 건립, 직영 혹은 민간 위탁 운영

출처 : 부산광역시, '부산해역 마리나시설 개발타당성 검토' 내용 재구성

또한 마리나는 요구되는 기능과 시설을 고려하여 표 7.3과 같이 거점형 마리나, 리조트형 마리나, 레포츠형 마리나, 간이/보조형 또는 중간기착지형 마리나로 유형을 나눌 수 있다.

표 7.3 마리나의 유형

구분	내용
거점형 (허브형) 마리나	• 마리나의 계류, 보관, 상하가, 보급·청소, 숙박·휴양, 교육연수, 문화·교류, 안전·관리, 정보제공 기능이 모두 이루어질 수 있는 마리나 • 마리나와 더불어 배후지역에는 산업단지, 관광단지 등 복합시설을 함께 조성하여 마리나 개발을 통한 경제적, 사회적 파급효과가 광역적으로 나타날 수 있도록 함
리조트형 마리나	• 마리나의 기본적 기능(계류, 보관, 상하가, 보급·청소)과 숙박·휴양기능을 갖춘 마리나 • 마리나, 호텔, 리조트 등을 함께 조성하여 다양한 관광활동이 이루어지도록 함
스포츠형 마리나	• 마리나의 기본적 기능(계류, 보관, 상하가, 보급·청소)과 더불어 교육·연수, 안전·관리기능을 갖춘 마리나 • 해양스포츠의 보급 확산을 목적으로 레저보트의 교육, 연수, 임대, 등록과 검사가 이루어질 수 있도록 함
중간기착지형 마리나	• 마리나의 기본적 기능(계류, 보관, 상하가, 보급·청소)을 제공하며 지역적 위치에 따라 숙박·휴양기능 등 부가적 서비스도 함께 제공하는 마리나 • 거점형 마리나 사이에 위치하여 중간기착지로서 역할을 하거나 대양 항로 사이에 위치하여 연료, 식음료, 수리 및 휴식 등 기능을 제공하는 마리나
간이/보조형 마리나	• 마리나의 기본적 기능(계류, 보관, 상하가, 보급·청소)만을 수행하는 마리나 • 부가적 서비스 없이 단순 보관과 비상시 임시계류를 목적으로 조성되는 마리나

출처 : 국토해양부, '마리나 항만개발 활성화 방안수립 용역 보고서'

한편 마리나가 조성될 수 있는 입지 공간은 항만, 어항, 연안 등 세 가지로 구분할 수 있으며 각 공간에 따라 다른 형태의 마리나가 조성될 수 있다. 마리나가 조성되는 입지 공간에 따라 항만 정비/재개발형 마리나, 어항정비(피셔리나)형 마리나, 연안개발형 마리나로 구분할 수 있다.

7.3.2 마리나의 기능

마리나의 기능은 선박의 보관, 정비 등을 위한 기본기능과 보팅 또는 세일링 등과 같은 활동을 지원하기 위한 보조기능으로 구분할 수 있다. 마리나의 세부적인 기능을 구체적으로 살펴보면 표 7.4 및 그림 7.9와 같다.

표 7.4 마리나의 기능

구분		내용
기본기능	계류기능	• 가장 기본적인 기능이며 정온수역과 보트를 고정하기 위한 시설 필요
	보관기능	• 계류기능과 마찬가지로 기본적인 기능이며 해상보관시설과 육상보관시설 필요
	상하이동기능	• 선박을 육지 또는 수상으로 이동시키는 기능으로 크레인, 리프트 또는 경사로 필요
	수리·점검기능	• 보트의 수리 및 점검을 위한 기능으로 수리설비, 수리공간 필요
	보급·청소기능	• 물·연료·식료 등의 보급을 위한 시설 및 보트세척, 오폐수처리시설 필요

표 7.4 마리나의 기능(계속)

구분		내용
보조 기능	정보제공기능	• 기상·해상에 관해 안전상 필요한 정보제공시설 필요
	숙박·휴식기능	• 이용자를 위한 휴식시설로서 숙박시설, 휴게실 등 필요
	연수·교육기능	• 이용자를 위한 강습 등 교육을 위한 시설로서 클럽하우스, 연수원 등 필요
	안전관리기능	• 선박의 안전을 확보를 위한 시설로서 컨트롤타워, 항로표지 등 필요
	문화교류기능	• 지역문화 교류거점으로서 이벤트광장, 박물관, 전시실 등 필요

출처 : 부산광역시, '부산해역 마리나시설 개발타당성 검토'

① 계류기능

보트를 정박하는 기능이며, 정온수역을 확보하기 위해 천연의 후미진 곳을 이용하는 것이 가장 경제적이고, 대부분 방파제를 정비하여 정온수역을 확보한다. 계류시설로서는 안벽, 잔교, 부이 등이 사용되며 조위차에 대한 대응, 승강의 편의성, 정비비용 등 측면에서 부잔교가 많이 사용된다.

② 보관기능

보트를 보관하는 기능으로서 수역 보관과 육역 보관이 있다. 수역 보관은 부잔교 등 계류시설에 보트를 계류한 상태로 보관하는 것이며, 육역 보관은 육상에 보트를 올려놓고 보트야드나 선박창고에 보관하는 것이다.

③ 상하가(上下架)기능

보트를 수면에 내려놓거나 육상으로 끌어올리는 기능으로서 수면 보관의 경우에도 수리·보수·점검을 위해 상하가기능이 필요하다.

④ 수리·점검기능

보트의 수리·점검의 기능이며 이를 위해 전용시설이 필요하다. 마리나의 수리 시설에는 본격적인 설비를 구비한 것부터 간단한 것까지 다양하다.

⑤ 보급·청소기능

선박을 위해서 물, 연료, 식료 등을 보급하거나 쓰레기·폐유 등 폐기물을 수거하는 기능이며 보트를 청소하여 쾌적하게 유지하기 위한 세정기능도 요구된다.

⑥ 정보제공기능

안전한 항행을 위해 기상 및 해상에 관한 정보뿐 아니라 여러 가지 행사정보 등 다양한 정보를 제공하는 기능이다.

⑦ 숙박·휴식기능

숙박기능은 보팅, 연수, 교육 등을 위해 방문한 방문객부터 일반 이용객, 그리고 회원만을 위한 숙박까지 그 종류가 다양하다.

⑧ 연수·교육기능

레저용 보트의 강습회나 요트스쿨의 개최 등의 기능으로서 연수원, 기숙사, 연수·교육 기능의 선박 등 시설이 요구된다.

⑨ 안전관리기능

마리나 시설, 레저용 선박, 이용객 등의 안전을 확보하기 위해 출입항 신고, 보트의 범주·항행지도, 전망시설에서의 감시, 감시정에 의한 순찰 등을 의미한다.

⑩ 문화교류기능

마리나는 지역 문화교류의 거점으로서 역할을 하며, 박물관·자료관 등 문화시설이나 이벤트 및 집회를 위한 공간을 필요로 한다.

그림 7.9 마리나의 기능 및 시설

숙박·휴식 및 연수·교육기능	안전관리기능	문화교류기능

그림 7.9 마리나의 기능 및 시설(계속)

7.3.3 주요계획사항[6]

마리나의 계획에서 고려해야 할 기본사항으로는 마리나의 위치, 기능, 그리고 규모로서 이 세 가지 사항을 먼저 결정한 후에 구체적인 시설계획이 필요하다.

마리나의 위치로서는 거점마리나 혹은 보조마리나에 따라 다른데, 인근 거점마리나와 약 50km, 보조마리나와 약 15km 거리를 두고 위치하는 것이 바람직하다.

또한 마리나의 위치는 간조 시에도 해상계류장의 수심이 최소 3m를 확보할 수 있는 곳이어야 하며, 주변에 상주인구가 100만 명 이상인 도시에 인접한 정온수역이 좋다.

마리나의 보트 수용규모는 경제적인 운영을 고려하여 30피트 급을 기준으로 300척 이상 수용규모로 하는 것이 바람직하며, 주변지역의 개발계획이나 기존 산업과의 연계를 고려하여 규모를 정한다. 마리나의 규모를 정할 때 고객서비스차원에서 점유율은 70% 수준을 유지하는 것으로 한다.

한편 마리나의 기능 및 시설구성에서는 성수기의 마리나 기능뿐 아니라 비수기동안 마리나 이용을 활성화할 수 있는 시설구성이 필요하다. 이를 위해 보트계류시설을 비롯하여 각종 편의시설과 문화시설이 복합된 시설구성으로 계획한다. 특히 마리나 내에 친수공간을 계획하여 사계절 마리나에 활력과 친근함을 부여하고, 시민의 자연스런 접근 및 관심을 유도하는 것이 필요하다.

7.4 해양공원

7.4.1 해양공원의 개념

마린파크(marine park) 혹은 오션파크(ocean park)로 불리는 해양공원은 해양환경의 보전

6 지삼업, 『마리나 조성계획과 실제』, 인용 및 보완.

과 이용자들의 레저활동을 위해 해변이나 바다에 만들어진 공원이다. 해양공원은 그 성격과 크기 측면에서 다양한 종류가 있지만 바다와 수변이 가지는 자연환경과 경관을 이용하는 레저공간이라는 측면에서는 동일하다.

해양공원은 해양환경 측면에서 해양생태계를 보전하고 새로운 해양환경을 창조해야 하는 역할을 하며, 한편으로는 해양레크리에이션의 주요 활동장소로서 다양한 해양레저 및 스포츠시설이 들어서게 된다. 또한 해양공원은 수변경관 및 도시경관을 형성하는 데 핵심 역할을 하며, 역사·문화자원을 보전하고 활용함으로써 지역의 정체성을 확립하는 데 중요한 역할을 한다.

7.4.2 해양공원의 계획방향

이상의 특성을 가지는 해양공원의 계획방향을 살펴보면 다음과 같다.

첫째, 해양공원의 계획에서는 주변 환경조건에 적합한 계획이 필요하며, 특히 매립지나 기존의 공장, 항만, 염전 등의 부지에 해양공원을 조성할 경우 완충녹지, 공해방지, 배후지역의 기후조절 등 환경조절의 기능을 갖도록 계획한다.

둘째, 해양공원의 계획은 해양공원을 구성하는 자연자원과 인공시설물에 친밀감, 편리함, 그리고 어메니티(amenity)를 부여하는 계획이어야 한다.

셋째, 해양공원은 바다(물)가 가지고 있는 경관특성을 살려 친환경적이고 친수적인 경관으로 계획한다. 해양공원의 경관은 수중경관, 수상경관, 수변경관으로 구성되며 물을 이용한 경관이 중심이 된다.

넷째, 해양공원에서는 친수행동에 적합한 친수환경(친수시설 및 친수공간 등)의 계획이 요구된다. 해양공원을 구성하는 토목구조물(호안 등)이나 외곽시설물(방파제 등)은 친수성을 갖도록 계획한다.

넷째, 해양공원은 다양한 해양관광, 레저 및 스포츠에 적합하도록 계획한다. 수역과 육역의 조건을 검토하여 이에 적합한 해양레저 및 스포츠를 도입하고 이에 맞는 시설과 환경의 계획이 필요하다.

다섯째, 해양공원은 지구기후변화에 따른 해수면 상승 등 자연재난에 대비하여 해양공원 자체 뿐 아니라 배후 지역이나 도시를 보호할 수 있도록 계획한다. 특히 해양공원에는 넉넉한 습지를 계획하여 평상시에는 생태계 보전, 레크리에이션, 혹은 경관감상의 목적으로 사용하지만 자연재난 시에는 침수예방효과를 가지도록 계획한다.

7.4.3 해양공원의 사례

다음에는 다양한 유형의 해양공원의 대표적 사례를 살펴본다.

1) 홍콩 오션파크(香港海洋公園, Hong Kong Ocean Park)

홍콩 오션파크는 홍콩섬 남부해안 디프워터만(Deep Water Bay)에 면하는 구릉지대에 조성된 해양공원이다. 1997년 홍콩마사회의 기부로 만들어 졌으며 총 면적 870,000m^{2}로서 해양생태교육 및 수상레저를 위한 다양한 시설을 갖춘 테마파크로서, 크게 산 정상의 해드랜드(Headland Rides)와 수변의 로랜드(Lowland Garden)로 구분되며 각 구역은 케이블카로 연결되어 있다. 그 외 마린랜드, 키즈월드, 어드벤처랜드, 버드파라다이스, 미들킹덤 등이 있다.

홍콩 오션파크는 다양한 놀이기구, 거대한 해양수족관과 다양한 해양생물이 서식하는 아쿠아리움 등이 있으며 해양생태계에 관한 교육과 문화공연, 돌고래쇼 등이 펼쳐지는 복합레저공원이다.

한편 홍콩 오션파크는 세계 최초로 청백돌고래의 인공수정에 성공하였으며 수많은 금붕어의 신품종을 만들어낸 곳으로서 단순한 위락시설만이 아닌 해양생물보호와 연구를 수행하는 곳이기도 하다. 이곳은 한해 약 400만 명 이상의 관광객이 방문하는 홍콩의 대표적인 관광명소이며 인기 있는 놀이공원이다.

그림 7.10 홍콩 오션파크

출처 : 홍콩 오션파크 홈페이지

2) 일본 노보리베츠 마린파크

일본 3대 온천지역의 하나인 홋카이도의 노보리베츠 온천지역에 위치한 닉스 마린파크는 생명 탄생의 기원인 바다를 주제로 한 해양공원이다. 공원의 중심부에 있는 닉스성은 4층 건물의 수족관으로서 건물 내에는 높이 8m의 대형 수조 크리스털 타워와 바다 속을 산책하는 감각을 느낄 수 있는 수중터널인 아쿠아터널이 있다.

한편 2층에서 4층까지의 엘리베이터 내에서는 대형수조에서 유유히 헤엄치는 물고기를 볼 수 있다. 그 외에도 전문점과 기념품점에서 오리지널 디자인의 캐릭터 제품, 어린이용 상품, 홋가이도 기념품 등을 판매하고 있다.

또한 마린파크 내에는 '닉스랜드'라고 불리는 놀이공원이 있고 여기에는 관람차와 회전목마 등 어린이들을 위한 놀이시설이 있어서 가족들 모두 즐길 수 있는 해양공원이 되고 있다.

그림 7.11 노보리베츠 마린파크

출처 : 노보리베츠 마린파크 홈페이지

3) 캐나다 바넷 마린파크

바넷 마린파크(Barnet Marine Park)는 밴쿠버 근처에 위치하며 자연의 비치가 있고 숲으로 둘러싸인 공원이다. 바다가 육지 안으로 깊숙하게 들어와서 운하처럼 보이는 만 주변으로 푸른 숲이 시원스럽게 펼쳐져 있다.

바닷가 비치는 아이들이 플라스틱 삽과 양동이를 들고 흙장난하기에 좋으며, 바닷가에는 주차시설이 있고, 물 위에서는 수상스키와 보트 놀이를 즐길 수 있다. 숲에서는 가족들이 바비큐를 할 수 있는 바비큐장이 있고, 그늘 아래서 책을 읽거나 선탠을 즐길 수도 있다.

공원 내에 바다를 가로질러 교량이 있던 자리에는 몇 개의 교각과 건물의 흔적이 남아 있어 아이들의 놀이터로 이용되며 그 곁으로 작은 등대도 서 있다. 바다 주변 한적한 곳에서는 꽃게잡이도 할 수 있으며 꽃게잡이를 위해서는 면허를 발급받아야 한다. 이와 같이 바넷 마린파크는 인공적인 시설물을 최소한으로 설치하고, 바닷가에서 자연환경과 자연경관을 그대로 즐기고 자연과 하나가 되도록 만든 자연형 해양공원이다.

그림 7.12 캐나다 바넷 마린파크

출처 : City of Burnavy 홈페이지

4) 괌 피쉬아이 마린파크

피티(Piti)에 위치한 피쉬아이 마린파크는 수중전망대와 비지터센터로 구성되어 있어 수중경관의 감상을 테마로 하는 해양공원이다. 수중전망대는 2차 대전 당시 폭격으로 바다에 홀이 생긴 곳에 설치되어 있는데, 전체 높이 22m에 달하는 전망대에서 물속에 잠겨 있는 부분은 약 10m 정도이며 이곳에서 해변까지는 길이 약 200m의 교량으로 연결되어 있다.

수중에서는 수압을 견디도록 설계된 2중 유리창을 통해 열대어와 형형색색의 산호를 구경할 수 있으며, 스쿠버 다이버가 물고기에게 먹이를 주는 장면을 지켜볼 수 있다. 수중전망대 근처에서는 산소공급장비를 머리에 쓰고 바다 속으로 들어가 수중세계를 감상할 수 있는 씨워커(Sea Walker) 프로그램을 진행하고 있으며, 비지터센터는 기념품점, 식당, 결혼식을 위한 예배당, 강당, 다이빙 풀 등으로 구성되어 있다.

그림 7.13 괌 피쉬아이 마린파크

출처 : 비지트괌 홈페이지

5) 제주도 중문마린파크

중문관광단지는 제주도 서귀포시 서쪽 끝 바닷가에 자리 잡은 대규모 종합휴양지이다. 중문관광단지 내의 해양공원인 중문마린파크 퍼시픽랜드에는 요트투어를 할 수 있고 제트보트를 탈 수 있는 마리나가 있으며, 돌고래와 바다사자의 묘기, 원숭이 쇼 등이 펼쳐지는 해양수족관이 있다. 또한 세계의 해산물요리를 맛볼 수 있는 씨푸드레스토랑도 있다.

해양수족관 내에서는 세계의 어류표본을 볼 수 있어 해양생태계의 교육장소가 되고 있으며, 돌고래쇼장에는 1,250명을 동시 수용 가능한 대형 공연풀장이 있고, 이외에도 열대어를 감상할 수 있는 미니수족관, 휴게식당 등이 들어서 있다. 해양수족관 야외에는 펭귄, 바다표범, 바다사자의 전시수조가 있고, 바다와 인접한 잔디광장이 있으며 고비사막의 낙타 공연장소도 있다.

그림 7.14 제주중문관광단지

출처 : 제주중문단지 홈페이지

7.5 바다낚시공간

7.5.1 바다낚시의 특성 및 현황

바다낚시는 스포츠형 해양레저로서 가족과 함께 쉽게 즐길 수 있으며 비용이 별로 들지 않는 여가활동이다. 최근에는 바다낚시가 취미나 시간 보내기로 즐기던 정적인 낚시에서 루어낚시나 플라이낚시 등 활동적인 스포츠형 낚시로 변화함에 따라 젊은이와 여성을 중심으로 낚시인구가 증가하고 있다.

우리나라는 어느 해역에서나 바다낚시를 즐길 수 있으나, 강태공이 아닌 가족들이 바다낚시를 쉽게 즐길 수 있는 장소가 부족한 형편이다. 특히 대도시 수변에서는 자연의 바다낚시터가 상실되고 대신 방파제나 부두, 호안을 이용한 바다낚시가 증가하고 있으며 이에 따라 안전사고도 많이 발생하고 있다.

최근에 조성되고 있는 바다낚시공원은 가족이나 친구와 함께 낚시를 즐기는 사람들을 위해 낚시시설뿐 아니라 숙박시설, 편의시설, 오락시설 등을 갖추고 있다.

우리나라에서 바다낚시형태는 전통적으로 갯바위 낚시와 방파제 낚시가 주종을 이루고 있으며 최근에는 어선을 이용한 배낚시가 활발히 전개되고 있다.[7] 주로 이용되고 있는 바다낚시공간은 갯바위가 돌출한 후미진 곳, 방파제의 아래 부분에 자연석이나 테트라포드가 설치된 곳, 해수욕장이 있는 사빈(砂浜), 콘크리트 호안 등이다.

그러나 최근에 가족, 여성, 어린이 등 새로운 층이 참가하여 바다낚시의 수요구조가 바뀌고 있다. 따라서 위험하고 거친 갯바위 낚시보다 비교적 안전한 방파제 낚시터가 증가하고 있으며, 좀 더 안전하고 쾌적한 바다낚시공간의 요구가 높아지고 있다. 현재 이용되고 있는 바다낚시공간을 구체적으로 살펴보면 다음과 같다.

1) 갯바위 낚시터

① 직벽(급경사) 갯바위

급격한 경사가 물속까지 연장되어 수중에서는 계단식 지형을 이루는 곳으로서 포인트는 조류를 받는 곳보다 조류가 비껴가거나 우묵하게 들어가 와류가 형성되는 곳이다. 수중 갯바위 주변에는 간조와 만조사이 수심 7m 정도 내외에서 홍합층이 발달해 있으며, 이 홍합층 주변에는 많은 어종들이 살고 있다. 겨울철에는 물고기들이 깊은 곳으로 이동하여 수심 10m 이상에서 낚이는 경우가 많다.

② 완경사 갯바위

연안에서 흔히 볼 수 있는 평범한 갯바위 낚시터로서 지상에서 물속까지 비교적 완만한 경사를 이루며 점차 깊어지는 지형을 이룬다. 이런 지형은 대개 고급 어종들의 일급 포인트가 되며, 조류의 소통이 원활하고 수중여[8]가 발달한 지형이 더욱 좋다.

7 어선을 이용한 바다낚시활동의 증가에 따라 「낚시어선업법」을 제정하여 시행하고 있으며 또한 5톤급 낚시겸용 표준어선을 개발하여 보급하고 있음.

8 '여'란 식물이 자라지 않은 조그만 돌섬을 말하며 '수중여'는 물속에 항상 잠겨 있는 작은 돌섬을 의미함.

(a) 갯바위 낚시터 (b) 방파제 낚시터

그림 7.15 바다낚시공간

2) 방파제 낚시터

방파제 주위에는 테트라포드나 돌무더기가 쌓여 있으며 이곳은 물고기의 먹이가 되는 작은 생물의 좋은 서식지가 되어 물고기들이 모여든다. 또한 방파제의 외항 쪽에는 조류에 의해 운반된 사질대가 형성되어 지렁이류나 패류 같은 물고기의 먹이가 풍부하다. 바다낚시터로서 방파제는 다음과 같이 구분할 수 있다.

① 육지와 연결된 방파제

주로 내만에 위치하며 방파제 주위의 테트라포드나 석축으로 인해 물고기의 좋은 은신처가 될 뿐만 아니라 많은 먹이를 제공하기 때문에 계절에 따라 다양한 어종이 낚이는 곳으로 특히 회유성 어종의 좋은 낚시터가 된다.

② 육지와 떨어진 대형 방파제[9]

방파제가 바다 가운데에 육지에 위치하여 주변을 흐르는 조류의 영향을 많이 받으며, 수심이 깊고 조류가 센 곳에서는 초보자의 경우 낚시가 힘든 경우도 있으나 연중 다양한 어종을 낚을 수 있다.

이상에서 설명한 바다낚시공간의 중요한 문제점으로는 편의시설의 부족, 안전사고의 위험, 낚시터의 환경오염 등을 들 수 있다. 먼저 편의시설과 관련된 문제로는 낚시터로의 접근시설 부족, 화장실·세면장·식수시설 등 위생시설 부족, 안내 및 방송시설 부족, 음식점이나 낚시를

9 방파제는 일반적으로 소형은 길이가 100m 이하, 중형은 100~400m, 대형은 500m 이상 등으로 구분함.

위한 판매시설 부족, 의자나 정자 등 휴식시설 부족 등을 들 수 있다.

바다낚시터에서 많이 발생하는 안전사고에는 체온이 급격히 낮아져 발생하는 동상이나 감기, 몸이 굳어져 손목이나 발목부위가 상하는 골절사고, 바닥이 미끄러워 넘어지는 사고, 몸의 중심을 잃고 실족하는 사고 등이 있다.

한편 바다낚시터의 환경문제로는 버려진 낚싯줄이나 낚시도구에 의해 새들이 죽는 것, 대량으로 뿌린 밑밥으로 인해 수질이 황폐해져 가는 것, 낚시하는 사람들이 버린 쓰레기 문제 등이 있다. 그 밖에 바다낚시 인구가 증가하면서 출입금지구역에서 낚시를 하거나 양식어장에서 바다낚시를 하여 어업에 피해를 주는 사례가 발생하고 있다.

7.5.2 바다낚시공간의 계획[10]

1) 계획요구사항

(1) 바다낚시활동의 변화

바다낚시공간의 계획을 위해 전통적인 바다낚시활동과 비교하여 달라진 최근의 변화를 살펴보면 다음과 같다.

먼저 전통적인 바다낚시는 정해진 포인트에서 기다리는 소극적인 낚시였다면 지금은 물고기가 있을 만한 곳을 따라 자리를 이동하면서 먼 거리라도 채비를 흘려 낚아내는 공격적인 스포츠형 낚시로 변화하였다.

둘째, 감성돔과 같은 야행성 어종들이 밑밥으로 인해 주행성으로 점차 바뀌어 가면서 갯바위에서 며칠을 보내는 장박낚시가 당일낚시로 변화하였다.

셋째, 최근 낚시는 루어낚시나 플라이낚시가 중심이 되어 여성과 젊은이 등 새로운 층이 참가하고 있다. 지금까지 주로 30~40대 남성 중심의 강태공형 낚시활동이 이루어졌는데, 최근에는 가족형 바다낚시가 증가하고 있다.

넷째, 위험하고 거친 자연환경의 낚시터보다는 안전하고 쾌적한 관리형 낚시터(항만, 제방, 부두, 낚시잔교 등 인공 낚시터)의 수요가 높아지고, 낚시터 주변에는 숙박시설이나 레저시설이 정비되고 있다.

다섯째, 바다낚시활동의 성격이 스포츠성과 패션성이 높은 레저로 변화되고 있으며 여가시간의 증가, 레저의 활성화 등으로 인해 바다낚시산업이 점차 확대되고 있다.

10 이한석·이명권·박건, '부산 워터프런트에서 바다낚시시설계획에 관한 연구' 인용 및 수정.

표 7.5 어종별 바다낚시의 특성

어종	낚시포인트	수심	비고
감성돔	• 포인트는 해조류, 패류가 풍부한 양식장 주변으로 조류의 소통이 좋고 조류가 어느 정도 흐르는 곳으로 천천히 옆으로 흐르거나 안에서 밖으로 빠져나가는 곳 • 바닥 여가 많은 곳이나 수심이 완만하게 깊어지는 지형으로 후미진 갯바위나 홈통이 있는 곳	수심 4~50m의 얕은 바다에 주로 살며 해조류가 있는 사질 혹은 암초지대에서 수심 10m 이내에 가장 많다. 수심은 너무 깊지도 얕지도 않은 5~7m 정도 적당	• 바다낚시에서 낚을 수 있는 어종 가운데 가장 인기가 있는 어종 • 내만성 물고기로서 우리나라 중부 이남의 모든 연안에 분포되어 있음
벵에돔	• 포인트는 조류가 어느 정도 있고 물속에 여가 있어 포말이 이는 곳으로 조류의 본류대와 홈통 등의 지류대가 만나는 곳이나 방파제의 물밑 테트라포드 지역	수심은 4m 이상	• 서해를 제외한 우리나라의 전역에서 볼 수 있음
참돔	• 포인트는 조류 소통이 좋고 여가 발달해 있으며 파도가 조금이라도 있는 곳	수심이 20m 이상이고 바닥이 사질로 이루어진 곳	• 서로 다른 조류가 만나 와류가 있는 조경(潮境) 지대가 가장 좋음
돌돔	• 포인트는 조류 소통이 원활하고 물속 암초가 잘 발달한 곳. • 조류가 와류를 이루는 곳으로 물 밑 지형이 깊게 패인 곳과 조류를 정면으로 받는 곳	수심 10m 이상	• 직벽을 이룬 지형을 좋아함
농어	• 포인트는 암초 등에 물살이 스치며 역류하는 곳 • 간조 때에 노출되는 간출여. 모래와 뻘이 있는 만곡진 지역	수심 3~4m 층	• 방파제에서는 맨 끝 테트라포드 주변 조류가 잘 흐르는 곳
볼락, 열기	• 포인트는 어둡고 후미지고 여가 발달한 곳. 수중여와 해조류가 잘 어우러진 곳. • 어초지대로서 자연어초보다는 인공어초지역에 군락을 이루며 모여 있음	낮에는 수심 20~50m 정도. 밤에는 내만의 갯바위 근처	• 볼락은 야행성 물고기로서 빛을 싫어 하여 주로 밤에 활동
우럭	• 포인트는 암초밭이나 여가 발달한 곳	수심 1~2m 혹은 보다 깊은 곳	• 방파제에서는 테트라포드 사이
망상어	• 포인트는 내만(항)의 암초대가 발달된 수초 밀생지역 • 대부분의 갯바위나 방파제의 테트라포드 끝부분. 조류 소통이 좋고 해초가 많이 자란 수중여	수심 5~6m	• 초급자들도 쉽게 낚을 수 있는 대중적인 어종으로 양식장작업대에서 가능
학공치	• 포인트는 제법 각도가 있는 갯바위 주변, 방파제 끝 직벽 주변	수심 0.5~1m에서 먹이를 취하고 수심 4~5m 정도 암초대에 머물러 있음	• 남녀노소가 모두 쉽게 낚을 수 있는 기초적 낚시(겨울낚시 : 보통 12월부터 이듬해 2월까지)
도다리, 쥐노래미	• 포인트는 주로 양식장 주변. 사질대(모래해변) 주변의 암초부분 • 백사장에서 약간 내만으로 뻗은 방파제 특급 포인트	수심은 모래바닥	• 봄철 가족나들이낚시
보리멸	• 포인트는 모래밭(완전 모래밭보다는 잔자갈이 섞여 있는 곳)	수심은 모래바닥	• 여름철 해수욕장이나 백사장 가족나들이낚시

출처 : 이한석, 이명권, 박건, '부산워터프런트에서 바다낚시시설계획에 관한 연구'

(2) 어종별 요구사항

바다낚시공간의 조건 가운데 가장 중요한 사항은 사계절 언제나 물고기를 잘 낚을 수 있는 것이다. 따라서 우리나라의 바다낚시터에서 잘 낚이며 낚시하는 사람들이 좋아하는 어종을 조사하여 어종별 바다낚시공간과 관련된 요구사항을 분석하면 표 7.5와 같다. 바다낚시공간의 계획에서는 계절별로 낚을 수 있는 어종과 주요 포인트 및 수심을 고려하여 사계절 바다낚시활동을 즐길 수 있는 적절한 입지선정과 배치계획이 중요하다.

(3) 바다낚시객의 요구사항

바다낚시공간을 계획하기 위해서는 낚시객이 요구하는 사항을 파악하는 것이 중요하다. 낚시객들은 바다낚시공간에서 편의시설 확보, 자연환경 및 경관의 보호, 안전 및 시설의 관리, 주차장 등 접근성 향상, 어획을 위한 낚시포인트 정비 등을 요구하고 있다.

2) 계획방향

이상의 계획요구사항을 고려하여 바다낚시공간의 계획방향을 정리하면 다음과 같다.

(1) 입지선정

바다낚시공간의 입지선정은 어획성, 사업성, 활동의 안전성, 환경의 쾌적성을 목표로 한다. 먼저 어획성을 고려한 입지로는 얕은 여밭이 넓게 펼쳐져 있으며 적정수심(10m 내외)을 확보할 수 있는 곳, 파도가 쳐서 포말이 일고 겨울철 북서풍이 정면에서 불어오는 곳, 조류의 소통이 원활하고 수생식물이 착생하기 쉬운 토질인 곳, 기존의 낚시포인트로서 이름이 난 곳 등이다.

둘째, 사업성을 고려한 입지로는 도시 근교에 위치하여 접근이 편리하고 인식하기 쉬운 곳(배후 도시나 고속도로출구에서 40분~1시간 이내 거리), 주변에 다른 레크리에이션 시설이나 관광지가 있어서 함께 이용할 수 있는 곳, 기존 어업과 마찰의 소지가 없는 곳, 축양시설 등에 필요한 충분한 면적의 해역이 확보되는 곳 등이다.

셋째, 안전한 바다낚시활동을 위한 입지로는 연중 바다가 비교적 정온한(파고 2m 이하) 곳, 연간 비 오는 날이 적고 강한 바람이 자주 불지 않는 곳(풍속 10m/s 이하)이 바람직하다.

넷째, 쾌적한 환경을 고려한 입지로는 주변의 해안경관이 아름답고 변화가 있는 곳, 수질이 맑고 투명한 곳, 배후에 주차장 용지를 확보할 수 있는 곳 등이다.

(2) 기능계획

바다낚시공간의 주요 기능과 기능에 따라 필요한 시설을 정리하면 다음과 같다.

① 기본기능 : 낚시터, 관리시설, 주차시설, 식수시설, 세면시설, 화장실 등
② 안전기능 : 전락방지시설, 방송 및 안내시설, 구명 및 의료시설, 소화시설, 조명시설, 구명정 등
③ 서비스기능 : 조리시설, 판매시설(매점 및 음식점), 전망 및 휴게시설 등
④ 어자원확보기능(해역) : 해중낚시터, 축양시설, 인공어초 등
⑤ 부가서비스기능 : 숙박시설, 캠핑시설, 문화시설, 스포츠시설 등

(3) 규모계획

바다낚시공간의 적정 규모를 계획하기 위해서는 낚시수요를 정밀하게 조사하고 수요예측에 따른 사업성을 검토하는 것이 필요하다. 낚시활동에 필요한 중요한 공간의 규모는 다음과 같이 정한다.[11]

① 사업성을 위해 최소한 연간 10만 명의 입장객을 목표로 정한다.
② 이용객 가운데 낚시객의 수는 70~80%, 견학자의 수는 20~30%로 정한다.
③ 일일평균이용자수는 연간입장객수를 연간개장일로 나눈 값으로 하며, 연간 개장일은 310일을 기준으로 한다. 이용객의 일일피크는 5월과 10월의 공휴일로서 일일평균이용자수의 1.5배 값으로 한다.
④ 낚시터의 총길이는 다음 식에 의해 구한다.

$$L = [C \times (P/100) \times Q] \div R$$

L : 낚시터 총길이, C : 연간 낚시인수, P : 1일 집중률(0.5~1),
Q : 1인당 낚시터길이(2m/인), R : 1일 회전율(1.5회)

⑤ 낚시잔교의 폭은 잔교의 한쪽만 낚시터로 사용할 경우에는 8m(통로폭 5m, 낚시터폭 3m), 양측을 낚시터로 사용할 경우에는 12m(통로폭 6m, 낚시터폭 3m × 2)로 한다.
⑥ 수면에서 낚시잔교 데크의 최대높이는 L.W.L(해면)에서 5m 이내로 하고, 최저 높이는 파도가 쳐서 올라오는 것을 고려하여 높이를 정한다.
⑦ 낚시터의 난간높이는 서서 낚시를 하는 경우(전락방지용) 110cm, 앉아서 낚시를 하는 경우 낚시대를 놓아두기 위해 25cm로 한다.

11 김남형·이한석 역, 『해양성 레크리에이션 시설 계획』, 6장 참고.

그림 7.16 계획된 바다낚시공간

3) 시설계획

입지주변의 해양경관이나 기상(氣象)·해상(海象)·지상(地象)조건을 잘 조사한 후에 시설별 계획사항을 다음과 같이 결정한다.[12]

① 시설의 설치비용을 고려할 경우에는 기존의 항만시설을 활용하는 것이 경제적이나 바다낚시에 적절한 장소를 선택하여 전용공간을 만드는 경우에는 낚시전용잔교형으로 계획한다. 항만시설과 낚시전용잔교를 일체로 구성하는 것도 가능하다.

② 낚시전용잔교의 경우 시설의 규모가 작으면 육지에서 곧바로 ㅡ자 형태로 돌출시켜 배치하지만 시설규모가 커짐에 따라 연육교를 통해 접근하는 ㄴ자 형이나 ㅁ자 형으로 배치하여 많은 낚시공간을 확보하도록 계획한다.

③ 낚시공간의 동선은 낚시꾼 동선, 단순 방문객 동선, 관리자 동선으로 구분하여 계획한다. 특히 산책 및 전망을 즐기기 위해 입장한 단순 방문객들을 위해 전망대를 설치하고 입구에서 전망대까지 산책로를 확보한다.

④ 낚시꾼을 위한 편의시설인 화장실, 매점, 식당, 휴게시설 등은 낚시공간을 중심으로 배치하며 낚시공간 주위에는 가족이 쉴 수 있는 휴식공간을 계획한다.

⑤ 관리시설은 주로 낚시공간의 입구에 배치하며 낚시공간의 규모가 큰 경우나 바다로 멀리 나가 있는 경우에는 낚시공간 중간에 안전관리시설을 두고 구명정 선착장을 계획한다.

⑥ 해역에는 낚시공간의 모서리나 끝 부분에 축양시설을 배치하고, 낚시공간 앞면 수역에는 인공어초를 계획하여 어획성을 높인다.

12 김남형·이한석 역, 앞의 책, p.287 참고.

⑦ 육지에서 낚시공간으로 이동하기 위해서는 연육교가 필요하다. 연육교의 폭은 5m 정도로 하며 주차장은 설치기준에 따라 계획한다.

⑧ 화장실은 이용률 1/80을 적용하고 장애인용 변기는 별도로 설치하며 변기에 따른 화장실 면적은 대소 모두 11m^{2}로 한다.

⑨ 식당이용객은 수용 규모 × 식당이용률(1/10) × 식당회전율(1/3)에 따라 정하고 1인당 면적은 2.0m^{2}로 계획한다.

⑩ 관리동은 사무소와 매표소로 구성하고 낚시도구를 대여·판매하는 매점과 함께 낚시공원 입구에 위치시키며 관리동 20m^2, 매점 20m^{2}로 계획한다.

⑪ 단순 견학자나 가족들을 위한 전망대는 3층 전망실, 2층 휴게실로 계획하고 1층에는 편의시설(식수장, 세면장, 자판기, 조리시설 등)과 안전구명시설을 계획한다.

⑫ 육역에 해녀박물관, 바다를 조망할 수 있는 공간, 이벤트를 실시할 수 있는 광장, 그리고 친수공간을 계획한다.

그림 7.17 바다낚시공원 관리동

4) 사업화 계획

사업성 측면에서 바다낚시공간은 골프연습장, 수영장, 해수욕장과 유사한 경향을 갖는 것으로 나타나서, 참가 인구는 많으나 저렴한 입장요금으로 인해 1회당 소비단가가 낮아 시설의 초기 건설비용을 민간사업자가 부담할 정도로 수익성이 높은 것은 아니다.[13]

따라서 낚시공간의 조성 및 시설의 건설은 정부나 지자체 등 공공부문에서 담당하고, 관리운영은 회원제나 레슨 등의 부가가치를 높여 민간에게 위탁경영하는 것이 가능하다.

또한 바다낚시공간은 시민휴식공원으로서 성격을 가지며, 해수면에 공작물을 설치하는 데 따

13 김남형·이한석 역, 앞의 책, p.272 참고.

르는 엄격한 법제도 등으로 인해 시설의 건설은 지자체에서 실시하는 것이 바람직하다. 시설건설을 위한 예산은 정부의 관련 재정지원사업과 연계하여 지원을 받고 지자체의 예산도 지원받아 건설한다. 한편 시설의 관리운영은 지자체에서 직접 운영하거나 어촌계에 위탁 하는 것도 바람직하다.

7.6 해변산책로

7.6.1 해변산책로의 개념

해변산책로는 해변을 따라 조성된 보행자 도로를 말하며 해변의 오픈페이스들을 연결하는 역할을 한다. 해변산책로는 보통 장거리 보행로를 포함하며, 해변에서 환경의 질을 높이고 일반인들이 자연환경을 즐기도록 하는 데 목적이 있다.

또한 해변산책로는 도시나 지역 전체 보행로체계의 일부분을 형성하며, 레크리에이션 기회를 제공하고, 사람들의 이동을 허락하며, 해변경관을 제공하여 해변으로 사람들을 끌어 모은다.

그림 7.18 해변산책로

한편 해변산책로는 생태계의 중요한 공간들을 연결하는 오픈스페이스이기 때문에 생태계를 침해하지 않으면서 기분 좋게 자연 속에서 걷거나 레크리에이션을 즐기는 데 적합하다. 녹지공간과 일체가 된 해변산책로는 해변에 접근성과 매력을 향상시키며 수변을 재생시키는 주요 수단이 된다.

도시에서 사람들은 적극적인 레크리에이션활동을 원하며, 이와 더불어 자연을 보고자 하는 욕구, 자연환경(서식지)을 보전하고 새로운 자연환경을 가꾸고자 하는 욕구가 계속 증가하는데, 해변산책로는 이런 욕구를 충족시켜주는 장소로서 기능한다.

해변산책로는 도시의 번잡한 시장, 산책로, 공공공원, 주택가 골목, 기타 다양한 공공공간과 서로 유기적으로 결합되어야 하며, 공공교통의 환승역에서 쉽게 접근 가능해야 하고, 더 나아가서 일상에서 출퇴근을 위해 잘 꾸며진 보행환경을 갖추어야 한다.

해변산책로에는 보행로 전용형과 보행로 및 자전거도로 복합형이 있다.[14] 먼저 보행로 전용형 해변산책로는 보행로를 차도나 자전거도로와 분명하게 구분하고, 최소 폭은 2.0m(불가피한 경우 최소 1.2m 이상)가 되도록 계획한다. 또 물가에 인접하여 환경적으로 질이 높으며 안전하고 잘 연결된 체계를 갖추도록 계획한다.

차도 변 보행로인 경우에는 환경적으로 쾌적하고 차량통행량이 많지 않은 곳을 따라 계획하고, 일반 보행자 도로인 경우에는 매력적이고 볼거리가 풍부하도록 계획한다. 특히 보행용 교량 및 터널을 계획하는 경우에는 보행을 위해 편리하고 안전하며 즐거운 환경이 되도록 계획한다.

도시에서 벗어난 어촌이나 연안에서 보행로 전용형 해변산책로를 계획할 경우에는 시작점과 목적지를 연결하며, 마을에서부터 시작하여 산, 해변, 숲 등을 연결하고 오솔길, 산등성이, 해변, 조망루트 등 자연적으로 만들어진 매력 있는 장소를 따라 계획한다.

(a) 보행자 전용형

(b) 보행자+자전거 복합형

그림 7.19 해변산책로 유형

다음으로 보행로 및 자전거도로 복합형의 해변산책로는 자전거, 보행자, 조깅하는 사람, 인라인스케이터 등이 함께 복합적으로 이용할 수 있도록 계획한다. 이 유형의 해변산책로 양편에는

14 New York City Department of City Planning, 『MANHATTAN WATERFRONT GREENWAY MASTER PLAN』, Appendix A Design Guidelines 참고.

최소 폭 60cm의 완충지대를 두어 차도 등 주변과 이격하며, 산책로의 폭은 4m 이상, 도심에서는 최소 폭 2.1m 정도 필요하다.

한편 해변산책로의 중요한 역할은 수변에 독립적으로 존재하거나 분산되어 있던 공공공간과 친수공간들을 연결하는 것이다. 또한 해변산책로는 자동차 중심의 도로환경을 보행자 중심의 환경으로 개선하여 도시생활을 안전하고 쾌적하게 만든다. 그리고 해변산책로는 다양한 형태의 야외활동공간일 뿐 아니라 출퇴근 수단이 되기도 한다.

그리고 해변산책로는 야생동식물을 위한 서식지이기도 하며, 산, 강, 바다, 섬 같은 특별한 해변경관을 서로 연결하는 통로가 되고, 지역의 자연공간과 문화공간들을 서로 연결하여 네트워크를 만든다.

이러한 해변산책로는 시민들이 쉽게 해변에서 건전한 육체적 활동을 할 수 있는 생활환경을 제공하고, 해변의 역사·문화와도 거리를 가깝게 한다. 즉, 해변산책로는 해변의 역사적인 장소를 보전하고 많은 시민들이 해변의 역사와 문화를 깊이 이해할 수 있도록 돕는다.

또한 해변산책로는 해변지역을 활기 있는 곳으로 만들어 경제적으로 주변 부동산 가치를 높이고, 방문객 및 주민들의 활동 증가로 인해 지역사회의 활성화에 긍정적인 영향을 미친다.

그림 7.20 해변산책로의 활기

해변산책로는 도시에서도 바다와 해양생물 등을 가까이 할 수 있는 자연공간이며, 시민들의 차량 이용을 감소시켜 공기를 깨끗하게 하고 토양유실과 수질오염을 막는 역할도 한다. 특히 해변산책로는 홍수나 침수로부터 주변 지역을 보호하는 역할도 한다.

7.6.2 해변산책로의 계획

1) 계획방향

(1) 접근성

해변산책로는 공공을 위한 레크리에이션 용도로 사용되므로 자유로운 접근이 보장되어야 하며, 또한 해변산책로에는 다양한 기능이 산재하므로 기능에 따라 서로 다른 접근을 신중하게 계획한다.

(2) 토지이용

해변산책로가 지정된 경우에 주변 토지이용은 해변산책로의 조성 목표에 맞도록 계획하고 관리한다.

(3) 오픈스페이스

해변산책로는 지역이나 도시 전체 오픈스페이스의 일부로서 계획하고, 특히 시점과 종점은 도시의 보행로와 연결되도록 계획한다.

(4) 시민참여

해변산책로 계획단계 초기부터 지역의 전문가, 시민, 공공기관 등의 참여 기회를 만들고 걷기 행사 등을 통해 시민들의 관심과 호응을 불러일으킨다.

(5) 재원확보

해변산책로의 조성에 필요한 재원은 다양한 자금원으로부터 구하는 것이 좋다. 일반적으로 지역에서 50% 정도를 구하고 대응자금으로서 공공자금을 50% 확보하는 것으로 계획한다.

2) 계획내용

(1) 대체교통수단으로서 계획

해변산책로는 어메니티의 제공뿐 아니라 대체교통수단으로서 중요한 의미를 가지고 있다. 해변산책로는 사람들로 하여금 걷고 자전거를 타도록 유도하여 자동차교통을 줄여준다.

첫째, 해변산책로는 택시나 버스, 그리고 지하철과 쉽게 연결되고 걷기, 자전거타기가 편리하도록 계획하여 주민들의 교통수단으로서 계획한다.

둘째, 지역의 목적지인 학교, 상점, 직장, 대중 환승역 등에서 쉽게 접근할 수 있고 인근 주거지역과 잘 연결되도록 계획하여 자동차교통의 실제적인 대안이 되도록 계획한다.

셋째, 자전거 주차시설, 잠금장치, 적절한 조명, 깨끗하고 일관된 사인 등 대체교통수단으로서 이용하기 편하고 안전하게 계획한다.

(2) 어메니티(amenities)를 위한 계획

해변산책로는 이용자에게 어메니티를 제공해야 한다. 즉, 이용자들이 즐겁고 편리하게 이용할 수 있도록 이용자의 요구를 파악하여 계획할 뿐 아니라 효율적인 관리를 고려하여 계획한다.

특히 음수대, 거리표지, 체력단련장 등과 함께 자전거 이용자를 위해 공기펌프주입시설, 자전거걸이 등 편의시설과 벤치, 피크닉 테이블 등 휴게시설이 필요하다. 또한 기상조건에 대비하여 차양시설이 필요하며, 야간 안전 및 일과 후 이용시간의 확대를 위해 조명을 계획한다.

그림 7.21 해변산책로의 어메니티 시설

(3) 운동 및 레크리에이션을 위한 계획

해변산책로는 사이클링, 도보, 달리기, 스케이팅 등과 같이 신체 운동을 위한 기회를 증진시키고, 청소년들이 레크리에이션에 참여할 수 있으며, 이웃 간에 레크리에이션 활동의 연합이 생겨나도록 계획한다.

이를 위해 해변산책로는 안전하고 편하게 걷기, 조깅 혹은 운동을 할 수 있는 장소로서 계획한다. 또한 레크리에이션장소로서 다목적광장, 체력단련장, 농구코트, 자전거주차장, 화장실 등이 필요하며 이와 더불어 안전한 교차로, 조명시설 등이 필요하다. 그리고 해변산책로의 이용을 촉진하는 다양한 운동 및 레크리에이션 프로그램이 필요하다.

(4) 사색의 장소로서 계획

해변산책로는 사람들이 사색하고 정신을 맑게 하며 성찰을 유도하고 정신적으로 휴식을 취할 수 있는 곳으로 계획한다. 해변산책로는 일과 후 사람들을 집에서 끌어내어 휴식과 사색을 위한 시간과 장소를 제공한다.

따라서 사람들이 휴식하고 주위를 둘러보며 편안함을 느낄 수 있는 공공장소를 계획하고, 또한 주변에 의미 있는 목적지, 공공예술 및 문화시설 등을 주의 깊게 배치한다. 해변산책로에서 시원하게 펼쳐진 조망은 사람들에게 영감을 일깨워준다. 또 해변산책로에 예술적인 바닥문양, 창의적인 조경, 의미 있는 건물디자인 등을 도입하면 이용자들의 공간 인식과 상상력을 촉진시키고 지역주민들의 주인의식과 자부심을 고양시킨다.

(5) 네트워크의 수단으로서 계획

해변산책로는 수변의 주요 목적지들 사이에 네트워크를 강화시키며 목적지로의 접근성을 좋게 하여 목적지의 가치를 높여 주도록 계획한다. 따라서 해변산책로에는 위험한 교차로나 움푹 들어간 곳이 있어서는 곤란하며, 물리적으로도 시각적으로도 도시의 보행로와 연결되어야 한다.

한편 해변산책로는 창의적이고 잘 정돈된 회랑으로 계획하는 것이 중요하며 이를 위해 회랑을 따라 적재적소에 휴게시설, 어메니티 공간, 예술품, 안내판 등의 설치가 필요하다.

(6) 목적지에 접근로로서 계획

해변산책로는 수변지역에서 중요한 의미를 갖는 목적지 혹은 지역 전체의 목적지로의 접근을 고려하여 계획한다. 수변산책로를 일상적으로 이용하는 사람은 하루에 대개 5~6km 정도를 걷는다고 본다. 따라서 이 거리 내에 주요 목적지가 위치하도록 계획하는 것이 좋다.

(7) 경제적인 가치를 위한 계획

해변산책로는 레크리에이션 활동 및 환경보호 측면에서 가치가 높을 뿐 아니라 경제적으로 고용을 창출하며 부동산의 가치를 높이고 지역의 비즈니스를 활성화시킬 수 있다. 따라서 해변산책로가 경제에 미치는 영향을 파악하여 그 가치를 높이도록 계획하고, 특히 지역관광의 활성화를 위한 수단의 하나로서 해변산책로를 활용한다.

(8) 매력 증진을 위한 계획

사람들이 해변산책로에서 시간을 보내는 이유는 그곳에서 나름대로 매력을 찾았기 때문이다. 해변산책로에는 다양한 매력을 가지도록 계획하는 것이 좋으나 너무 다양한 것은 이용자를 부담스럽게 한다. 이용자들을 압도하지 않으면서도 예기치 않은 만남과 눈을 즐겁게 하는 조망, 공간, 시설 등을 제공하도록 계획한다.

그림 7.22 매력 있는 해변산책로

(9) 환경 교육장소로서 계획

해변산책로는 사람들이 바다라는 자연환경에 쉽게 접근하도록 계획하여 자연환경에 관심을 갖게 하며 스스로 자연환경을 감시하고 건강한 환경을 만드는 데 노력하도록 유도한다. 특히 자연환경 관련 교육을 위해 사인보드나 전망장소 등을 적절하게 계획한다.

(10) 역사와 문화 교육장소로서 계획

수변에서 역사적 유적지나 유물은 의미의 원천이며 목적지를 만들어내는 핵심자원이다. 지역사회를 과거와 연결시키는 이러한 요소들은 해변산책로가 지역에 뿌리내리는 데 효과적이다. 따라서 해변산책로 주변에 존재하는 문화적 자원을 발굴하여 목록을 만들고, 안내판이나 안내책자 등을 통해 주민이나 방문객이 이해하고 감상하도록 계획한다.

(11) 조경계획

해변산책로의 훌륭한 조경은 이용자에게 시각적 즐거움과 쾌적한 장소를 제공하며, 또한 생태적인 문제에 관심을 가지게 하고 교육적인 의미도 가진다. 해변산책로의 조경계획에서는 보행 조건, 자전거 운행, 기상조건, 주변 인공환경, 지역 특유의 식물, 생태적인 서식지, 시각적 연결을 강화하는 식재, 안전과 보안을 위한 시각적 침투성, 우수(storm water) 관리 등이 중요한 고려사항이다.

(12) 이용 촉진을 위한 계획

해변산책로는 이용객에게 매력 있는 장소가 되어 이용을 촉진시켜야 하며 이를 위해 이용의 장애물인 자동차 등 기계장치의 진입, 따분한 경관, 안전성 부족, 편리함 부족 등을 개선해야 한다. 운동시설, 운동 프로그램, 커뮤니티 행사 등도 이용 촉진에 도움이 되고, 해변산책로가 출퇴근 용도로 사용되거나 지역의 목적지를 연결하는 루트가 되도록 계획하면 이용이 더욱 촉진된다.

(13) 결절점(node)의 계획

해변산책로에서 결절점이란 산책로 도중에 있는 넓은 공간이다. 결절점은 자체가 목적지 역할도 하고 때로는 도시와의 연결을 위한 환승지점도 된다. 결절점은 사람들 사이에 상호교류와 교환이 발생하는 장소로서 레크리에이션 용도를 위해 사용되기도 한다. 결절점에는 음수대나 화장실 등 편의시설, 거리시설물(street furniture), 적당한 조명 등 어메니티 시설과 편리한 사인, 안내판, 지도 등이 필요하다. 여기에서는 서 있는 보행자, 달리는 자전거, 움직이는 사람들 사이에 때로 갈등이 발생하기 때문에 모든 이용자들의 안전을 고려하여 계획한다.

(14) 이용프로그램의 계획

해변산책로에서 일어나는 커뮤니티 프로그램은 이용자들에게 흥미를 불러일으킨다. 해변산책로의 프로그램으로는 운동 프로그램, 레크리에이션프로그램, 환경 관련 프로그램, 역사교육 프로그램, 지역개발 프로그램 등이 있을 수 있고, 그 밖에 지역사회봉사 프로그램, 청소년 프로그램, 공공예술 프로그램, 축제 프로그램 등이 있다. 이러한 프로그램을 위해 해변산책로에는 잔디밭, 광장, 교육문화센터 등이 필요하다.

그림 7.23 해변산책로의 공공예술품

(15) 공공예술품의 설치계획

해변산책로에 공공예술품의 설치는 장소에 의미를 주고 사람들의 주의를 집중시키며 장소의 이미지를 한층 높여준다. 이와 함께 해변산책로에 공공예술품의 설치를 위한 노력은 다양한 조직과 분야의 사람들이 모여 대화를 나누고 효과적인 커뮤니티를 형성하도록 하며, 공공의 자긍심을 높여 삶의 질을 고양시킨다. 공공예술품의 설치에는 라이브 예술의 공연도 포함한다.

7.6.3 해변산책로의 안전계획[15]

해변산책로의 계획에서 이용자들에게 사고와 범죄로부터 안전을 보장하는 것은 중요한 과제이다. 해변산책로의 기능과 목적을 고려하여 안전계획사항을 살펴보면 다음과 같다.

1) 스피드 안전계획

해변산책로에서 걷기, 조깅, 자전거타기 등 서로 다른 속도의 이용을 고려하여 서로 갈등을 일으키지 않도록 속도에 따른 공간 구분, 바닥표면조건, 산책로의 폭, 시선의 연속, 속도안내판 등을 계획하고, 산책로와 다른 도로의 교차지점에서 안전대책을 마련한다. 이용자 나이, 이용타입(자전거, 보행자, 인라인스케이트 등), 이용 숙련도 측면에서 이용자 그룹을 나누고 이에 맞게 산책로를 구분하며, 특별히 속도를 낮추어야 하는 구역도 설정한다.

2) 배수계획

해변산책로에서는 월파나 강우를 고려한 배수가 이용자의 안전을 위해 중요하다. 배수를 위해서는 침수가 일어날 구역을 미리 파악하고 산책로 바닥의 구배는 2% 이상이 되도록 계획하며, 주변에서 산책로로 물이 흘러드는 것을 방지하도록 계획한다. 또한 평소에 사람이나 자전거가 배수구 혹은 집수구에 빠지지 않도록 계획을 세운다.

3) 경사계획

해변산책로에서는 경사가 심하여 표준적인 처리가 힘든 곳이나 물이 괴는 곳과 어는 곳을 미리 파악한다. 이에 따라 경사가 심한 곳은 우회하여 경사로를 낮추도록 하고, 경사가 있는 곳에는 이에 맞는 포장 재료를 선정한다. 특히 걷기, 조깅, 자전거 타기에 편한 적당한 경사를 계획하고, 휠체어를 사용하기에 편한 경사도 고려한다.

15 Steven Mikulencak, 『A Planning Primer : Greenways』, pp.36~41 참고.

그림 7.24 해변산책로와 차량 분리

4) 보행자, 자전거, 차량 분리계획

해변산책로에서는 보행자와 자전거, 접근하는 차량 사이에 잠재적인 갈등을 해결해야 한다. 따라서 해변산책로는 가능한 차도나 자전거도로로부터 분리시킨다. 부득이한 경우에는 보행자와 차량을 시각적으로 분리시키기 위해 난간이나 펜스 등을 계획하고 적절한 사인, 도로포장의 표시, 포장재료 등을 통해 보행자의 안전을 확보한다.

5) 교차점 안전계획

해변산책로가 다른 도로와 교차하는 지점에서는 부드럽고 안전하게 진행할 수 있도록 연석, 길의 폭, 구배, 포장재료 등을 계획한다. 한편 교차점에서 차량의 속도, 교통량, 교통의 종류, 교통신호의 빈도 등을 파악하고 통행권에 대해 확실한 규칙을 정하며, 적절한 종류와 크기의 교통통제사인을 계획한다. 한편 관리 및 비상용 차량의 접근이 가능한 교차점을 정하고 평상시에는 차량이 들어오지 못하게 식재, 볼라드, 가드레일 등을 계획한다.

6) 야간조명계획

해변산책로에서는 야간 안전문제를 고려하여 야간조명을 계획한다. 먼저 야간조명으로 해변산책로의 특성을 강화시키는 시각적 요소를 찾아 조명계획을 하며, 차도와 만나거나 평행하여 연속될 경우 적절한 조명을 통해 자동차 운전자나 산책로 이용자가 안전하게 행동할 수 있도록 한다. 또한 산책로의 도로표면조건, 산책로의 방향, 도중 장애물 등이 잘 보이도록 조명한다.

7) 교량, 터널 등 구조물계획

해변산책로에는 보행의 연속성을 유지하기 위해 교량이나 터널 등 다양한 구조물이 들어서게 되는데, 이러한 구조물은 보행자나 자전거의 속도와 방향을 고려하여 적절한 위치에 계획하고, 모든 이용자들이 안전하게 사용하도록 충분한 넓이를 확보한다. 특히 자전거를 이용하는 경우 구조물 내에서 급격한 방향전환이 이루어지지 않도록 계획한다.

8) 포장재료계획

해변산책로에서는 자전거, 보행자, 인라인스케이트 등 다양한 이용자를 위해 적절한 포장재료를 계획한다. 또한 시간에 따라 포장이 어떻게 변하는지, 그리고 이것이 이용자의 쾌적함과 안전에 어떤 영향을 주는지 파악하며 관리 및 유지보수도 고려한다. 특히 포장재료는 배수조건을 고려하여 정하며, 이용자들이 산책로의 용도 및 방향을 쉽게 알아볼 수 있도록 포장재료나 색채를 계획한다.

7.7 해수욕장

7.7.1 해수욕장의 개념[16]

해수욕은 특별한 장비나 기술 없이 남녀노소 누구나 쉽게 즐길 수 있는 가장 보편화 된 해양레저 활동의 하나로 그 역사는 고대시대부터 시작되었다. 그리스의 역사학자인 헤로도토스(Herodotos, B.C. 484~425년)는 "태양과 바다는 여성질환을 비롯한 모든 질병에 중요한 역할을 한다."고 예찬하였으며, 고대시대부터 의료 목적으로 해수욕을 권장하였다.

근대적 의미의 해수욕은 18세기 중반 영국의 의사인 러셀(Charles Russel)이 "해변 공기를 호흡하고 바다에 몸을 담그며 바닷물을 마시면 의료효과가 크다."고 주장하면서 해변에 환자를 모아 실행한 것이 시초라고 알려져 있다. 이에 따라 영국의 브라이튼을 중심으로 귀족의 요양 및 레크리에이션을 위한 시설로서 해수욕장이 개설되었다.

우리나라에서는 19세기 후반 유럽 선교사들이 서해 몽금포 및 원산 송도원에서 해수욕을 즐겼다는 기록이 있으며, 1913년 개장한 부산의 송도해수욕장이 우리나라 최초의 공설해수욕장으로

16 심미숙, '해수욕장 이용객의 선택속성이 전반적 만족도 및 행동의도에 미치는 영향', pp.6~8 및 이정훈, '해수욕장 관리의 개선방안에 관한 연구', pp.4~8 내용을 인용하여 재구성함.

알려져 있고, 1937년에 우리나라 최초의 인공해수욕장인 인천 송도해수욕장이 개장하였다.

해수욕(Sea Bathing)은 건강증진·피서·레크리에이션 등을 목적으로 바닷물에 몸을 담그는 것이며, 해수욕장은 해수욕을 할 수 있도록 환경과 시설이 갖추어진 해변으로 정의할 수 있다. 그동안 해수욕장의 개념에 대해서는 통상적으로 모래해변이 길고, 적정 수심이 확보되며, 조용한 바다, 그리고 비교적 온화한 기후가 있어야 해수욕에 적합하다고 언급하는 정도였다.

그러나 최근에는 「해수욕장의 이용 및 관리에 관한 법률」[17]이 제정되었고, 이 법에서 해수욕장은 천연 또는 인공으로 조성되어 물놀이·일광욕·모래찜질·스포츠 등 레저 활동이 이루어지는 수역 및 육역으로서 일정한 시설 및 환경기준에 적합하여 관리관청에 의해 지정·고시된 구역으로 정의하고 있다.

그림 7.25 해수욕장

7.7.2 해수욕장의 계획방향

해수욕장으로서 갖추어야 할 기본적인 조건에는 물리적 조건과 시설 조건이 있으며 그 내용은 다음과 같다.[18]

1) 해수욕장의 물리적 조건

• 사장의 길이가 500m 이상이어야 한다.

17 법률 제12844호(공포일 2014.11.19, 시행일 2014.12.4.).

18 이상춘, 『관광자원론』 인용.

- 사질과 수질은 소금기가 적고 깨끗하여야 한다.
- 수온은 해수욕 시즌 동안 섭씨 25도 이상이다.
- 수심은 깊이 1m 이내의 해저지역이 폭 50m 이상이어야 한다.
- 여름철 해당지역의 쾌청일수가 통상 2주일 이상이어야 한다.
- 해수욕을 하기 위한 위험요소가 없는 안전한 지역이어야 한다.
- 배후지에 수림이 소재하여 해수욕객에게 편의를 제공해야 한다.

2) 해수욕장의 시설조건

- 접근이 용이하도록 교통수단과 주차시설이 편리해야 한다.
- 탈의 및 샤워시설이 구비되어야 한다.
- 피서객을 위한 관리시설과 보안시설이 구비되어야 한다.
- 안전성이 확보된 유영시설(물놀이 등의 기구)이 구비되어야 한다.
- 해수욕장을 출발·도착하는 근거리 유람선 등 관광시설이 구비되어야 한다.
- 식음료를 판매하고 피서객이 이용할 수 있는 공간과 휴게시설을 구비하여야 한다.
- 남녀노소가 이용할 수 있도록 건전하고 쾌적한 오락시설이 구비되고 훈련된 종사원에 의해 서비스가 제공되어야 한다.
- 피서객이 다양하게 접할 수 있는 운동시설을 구비하여야 한다.
- 전시·영화·연극·가요제·강연 등을 위한 문화공간 및 이벤트가 구비되어야 한다.
- 피서객을 위한 양질의 서비스를 제공할 수 있는 숙박시설이 구비되어야 한다.

한편 해수욕장은 시대에 따라 다양하게 변화되었으며 지역에 따라서도 그 양상이 다르게 나타난다. 이제까지 해수욕장에서 활동이 주로 민박을 하면서 해수욕 및 모래놀이 그리고 방갈로 등에서 휴식하고 식사를 하는 대중적·오락적·가족적인 취향이었지만, 최근에는 호텔에서 숙박하고, 해수욕만 즐기는 것이 아니라 일광욕, 풀에서 수영, 요트, 수상오토바이, 스킨스쿠버 등의 활동을 즐기며, 커뮤니케이션을 도모하거나 심신을 단련하는 활동을 보이고 있다. 이러한 활동이나 욕구에 대응하여 해수욕장의 시설이나 설비가 질적으로 향상되고 다양화되도록 계획해야 한다.

한편 해수욕장의 이용에 있어서도 지금까지는 여름철의 해수욕을 비롯하여 산책, 낚시, 캠핑에 그쳤지만 최근에는 1년 내내 이용하거나 계절에 구애받지 않는 활동이 다양하게 일어나고 있다.

그러므로 해수욕장의 계획에서는 다양한 활동간 충돌, 이용자의 안전성 확보 등을 고려한 계획 수립이 요구된다. 또한 지구온난화 등 환경변화에 따라 이상기후, 지진해일 등의 자연재해에 대한 우려가 점차 증가하고 있으므로 이용객 및 시설의 안전을 확보하기 위한 방재계획도 고려되어야 한다.

7.7.3 해수욕장의 계획

1) 입지조건

해수욕장계획은 적절한 입지를 선정하는 것부터 시작된다. 해수욕장의 입지 선정을 위해서는 해빈 및 배후지를 포함한 육역과 수역을 대상으로 자연조건과 사회조건에 대하여 검토한다.

자연조건은 지형조건, 기상조건, 해상조건, 그리고 환경조건에 대하여 검토하며, 사회조건은 유치조건, 공간조건, 지역요구와 법규제 조건에 대하여 검토한다. 각각의 검토항목에 대한 세부적인 내용은 표 7.6, 표 7.7과 같다.

표 7.6 자연조건 검토항목

검토항목		검토내용
지형조건	해빈형상	• 해빈 폭은 30~60m, 해빈 길이는 500m 이상이 적절
	해저지형	• 기울기 1/10~1/60, 최적 기울기 1/45
	배후지 지형	• 수림지, 구릉지가 있고 햇볕이 잘 들 것
	유입하천	• 유입하천이 없거나 하천으로부터 가능한 한 멀리 떨어질 것
	표사특성	• 표사가 적을 것
	방위	• 동남 혹은 남쪽 방향
가상조건	기온, 수온, 풍향	• 최저 기온 24°C, 최저수온 23°C, 풍속 6m/s 이하인 곳 • 수영에 적합한 최적 수온은 27.5°C
해상조건	조위	• 조위차가 크기 않을 것(1m 이내)
	파랑	• 파고 0.5m 이내가 적합하며 1m 이상이면 위험
	유황	• 수영한계유속 : 0.5m/s • 수영주의유속 : 0.2~0.3m/s
환경조건	수질	• 대장균수 1,000개/100ml 이하 또는 유막을 느낄 수 없을 정도 • 투시도 0.3m 이상, pH 7.8~8.3, 부유물이 적을 것
	생물	• 생태계를 교란시킬 우려가 있는 곳은 좋지 않음 • 사람에게 유해한 생물이 적을 것
	경관	• 양호한 경관을 형성하고 수평선으로의 조망이 좋을 것 • 배후도시에서 바라보는 해수욕장 경관이 좋을 것

출처 : 김남형·이한석 역, 『해양성 레크리에이션 시설』, '4장 해수욕장의 계획' 내용 정리

표 7.7 사회조건 검토항목

검토항목		검토내용
유치 조건	유치권 인구	• 인구가 많을수록 좋음
	교통	• 육상 및 해상에서의 접근이 용이함
	레저시설 분포	• 유사한 레저시설은 서로 경쟁하거나 상승효과를 가져올 수 있음
공간 조건	해역이용	• 어업권, 통항권 등 기존 권리 및 활동이 영향을 주지 않아야 함
	육역이용	• 배후지역과 조화롭고 연속성을 확보할 수 있는 곳 • 육역이용에 제한이 없을 것
지역 요구	상위계획	• 상위계획 및 관련 계획에 적합한 곳
	주민요구	• 이해 관계자와 민원 해결하기 쉬운 장소
법규제		• 법규제가 없는 곳

출처 : 김남형·이한석 역, 『해양성 레크리에이션 시설』, '4장 해수욕장의 계획' 내용 정리

2) 시설계획

(1) 기본계획

해수욕장은 시설계획은 계획 대상지가 지닌 특성을 파악한 후 계획의 기본방향 및 목표를 확립하고 해수욕장 전체의 성격을 설정할 필요가 있다. 성격부여는 단순한 해수욕 기능에 덧붙여 바다가 지닌 활동성, 경관성, 쾌적성 등을 통해 사람들의 휴양·휴식의 장소는 물론이고, 이벤트나 해양문화의 연출공간으로서 활용할 수 있도록 검토할 필요가 있다. 해수욕장의 시설계획을 결정하는 데 기본적으로 검토해야 할 사항은 개발운영주체, 입지유형, 개발규모, 개발형태, 주요 이용자층, 이용기간, 활동형태 등이 있다.

(2) 조닝계획

해수욕장의 공간구조는 횡단방향으로 배후 육역, 후빈, 전빈, 수면으로 구분할 수 있으며 각각의 공간에서 발생하는 활동이 다르기 때문에 활동에 맞는 계획이 필요하다. 또한 해안선 방향으로 길이가 긴 해수욕장에서는 특성이 다른 해빈이 존재하거나 활동 내용이 다른 구역이 있을 수 있다. 이런 경우에는 해빈을 이용 상황에 따라 조닝하여 각각에 대하여 계획할 필요가 있다.

(3) 시설계획

해수욕장의 시설내용은 기본방침에 따라야 하지만 해수욕장에서 예상되는 활동 특성을 고려하고 활동 간의 상관관계 등을 토대로 결정할 필요가 있다. 해수욕장의 시설은 해수욕을 위한 고유 시설과 관련 시설로 이루어진다. 해수욕장에서 요구되는 시설을 정리하면 표 7.8과 같다.

표 7.8 해수욕장의 시설

시설구분		주요 시설
고유 시설	기본시설	해빈(육역), 유영구역(수역)
	유영시설	유영구역 표시시설, 해상휴식, 다이빙대, 워터슬라이더(물미끄럼틀)
	휴식·편의시설	바다의 집, 비치하우스(탈의·로커·샤워),휴게소, 벤치, 옥외샤워, 식수·세면장, 변소, 식당, 매점, 공중전화, 쉘터
	관리시설	관리사무소, 구급실, 감시대, 이동파출소, 안내소, 방송설비, 구조선
	환경시설	배수설비, 조명설비, 청소설비(비치 크리너 등), 깡통 및 쓰레기 소각로
	교통시설	주차장, 버스터미널, 교통 안내소
	부수시설	해변 스포츠 시설(비치발리볼 등), 해변레저시설(바베큐 광장 등), 주유시설(보트·요트·보드세일링·수상오토바이 등), 산책시설(보드워크·산책로 등)
관련 시설	공원시설	식재, 잔디, 파고라, 정자
	숙박시설	호텔, 여관, 민박, 펜션, 별장, 공공숙박시설
	기타 관련 시설	마리나, 낚시시설, (오토)캠핑장, 담수풀장, 수족관, 유원지, 육상스포츠시설, 롤러스케이트장

출처 : 김남형·이한석 역, 『해양성 레크리에이션 시설』, '4장 해수욕장'

3) 규모계획[19]

해수욕장의 시설규모는 장래 수요를 검토하고 해당입지의 유인력, 수용능력 등을 감안하여 입장객 수를 설정하고 이에 따라 산정한다.

(1) 입장객수

해수욕장 입장객수의 수요예측 방법은 명확하게 정의된 것은 없으나 일반적으로 해당입지 특성을 고려하여 유치권역을 설정하고, 설정된 유치권역 인구를 토대로 유치권역의 수요를 산출한다. 다음으로 이를 이용하여 유치권역 내에 입지하는 다른 해수욕장 및 레저시설과의 분배를 고려하여 잠재 입장객수를 산출한 후, 계획대상 해수욕장의 수용능력에 적합한지를 검토하는 방법을 사용한다. 관광객의 유입이 많은 지역이나 숙박체류형 대규모 해변리조트가 있는 경우에는 방문객 특성을 고려한 수요예측이 필요하다.

19 김남형·이한석 역, 앞의 책, '4장 해수욕장' 인용.

① 유치권역 수요산출

• 유치권역 수요(연간) = 유치권역 목표연도 인구 × 발생원단위

여기서, 발생원단위 = 참가율 × 참가횟수
　　참가율 : 활동을 1년간에 1회 이상 행했던 사람의 비율
　　참가횟수 : 활동을 행했던 사람의 1인당 연평균 활동 횟수

② 잠재 입장객수 산출

잠재 입장객수는 유치권역 수요 중에서 해당 입지에 방문 가능성이 있는 수요이며 근처에 다른 해수욕장이 있는 경우에는 그들과의 수요 분배에 의해 결정된다. 수요 분배는 해당 입지의 해빈의 규모, 경관, 수질, 파랑, 접근성, 관련 레저시설의 유무 등의 요인에 의한 매력도 또는 유인력을 감안하여 검토하는 것이 바람직하다.

③ 해빈면적

입장객수에 의한 필요 해빈면적은 다음 식으로 산출할 수 있다.

• 필요 해빈면적 = 잠재 입장객수 × 최대일 집중률 ÷ 회전율 × 입장객 1인당 필요한 해빈면적

여기서, 최대일 집중률 : 최대일 입장객 수 ÷ 연간 입장객 수
　　회전율 : 해수욕장 1일의 활동시간 ÷ 입장객 1인의 평균 체류시간

각 원단위는 해수욕장 이용객 실태조사 등 실적 조사자료를 참고로 결정하는 것이 좋다. 일반적으로 최대일 집중률은 5~15%를 적용하며, 회전율은 1.0~1.5회/일이 사용된다. 또한 1인당 해빈면적은 일본에서는 $7m^2$/명, 미국에서는 $13m^2$/명을 적용하고 있다.

(2) 시설규모

해수욕장의 기본시설 및 관련 시설의 규모 산정 시 현장조사를 통한 실측값을 적용하여 시설규모를 산정한다. 여기에서는 보편적으로 사용되는 산출방법과 원단위 값을 기준으로 시설규모 산출방법을 제시하였다.

① 기본시설

- 해빈 : 해빈은 해수욕장에서 입장객이 체재하는 장소이며 그 평면적 규모는 해빈 넓이와 해빈 총길이로 나타낸다. 필요 해빈면적은 해빈 폭 × 해빈 총길이로 산출된다. 입장객의 분포는 해안선으로부터 30m 정도에서 대부분의 사람이 활동하고 있으며 약 50m를 넘는 곳의 이용은 매우 적은 것으로 조사된 바 있다. 따라서 해빈 폭은 30~60m가 적당하다.
- 유영구역 : 유영구역의 폭은 해저지형조건 및 해면 이용 상황 등의 제약조건과 유영·보트 등 활동조건을 감안해 결정한다. 해수욕장의 수역이용은 해안선에서 20m 이내의 범위, 수심 1.0~1.5m의 범위(보행가능수역)에 집중된다. 이 보행가능수역을 1인당 3~15m^2 정도 확보하는 것이 바람직하다.

② 휴식·탈의시설

각 시설의 소요면적은 다음 식에 의해 산출할 수 있다.

- 각 시설의 소요 면적 = 계획 이용자수 × 이용률 ÷ 회전율 × 1인당 소요면적(× 동시 체재율)

- 휴게소 : 휴게소의 이용률(휴게소 이용자수 ÷ 해수욕장 이용자수)은 해수욕장에 따라 편차가 크지만 일반적으로는 입장객수가 많을수록 이용률은 저하된다. 이용률의 기준은 표 7.9에 나타낸 것과 같다. 휴게소의 회전율은 7회/일(이용시간 1시간/1일 활동시간 7시간)로 생각할 수 있으며 1인당 소요면적은 일반적으로 2.1m^2/명이다.

표 7.9 휴게실 이용률

휴게실 이용자수	휴게실 이용률
3,000명	0.3
10,000명	0.2
30,000명	0.1
100,000명	0.05

출처 : 김남형·이한석 역, 『해양성 레크리에이션 시설』, '4장 해수욕장'

- 탈의실 및 라커실 : 탈의실, 라커실의 이용률 역시 해수욕장에 따라 편차가 크지만 일반적으로 각각 0.9, 0.6을 사용한다. 회전율은 40~50회/일로 생각할 수 있으며, 1인당 소요면적은 일반적으로 각각 0.7~1.0m^2/명, 0.2m^2/명을 적용한다.
- 샤워실 : 샤워실의 이용률은 0.9, 회전율은 70~80회/일이며, 1인당 소요면적은 1.6~2.3m^2/

명을 일반적으로 사용한다.

- 화장실 : 화장실은 남성용과 여성용을 구분하여 검토하여야 하며 이용률, 회전율 및 필요면적은 다음 표 7.10과 같다.

표 7.10 화장실 계획사항

구분		이용률	회전율	변기 1개당 필요면적
남자 화장실	대변기	1.0	100~150회/일	3~4m^2
	소변기	1.0	100~150회/일	2~3m^2
여자 화장실		1.0	30~50회/일	3~4m^2

출처 : 김남형·이한석 역, 『해양성 레크리에이션 시설』, '4장 해수욕장'

- 레스토랑 : 레스토랑의 이용률, 회전율, 1인당 소요면적은 각각 0.1, 7회/일, 10~15m^2/명을 일반적으로 적용한다.

③ 주차장

주차장의 소요면적은 이용권역 내 대도시와의 거리, 이동시간, 도로사정에 따라 자동차 이용률 등 원단위가 크게 달라지기 때문에 인근 해수욕장의 실적을 조사해 설정하는 것이 바람직하다. 기본적으로는 다음의 식으로 산출할 수 있다.

- 소요 주차장 면적 = 계획 이용자수 × 자동차 이용률 ÷ 회전율 ÷ 1대당 승차 인원수 × 1대당 소요 면적

자동차 이용률은 70~90%로 설정하는 것이 일반적이며 회전율은 1.0~1.5회/일로 해빈과 거의 같이 설정하는 것이 가능하지만 해빈의 회전율보다는 약간 작게 설정하는 것이 바람직하다. 1대당 승차 인원수는 3~4명이 타당하며, 1대당 소요면적은 승용차 25m^2/대, 버스 50~55m^2/대가 일반적이다.

이미 주차장이 정비되어 있는 경우나 공터를 이용하여 시즌에만 운영하는 민간 주차장이 있는 경우가 있으므로 이들과 조정할 필요가 있다. 또 주차장은 광대한 면적을 필요로 하기 때문에 비수기에는 나대지로 남아 있으므로 녹지에 의한 경관보호나 비수기에 다른 이용을 고려한다.

④ 부속시설

해수욕장 부속시설로는 스포츠시설, 레저시설, 유람시설, 산책시설 등을 들 수 있다. 해수욕장에 딸린 이러한 시설을 정비하기 위해서는 각각 서로 경쟁하지 않도록 시설규모를 검토해야만 한다. 특히 해안선 방향으로 기다란 해수욕장인 경우에는 그 이동을 위한 시설이 매우 중요하며 산책로나 보드워크의 정비에 의해 편의성을 높이는 것이 필요하다. 해수욕장 부속시설의 규모 기준을 정리하면 표 7.11과 같다.

표 7.11 부속시설의 규모

활동	해역 필요 규모	원단위	항로폭	해빈 필요면적
수상오토바이	20ha(1,000 × 200m)	1~2ha/대	10m	60~70m²/대
보드세일링	100ha(1,000 × 1,000m), 레이스 해역 400ha	3~4ha/척	30m	50m²/척
딩기요트	300ha(반경 1,000m의 원형 해역), 레이스 해역 500~1,600ha	3ha/척	35m	50m²/척
로우보트	4ha(200 × 200m)	0.1~0.2ha/척	—	10m²/척
비치발리볼	—	16 × 22m~20 × 28m 국제공식경기 : 25 × 40m	—	350~530m² 국제공식경기 : 0.5~1ha

출처 : 김남형·이한석 역, 『해양성 레크리에이션 시설』, '4장 해수욕장'

4) 배치계획

해수욕장 배치계획에서 각 시설의 배치는 이용객 동선의 명쾌함, 이용의 안전성과 편의성, 각 시설간의 관련성, 또한 관리의 용이함을 충분히 배려하려 계획한다.

일반적으로 이용객의 동선은 입구에서 목적이 되는 해빈까지 최단거리로 도달할 수 있는 것이 바람직하고, 이 동선 위에 관련 시설을 배치하여 편의성을 향상시키고 혼잡이나 혼란이 생기지 않도록 한다. 특히 안전성의 측면에서는 자동차와 보행자의 동선은 교차하지 않도록 충분히 배려하고, 해역에서는 유영구역과 보트의 활동구역을 완전히 분리하는 것이 필요하다.

또 일반적으로 무리 없이 걸을 수 있는 거리는 400~500m이므로 해빈의 길이가 긴 해수욕장에서는 휴식·탈의시설이나 주차장 등 이용객이 많은 시설은 400~500m의 간격으로 분산 배치하는 것이 바람직하다.

5) 인공해빈의 계획

해수욕장은 자연해빈에 의존해 성립된다. 그러나 자연해빈으로서 충분한 규모를 확보할 수 없는 경우나 주변에 이용할 수 있는 사빈(모래사장)이 없는 경우에는 인공해빈을 조성하여 필요한 규모를 확보한다.

이 경우 양빈사(砂)의 안정과 거기에 필요한 돌제, 이안제 등의 외곽시설의 배치가 중요하며, 사빈의 평면형상은 외곽시설의 배치 및 표사, 그리고 내습하는 파랑의 상황 등을 파악해서 계획한다. 따라서 인공해빈의 계획 및 설계에 있어 양빈사의 안정에 대해 시뮬레이션이나 수리모형 실험을 실시하는 것이 바람직하다.

그림 7.26 인공해빈

6) 경관계획

해수욕장 경관계획은 새로운 해수욕장의 시설이 어떻게 기존 수변경관과 조화되는지, 혹은 보다 양호한 경관을 어떻게 창조해내는가에 달려 있다. 해수욕장 경관계획의 내용은 다음과 같다.

먼저 해수욕장은 지형적인 변화가 부족하여 경관이 단조롭다. 그래서 시선은 해안선을 따라 유도되고 그 끝부분에 있는 갑(岬)·섬 등에서 시선이 멎는다. 따라서 해안선의 형상과 시선이 머무는 갑·섬 등을 그대로 보존하고, 해안선의 자연 형상을 방해하는 구조물이 없도록 계획한다.

또한 해수욕장은 수평으로 방향성이 강해서 해안선과 수직이 되는 연직 방향의 구조물은 보다 눈에 잘 띄기 때문에 주의하여 계획하고, 해수욕장의 건물이나 구조물이 자연적인 스카이라인을 훼손하지 않도록 계획한다.

한편 해수욕장은 평탄하고 단조로운 지형이 많아서 여기에 레크리에이션시설이나 전망대, 산책로 등을 계획하는 경우에는 지형에 변화를 주어 계획하는 것이 필요하다.

해수역장의 경관골격은 수면과 해빈, 해빈과 배후지의 경계로 구성된다. 이러한 경계가 명확할수록 경관 측면에서 바람직하다. 따라서 바다로의 파노라마 경관을 저해하지 않으면서 이들 경계의 명확한 처리가 필요하다. 그러나 해빈과 배후지의 경계부분이 인공구조물이나 건물에 의해 너무 강하게 강조되는 것보다는 해변산책로나 녹지 등에 의해 단계적으로 구분되는 경계를 형성하는 것이 바람직하다.

그리고 해수욕장에서는 기본적으로는 모든 장소에서 바다를 향한 조망이 확보되어야 하며, 특히 섬이나 건너편 해안으로의 조망이 방해받지 않도록 계획한다. 또한 해수욕장에 보행로나 도로를 계획하는 경우에는 해빈을 조망할 수 있도록 배치하고 바다를 향해 연속적인 시퀀스(sequence) 경관을 즐길 수 있도록 계획한다. 특히 해수욕장 배후에 수림이 존재하는 경우에는 수목을 통해 해빈을 바라보다가 점차 수림을 벗어나면서 파노라마 경관을 접하도록 시퀀스 경관을 연출하는 것이 필요하다.

그림 7.27 해수욕장 해빈과 배후지 경계

7) 관리운영계획

(1) 관리운영주체

해수욕장의 관리운영은 이용객의 쾌적성·안정성·편의성이 확보되도록 계획단계에서 관리운영주체를 결정해야 한다. 일반적으로 해수욕장의 해빈은 국유재산이며 국가 및 지방자치단체가 관리권을 가지고 있다. 하지만 해수욕장에 조성되는 개별 시설에 대하여 각각의 관리운영주체가 다르기 때문에 충분한 협력이 이루어지도록 조정한다.

(2) 안전관리

해수욕장 관리운영에서 가장 중요한 것은 이용객의 안전을 확보하는 것이다. 그러므로 안전관리는 계획단계에서부터 해수욕장이 조성되고 운영되는 단계 전반에 걸쳐 지속적으로 검토되어야 한다.

안전관리는 사고를 미연에 방지하는 것과 사고가 일어났을 때 피해를 저감하거나 신속하게 대응하는 것으로 나눌 수 있다. 따라서 계획단계에서는 예상되는 재해에 대한 피난경로 및 피난

시설의 계획이 필요하며, 운영단계에서는 재난발생에 따른 정확한 정보수집과 재난사항을 신속하게 전달할 수 있는 관리체계를 구축해야 한다.

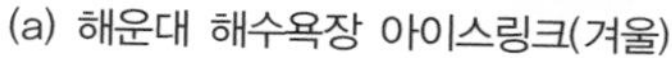
(a) 해운대 해수욕장 아이스링크(겨울)

(b) 송도 해수욕장 해상산책로(사계절)

그림 7.28 해수욕장 계절성 극복방안

(3) 사업화계획

해수욕은 여름철에 이용이 집중되는 계절성 레저이기 때문에 이 계절성을 극복하고 사계절 충분한 이용객을 확보하는 것이 해수욕장 사업화계획에 중요한 요소가 된다. 또한 다양한 해양레저에 대한 요구가 증가하고 있어서 단순히 해수욕 중심의 운영으로는 경쟁력을 확보하는 데 어려움이 있다. 따라서 해수욕장의 이용률을 높이고 충분한 사업성을 확보하기 위해서는 관리운영주체를 비롯한 지역 주민의 협력이 필요하다.

사업성 확보를 위하여 해수욕장의 전반적인 서비스 질을 향상시킬 필요가 있으며, 대회·축제·교육 등 이벤트 개최, 적극적인 홍보활동 등을 바탕으로 이미지 제고가 필요하다.

또한 지속적인 환경관리를 통한 쾌적한 환경을 제공하고, 지역 내 다양한 관광자원과의 연계를 통해 관광 및 레저의 다양성을 확보하는 것이 필요하다. 이러한 활동을 통해 해수욕장의 새로운 매력을 창출하고 사계절 이용이 가능한 해수욕장으로 변화를 계획해야 한다.

7.8 수변레저공간의 개발방향

7.8.1 현황 및 문제점

현재 해변에는 다양한 복합리조트가 건설되고 있으며, 해양레저기지라고 할 수 있는 마리나가 많이 생겨나고 있다. 특히 정부에서는 해양레저용 거점항을 조성 중이며, 연안에 위치한 지방자치단체는 경쟁적으로 마리나와 해변리조트를 정비하고 있는 형편이다.

또한 국가에서는 쇠퇴해가는 어촌·어항을 활성화하기 위해 관광레저용 다기능어항이나 어촌체험마을을 개발하고 바다낚시공원을 추진 중에 있다. 그리고 항만공간의 재생을 통해 도시의 친수공간과 해양레저공간을 확충하고 있으며 「해수욕장의 이용 및 관리에 관한 법률」을 통해 해양레저의 중심시설인 해수욕장의 관리에 노력하고 있다.

한편 민간에서도 플로팅 시설물을 이용하여 해상호텔이나 해상콘도 등 다양한 해양레저시설의 조성을 시도하고 있다. 그러나 해양레저의 활성화를 위한 법제도가 아직 미비한 상황이다. 특히 수역을 이용한 시설이나 플로팅 시설물의 건설을 위한 법제도가 미비하여 허가, 등기 및 재산권 설정, 안전관리 등에 문제점이 있다.

또한 해양레저를 담당하는 부서가 혼재되어 있어서 해양수산부, 문화관광체육부, 국토건설교통부, 지자체 등이 서로 중복하여 담당함으로써 해양레저시설의 허가를 비롯한 해양레저 전반에 걸쳐 사업 진행에 어려움이 있다.

그리고 해양레저를 위한 다양한 기반시설이 부족하며 특별히 해양레저에서 사용하는 장비가 부족하고 구조 및 구난을 위한 안전시설이 전반적으로 미흡한 형편이다.

무엇보다 해양레저를 위해서는 육역 및 수역의 자연조건과 이용형태, 배후지역과의 연관성, 수변에의 접근성, 친수성, 수질과 해양생태계의 보전, 해안경관, 기존 관광레저의 상황 등을 종합적으로 검토하여 최적 입지를 선정하고 적절한 기능과 규모를 갖추어야 하지만 어업 활동에 위한 수역점용, 항만구역·군사보호구역·자연보호구역·수산자원보호구역 등의 지정으로 인해 최적의 입지를 확보하는 데 어려움이 많다.

한편 해양레저를 위해서는 기온이나 바람 등 자연조건이 매우 중요한데 우리나라의 경우 해양레저에 적정한 여름철이 비교적 짧고 그 기간마저도 장마와 태풍 등으로 인해 활동기간이 상당히 제한되어 있어서 초기 투자비와 관리운영비가 많이 소요되는 해양레저의 특성상 투자가 활성화되지 못하고 있다.

또한 정부는 지역균형발전 차원에서, 그리고 연안에 위치한 지방자치단체는 지역발전을 위한 수단으로서 해양레저공간의 조성을 계획하고 일부에서는 이미 시행하고 있다. 그러나 단기간의 성과를 위한 무리한 개발로 해안경관 및 자연생태계를 파괴하고, 시설수요를 제대로 예측하지 못하여 계획대로 건설하지 못하거나 건설한 후에도 제대로 활용하지 못하는 경우가 많다.

이와 함께 민간인들 역시 해변리조트를 비롯한 해양레저공간을 무분별하게 조성하고 있어서 해변의 난개발에 다른 자연환경의 훼손 및 지역 고유의 해양문화 파괴가 우려되는 형편이다.

해양레저는 종류도 다양하고 유형별로 시설규모나 성격이 크게 다르기 때문에 활동여건, 지역의 자연조건, 배후지와 연계성, 수역의 조건 등을 종합적으로 검토하여 적절한 시설종류와 규모 등을 결정해야 하나 실제적으로는 지역별로 시설의 중복계획, 과다 투자, 하드웨어 중심의 계획 등 문제가 발생하고 있다.

특히 해양레저는 요트나 보트를 비롯하여 다양한 장비 및 기구를 이용하므로 새로운 레저용 장비의 개발이 필수적이며 일반인이 쉽게 장비를 구입·이동·계류할 수 있는 기반시설의 확충도 요구된다.

또 해양레저는 단일 활동보다 다양한 해양관광레저를 함께 즐기기 위한 복합적 환경을 정비해야 하며, 레저시설 이외에 숙박시설, 상업시설, 주거시설 등이 혼합된 복합단지로 개발해야 함에도 불구하고 특정한 단일 시설을 중심으로 규모가 작고 빈약한 구성의 시설개발이 이루어지고 있다.

그림 7.29 해양복합생활공간

출처 : 해양수산부, '미래형 해양복합생활공간 조성방안 연구'

7.8.2 개발방향

해양레저공간은 해양복합생활공간(커뮤니티)을 목표로 하여 계획하는 것이 바람직하며, 다양한 해양레저가 가능하고 특히 주거시설 및 상업시설이 함께 정비되어 사계절 집객이 가능한 공간으로 계획한다.

이를 위해 해양레저를 위한 일관된 법체계를 정비하고 관련 행정체계를 해양수산부와 지방자치단체를 중심으로 일원화하는 것이 바람직하며, 특히 다양한 개발주체(정부, 지자체, 기업 등)가 참여할 수 있는 제도적 여건 마련이 시급하다.

현재 해양레저의 참여율이 높은 해수욕장의 기반시설(예를 들어, 일본의 경우 '바다의 집' 등)

을 비롯하여 바다낚시 전용피어 등 다양한 해양레저시설을 지역적 특성에 맞게 중복되지 않도록 정비할 필요가 있다.

또 수역매립이나 자연지형의 변화를 가져오는 대규모 해양레저공간의 건설을 지양하고 충분한 수요조사, 지역적 여건 등을 고려하여 적정규모의 개발 계획수립이 필요하며, 철저한 사전계획(개발, 금융, 관리 등)에 의해 장기간에 걸친 단계적 개발계획이 수립되어야 한다.

그리고 해양레저가 일어나는 수변지역의 특성과 고유의 해양문화를 반영하여 특색이 있는 시설구성 및 시설규모로서 경쟁력이 높은 공간으로서 계획하고, 인근지역의 기존 혹은 계획 중인 공간과의 연계방안을 고려하여 상호보완적인 시설이 되도록 해야 한다.

특히 해양레저시설은 특수한 시설로서 설계 및 시공에는 특별한 기술이 필요한 경우가 많으므로 시설유형별로 새로운 설계 및 시공기술의 개발과 시설기준 및 실무지침서 등의 개발이 필요하다.

해양레저를 위한 공간 및 시설은 주변 해양생태계 및 해안경관을 훼손하지 않고 오히려 새로운 친수환경을 창조할 수 있도록 계획하며, 지속 가능한 환경이 되도록 기후조건, 수질 확보, 생태환경 등을 고려한다.

더욱이 해양레저공간은 기본적으로 친수공간으로서 계획하여 이용자가 물과 쉽게 접촉하여 친해지고 물이 주는 긍정적 효과를 충분하게 경험할 수 있는 공간과 시설의 계획이 요구되며 주야간 아름다운 해안경관을 창조할 수 있도록 계획한다.

한편 해양레저공간의 디자인은 전문적인 해양디자인분야로서 이용자의 쾌적함을 위한 시설디자인, 수변의 어메니티를 위한 디자인, 즐거움을 주는 비일상적 디자인, 모든 사람들이 안전하게 사용할 수 있는 유니버설디자인 등이 필요하다.

해양레저공간의 계획에서는 해당 연안의 자연환경자원, 생물자원, 공간자원의 특성을 면밀하게 조사하여 적극 활용하도록 하며, 환경부하의 증대를 초래하는 것이나 안이한 인공물의 도입은 피하고 수변공간으로서의 특징과 분위기를 살리도록 계획한다.

특히 우리나라에서는 해양레저를 주로 낙후된 해안지역의 균형발전 등 지역개발의 관점이나 지역 경제의 활성화 등 경제적인 관점에서 주로 접근하고 있으나, 최근 세계적으로 해양레저의 개념을 새롭게 정의하는 키워드로서 자원·정서·문화·복지 등이 부각되고 있다.

해양레저는 바다의 자연자원과 기존 인공자원을 친환경적으로 활용하여 인간에게 정서적 감동을 주고 삶의 질을 향상시키는 문화적 체험활동으로 개념을 새롭게 정의할 수 있으며, 이러한 해양레저를 통해 현대인들이 진정한 치유와 복지를 이룩할 수 있다.

따라서 지금까지 해양레저에 대해서는 공간 및 시설 관련 하드웨어에 중점을 두었다면 앞으로는 정서적 감동을 선사하는 문화적 체험활동으로서 해양레저를 목표로 정책·경영·운영·관리 등 소프트웨어에 더 많은 관심이 필요하다.

또한 해양레저를 위해 해양과학기술(Marine Technology)뿐 아니라 해양디자인(Marine Design)이 중요한 분야로 떠오르고 있다. 해양과학기술은 자원(자연자원 및 인공자원)을 친환경적으로 활용 또는 재활용하는 기술이며 주로 자원의 입장에서 접근하는 기술이라고 할 수 있다.

한편 해양디자인은 인간의 입장에서 사람들이 정서적 감동을 느끼고 문화적 체험을 할 수 있도록 만드는 기술을 의미하므로, 새로운 개념의 해양레저를 위해서는 해양과학기술과 해양디자인이 융합되어 적용되어야 한다.

그림 7.30 해양디자인

결국 해양레저는 하드웨어 및 소프트웨어, 해양과학기술과 해양디자인이 융합하여 새로운 분야의 개척과 신기술의 개발이 요구된다. 이러한 측면에서 새롭게 부각되고 있는 해양레저공간은 다음과 같다.

① 해양수산자원 활용 – 자연자원 이용(테라소세라피공간, 염생식물원, 바다낚시공원 등)
② 신 개념 선박 및 해양구조물 활용 – 부유식 구조물, 해중관광선박, 기존선박이용(부유식 친수공간, 선박박물관, 낚시공원 등)
③ 도서 및 어촌·어항 활용 – 공간 및 시설자원 이용(마리나, 피셔리나, 어촌체험공간, 도서 및 그 주변 해양공간 등)
④ 해양에너지 활용 – 에너지자원 이용(해양에너지공원 등)
⑤ 해양공간 활용 – 해상, 해중, 해저의 공간 이용(해중공원 등)
⑥ 바다의 정서적 활용 – 바다의 독특한 정서적 성질 이용(바닷가 경관감상 및 산책을 위한 프레저피어, 전망대, 해상크루즈선박, 해중호텔 및 레스토랑 등)

CHAPTER 08

항만재개발

CHAPTER 08

수변공간계획

항만재개발

8.1 항만재개발의 개념

8.1.1 항만[1]

항만이란 선박이 화물이나 승객을 싣고 내리는 부두와 화물의 저장시설을 갖춘 공간이다. 항만은 오래전부터 생활, 이주, 전쟁 등에서 중요한 역할을 했지만 현재 모습의 항만은 상업혁명(commercial revolution)[2]과 더불어 시작되었다고 할 수 있다.

상업혁명 이전의 초기 항만은 자연적인 해안선 형태와 수심에 맞추어 선박들이 정박하는 장소에 불과하였으며 입항 가능한 선박의 규모는 한정되었다. 이런 항만은 전쟁과 자원채취, 그리고 제한적인 무역의 통로였다.

그러다 항만은 선박에게 정박 장소를 제공하고 기타 편의를 제공하기 위해 기반시설을 설치하게 되었다. 결국 항만은 선박의 정박 및 편의 제공을 위한 기반시설로 변모하게 되었고 이와 함께 물건과 사람과 문화의 교류를 위한 매개 역할을 하게 되었다.

항만과 도시와의 관계는 항만 배후에 교역을 위한 시장이 들어서고 그 시장이 점차 도시의

1 김춘선 외, 『항만과 도시』, pp.32~34 참고.

2 상업혁명은 15세기 말 대항해시대에서 산업혁명까지 일어난 유럽의 상품유통과 소비의 일대 전환을 의미함.

중심이 되면서 시작되었다. 이와 함께 항만 주변에 항만 종사자, 상인, 시민들의 주거지가 들어서고 이곳이 활동의 구심점이 되면서, 항만과 도시의 공존이 시작되었고 상호 의존성 및 연계성이 높아져갔다.

상업혁명 이후 세계로 확산된 무역이 급속히 성장하면서 항만의 역할은 커졌으며, 항만은 시장, 창고, 주거지, 그리고 광장을 지니고 있는 일종의 작은 도시 역할을 수행했다. 뒤이어 일어난 산업혁명은 이러한 변화에 불을 지폈고 그 중심에 있던 항만의 성장도 가속화되었다.

그림 8.1 항만의 모습

그러나 항만의 발달이 모두 같은 유형을 보인 것이 아니라 항만의 성격에 따라 전혀 다른 특성을 가지기도 하였다. 특히 식민 국가와 피식민 국가들의 항만은 그 형태가 크게 달랐다. 식민 국가들의 항만은 어업용이나 군사용 항만 등이며 오랜 역사를 가진 장소에 위치한 반면에, 피식민 국가들의 항만들은 지리적으로 유리한 장소에 새롭게 건설되었으며, 수심이 깊고 대규모 공간을 보유하며 배후지역과 연결이 원활했다.

한편 산업사회에서 항만은 물류거점으로서 항만도시의 부(富)를 창출하는 근원지였다. 그러나 부를 창출하는 과정에서 환경훼손과 오염이 발생했으며, 오늘날에는 도시의 소외된 공간으로 남게 되었다.

탈산업사회에서 항만은 도시와 다시 통합되고 있다. 산업지역이었던 항만이 도시의 활력을 모으는 생활의 중심이 되고 도시 이미지를 재창조하며 사람들을 끌어들이는 곳이 되고 있다. 이제 항만은 도시의 오래된 해양문화를 표현하고 즐기는 곳이며, 풍요로운 삶을 제공하는 문화활동의 중심지이다.

반면에 항만은 도시로부터의 접근성이 떨어지고, 태풍이나 해수면 상승 등 자연재해에 취약하며, 도시기반시설이 제대로 정비되지 못하여 도시공간으로 사용하기에 불리한 공간이기도 하다.

오늘날 삶과 문화의 중심축은 육지에서 바다로 옮겨가고 있으며 이러한 맥락에서 항만의 사회적 가치가 상승하고 있다. 이에 따라 항만에 대한 새로운 인식과 가치관의 정립이 요구된다.

8.1.2 항만도시

항만도시(port city)란 항만을 중심으로 형성되고, 항만 기능에 크게 의존하고 있는 교역 중심의 도시를 의미한다. 따라서 항만의 발전은 항만도시의 발전에 중요한 영향을 미치는 요인이다. 항만의 변화와 항만도시가 성장하는 일반적인 패턴을 정리해보면 다음과 같다.[3]

처음에는 화물선과 여객선을 위한 천혜의 항구가 존재하며 이 항구에 소규모 목제부두(jetty)가 건설된다. 거주지는 자연해안에 면하여 부두를 중심으로 구성된다.

다음 성장단계에는 항구에 선박이 정박할 수 있는 부두(pier)가 제대로 만들어지고 많은 건물과 주택들이 격자 모양의 항구거리를 따라 세워지며 해안도로, 방파제, 안벽들이 건설된다.

그 다음 단계에는 거주지역이 빠르게 팽창하여 도시가 되고, 항구는 항만으로서 모습을 갖추게 된다. 해안도로는 도시의 번화가로 바뀌고 창고나 그 밖의 건물들이 해변에 열을 지어 나타난다.

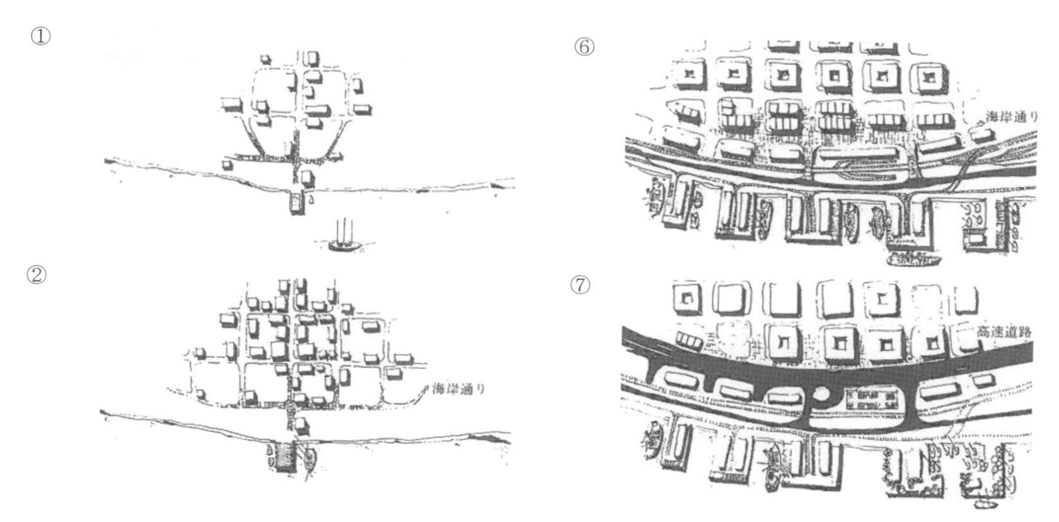

그림 8.2 항만변화의 패턴

3 Laurel Rafferty and Leslie Holst, 'An Introduction to Urban Waterfront Development' 참고.

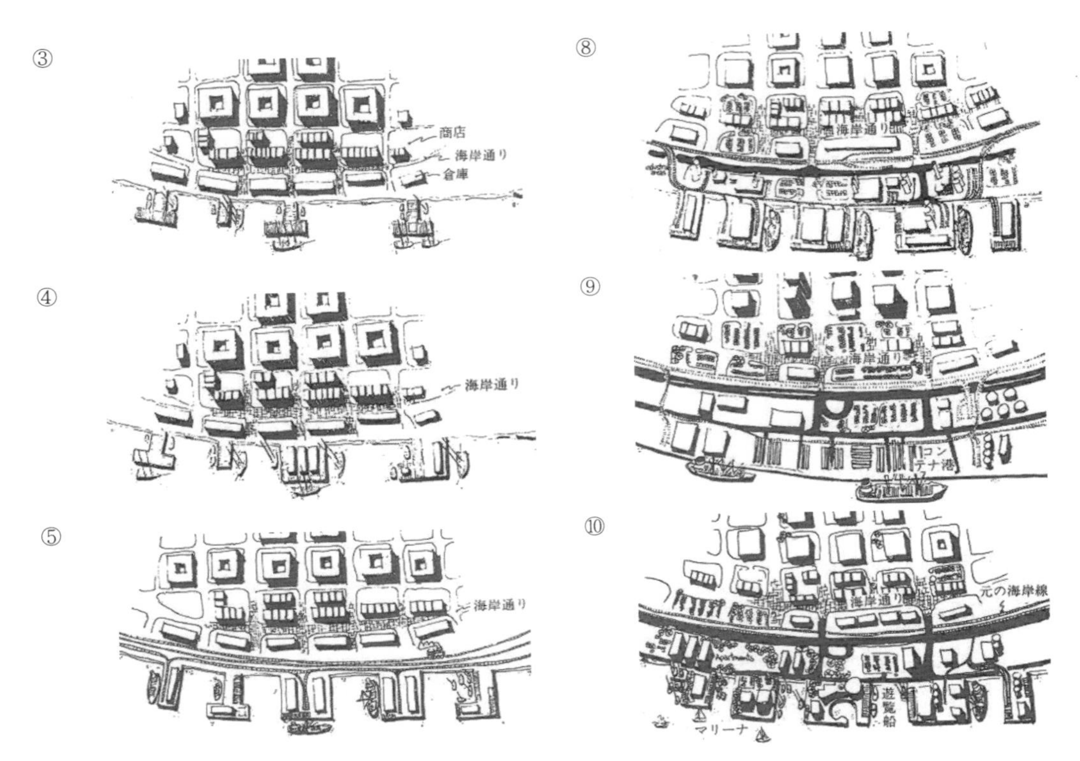

그림 8.2 항만변화의 패턴(계속)

출처 : ダグラス·M·レン著, 『都市のウォーターフロント開発』, pp.18~19

이어서 대형 선박의 출현으로 무역이 급속히 증가하며 항만에는 매립으로 인해 큰 부두가 만들어지고 정박시설과 계류시설들이 확장된다. 한편 항만의 팽창으로 인해 도시와 바다 사이는 점점 멀어진다.

이와 함께 항만에는 더 많은 창고와 시설물이 건설되고, 철도가 등장하면서 항만은 획기적으로 성장한다. 특히 철도의 도입으로 도시와 바다는 사실상 단절된다.

항만이 계속 확장됨에 따라 도시는 바다와 사실상 분리되고 항만과 그 주변은 통행이 어려울 정도로 교통이 혼잡해진다. 이런 혼잡을 피하기 위해 항만 주변에는 고가(高架)도로나 도시고속도로 등이 설치된다.

이러한 확장 및 발전 과정을 거치면서 항만의 규모가 아주 커지며 이와 함께 도시도 복잡해지고 확장된다. 그러면서 항만과 도시사이에는 공간, 환경, 교통 등의 측면에서 갈등의 양상이 분명하게 나타난다.

결국 항만은 기존의 위치를 버리고 수심이 깊고 배후 부지가 넓은 도시 외곽으로 이전하고, 항만이 떠나간 그 공간은 본격적으로 도시기능에 편입된다.

이상과 같은 과정은 국내 항만도시에도 적용되며 결국 지금의 항만은 도시와 단절되고 도시구조에 부적합한 상황이다. 이것은 항만을 문화적 정체성과 창의성이 살아 있는 새로운 도시수변으로 재생해야 함을 뜻한다.

이와 같이 우리 항만은 더 이상 물류공간으로만 머물지 않고 시민들이 가까이 갈 수 있으며 그곳에서 거주하고 일하며 즐길 수 있는 도시의 일부분이 되어야 한다. 그동안 항만도시가 산업도시였다면 앞으로는 해양문화도시가 되어야 하며, 이를 위해 항만은 친환경적 해양문화도시의 중심이 되어야 한다.

도시 경쟁력은 시민의 삶의 질에 달려 있다. 따라서 항만도시의 미래는 삶의 질적 수준을 높이는 생활환경의 정비와 글로벌 교류를 위한 적절한 거점을 마련하는 데 달려 있다. 즉, 항만도시의 미래는 항만을 어떻게 재개발하여 도시환경을 개선하고 교류의 거점이 되게 할 것인가에 달려 있다고 하겠다.

8.1.3 항만재개발

항만재개발은 항만을 재생시키는 사업으로서, 항만을 도시공간으로 다시 조성하여 공공의 접근성을 확보하고 해변의 생태적 안정화를 꾀하며 도시의 경제적 활력을 되찾으려는 목적을 가지고 있다. 즉, 항만재개발은 항만도시의 정체성에 부합하면서 동시에 도시의 질(質)을 높여서 도시의 가치를 향상시키는 데 의미가 있다.

항만재개발은 항만도시재생[4]의 가장 효과적인 수단으로서, 항만도시를 둘러싼 국제적 환경에 대응하고 새로운 경제적 기회를 포착하며 시민을 위한 공공장소를 조성하여 도시 이미지를 향상시키는 도시 프로젝트이다.

도시공간 측면에서 항만재개발은 본질적으로 도시 수변과 관계된 사업이다. 항만이 차지하던 수변을 생활환경과 친수공간으로 정비하고 교통 및 정보통신 시스템 등 도시기반시설을 개선하여 새로운 정보와 문화를 수신·발신·교류할 수 있는 창의적 도시공간으로 재생하는 것이다.

대규모 무역항뿐 아니라 어항이나 작은 항구들도 주변 여건이 변하고 주된 생산 활동이 쇠퇴함에 따라 친수공간을 비롯한 다목적 도시공간으로 재개발되어 시민과 관광객에게 어메니티(amenities)와 레저를 제공하는 매력적인 수변으로 변모하고 있다.

그러나 항만재개발은 항만에서 일하던 노동자들의 일자리와 항만 인근에서 살던 주민들의 주

4 '도시재생'이란 첨단산업의 도입 및 신도시 개발 등으로 낙후된 기존 도시에 새로운 기능을 도입·창출하여 쇠퇴한 도시를 새롭게 경제적·사회적·물리적으로 회복시키는 도시사업을 의미함(PMG 지식연구소, 시사상식사전 참고).

거지를 빼앗으며, 항만으로서의 장소성과 역사를 상실하는 부정적 측면도 가지고 있다.

결국 항만재개발은 도시와 항만의 진정한 통합, 깨끗한 자연환경의 회복, 그리고 항만재개발로 발생한 이익의 고른 분배 등에 그 성패가 달려 있으며, 항만재개발로 조성된 특색 있는 수변은 항만도시의 경쟁력 향상에 큰 역할을 하게 된다.

(a) 이탈리아 제노바 항

(b) 영국 카디프 항

그림 8.3 항만재개발지역

8.2 항만재개발의 현황

8.2.1 항만재개발의 배경

항만도시에서 항만과 그 주변은 도시 발전의 원동력으로 작용했으나, 최근 항만을 둘러싼 환경이 급격하게 변화하고 도시가 성장·확대되어 감에 따라 항만은 원활한 도시기능을 가로막는 장애가 되기에 이르렀다.

도시 중앙부에 항만이 입지함에 따라 교통문제 및 가용용지의 부족 등 여러 가지 도시문제가 발생하였고 따라서 항만의 공간 및 시설 재배치와 함께 도심 항만의 재개발에 많은 관심이 집중되었다. 현재 항만도시에서 항만으로 인해 발생하는 문제들을 짚어보면 크게 다음과 같이 요약할 수 있다.

첫째, 항만이 도심에 입지함으로써 교통 혼잡, 용지난과 같은 고질적인 도시문제가 발생하고 이와 함께 항만 공간의 협소로 인해 화물처리가 원활하지 못하다.

둘째, 항만이 도심 수변을 차지함으로 인해 시민을 위한 친수공간이 부족하고 도시 수변공간의 효율적인 활용이 어렵다.

셋째, 항만을 드나드는 화물차량의 도심 통과로 인해 도시 환경이 악화되고 철도, 육상교통,

해상교통 사이에 연계가 미흡해진다.

넷째, 항만의 패쇄성으로 인해 도시 수변 전체에 걸쳐 시민이 이용할 수 있는 보행로, 녹지, 오픈스페이스 등 공공공간의 연결체계가 부족하다.

항만도시들은 이런 문제점들을 해결하여 도시 경쟁력을 향상시키고 시민들에게 쾌적한 친수공간을 제공하며 도시의 경제적 회복을 위한 바탕을 마련하기 위해 항만재개발을 적극적으로 시도하고 있다.

더욱이 항만에는 풍부한 자연환경과 다양하고 오래된 역사·문화가 존재하며 시민의 친수욕구를 충족시킬 수 있는 수변공간이 존재한다. 또한 항만에는 언제나 새로운 정보, 부가가치가 있는 정보, 특수한 정보, 개성 있는 정보가 풍성하다. 이런 잠재력으로 인해 항만은 항만도시의 삶과 문화를 재구축하는 중심지가 되고 있다.

(a) 일본 하코다테 항

(b) 호주 멜버른 항

그림 8.4 항만재개발 사례

항만재개발이 도시재생에 기여할 수 있는 가능성을 구체적으로 살펴보자.

우선 항만의 지리적 위치에서 찾을 수 있다. 항만은 도심에 위치하고 있으며 도시가 시작된 곳이기 때문에 공공교통망을 이용하여 쉽게 접근할 수 있고 시민들이 쉽게 찾을 수 있는 매우 친숙한 장소이다. 또한 항만에서는 도시를 위한 공공용지를 쉽게 확보할 수 있으며 이 광활한 수변공간은 시민들이 원하는 수변공간으로 새롭게 활용될 수 있다.

다음으로 항만은 도시에서 역사적으로 가장 오래되고 문화가 넘치는 지역이다. 항만 주변의 거리, 건물, 광장 등은 도시의 문화적 배경을 형성하며 항만지역에 생명을 불어넣는다. 이와 같이 항만은 바다와 연계하여 창의적인 수변공간을 개발할 수 있는 가능성이 무한하다.

이러한 성공 가능성을 내재한 항만이 실제 재개발로 이어지는 데는 몇 가지 중요한 요인이 있다.[5]

5 Ann Breen, Dick Rigby, 『The New Waterfront』, pp.15~17 참고.

우선 경제적 요인으로, 도시 내에 산업 공동화 현상이 광범하게 발생했기 때문이다. 항만이 기존 도심에서 이탈하는 현상이 일어나고 철도, 조선소, 공장들도 항만 주변에서 철수하면서 그 결과로 항만과 그 주변에는 커다란 빈 공간이 생기게 되었다.

다음은 사회적 요인으로, 도시가 시민과 관광객을 위한 더 많은 공공공간을 필요로 하게 되었으며 항만에 대해서도 친수공간, 레저시설, 상업시설, 문화시설 등을 요구하게 되었다.

다음으로 환경적 요인을 살펴보면, 1970년대 이후 세계적으로 경제성장보다 건강, 복지, 깨끗한 환경에 대한 관심이 일어나게 되었다. 이로 인해 항만에서도 깨끗한 환경을 만드는 것이 과제가 되었으며 특히 수질을 정화하는 노력이 가장 먼저 이루어지고 있다.

또한 항만에 있는 역사적 유물을 보존하고 재활용하려는 움직임도 일어났는데 이것은 콘크리트로 뒤덮인 도시환경에 대한 반작용이라고 할 수 있다. 또한 문화관광이 활성화됨에 따라 항만의 역사적 시설물이나 경관을 보존하고 복구하는 것이 경제적으로 타당성을 가지게 되었다.

이상의 요인들과 함께 빼놓을 수 없는 요인이 있다면 그것은 시민들이 물에 가능한 가까이 접근하고자 원하는 것이다. 지금까지 항만에는 울타리가 쳐지고 이로 인해 시민들이 물가로 접근하는 것이 어려웠다. 그러나 항만을 둘러싼 환경의 변화에 따라 시민들은 자유롭게 물에 접근하며 물가를 따라 걷고 즐길 수 있기를 요구하고 있다.

8.2.2 항만재개발의 과정

항만재개발은 항만의 발달과 성장의 결과로서 자연스럽게 발생하고 있으며, 항만재개발이 이루어지는 과정을 정리하면 일반적으로 다음과 같다.

(a) 재개발 전 모습

(b) 재개발 계획안

그림 8.5 호주 시드니 이스트달링하버 재개발계획

먼저 항만이 발달하고 성장하면서 항만기술의 발전, 선박의 대형화, 항만과 도시의 갈등, 기존 항만기능의 쇠퇴, 시설노후화 등이 발생하고 이로 인해 항만이 도시 외곽으로 옮겨가면서 기존 항만에는 유휴지가 발생한다.

이와 함께 항만의 유휴지에 대한 재개발 요구가 일어나고 지역예술가나 일부 시민들이 항만 유휴지로 이동한다. 이어서 도시재생 측면에서 항만재개발 요구가 무르익고 항만 관리 주체와 시민들 사이에 갈등이 증폭된다. 이 갈등을 해결하기 위해 정부나 지자체가 본격적으로 개입하여 토지매입이나 재개발계획수립 등이 이루어진다.

이에 따라 항만에는 도시기반시설이 정비되고 도시용지로 정비된 토지가 조성되며, 민간에서는 개발자금을 제공하여 본격적으로 재개발사업이 시작된다. 항만재개발의 결과로 항만에 새로운 주거공간, 공공공간, 친수공간, 문화공간 등이 창출되고 시민들이 자유롭게 항만을 이용하게 된다.

이상에서 살펴본 항만재개발 과정에서 일어나는 중요한 현상은 다음과 같다.[6]

먼저 항만을 시민에게 개방하는 것이다. 이것은 항만재개발의 선결조건으로서, 이를 위해 정부나 지자체 등 공공기관에서 해당 토지를 소유하고 환경을 개선하며 도시기반시설을 설치한다.

다음으로 도시에서 항만으로의 접근성이 확보된다. 특히 보행자의 접근이 중요하며 이를 위해 항만을 둘러싼 장애요소와 방해물을 제거하고 육상 및 해상 교통수단을 마련하여 쉽게 접근하도록 한다.

셋째, 항만이 도시에서 특별한 장소가 된다. 즉, 시민들이 물과 접촉할 수 있고, 물과 도시를 향해 조망할 수 있으며, 다양한 친수활동이 가능한 도시공간으로 변모한다.

넷째, 항만에서 자연환경의 회복, 특히 수질이 회복된다. 수질은 환경적인 측면에서나 경제적인 측면에서 중요한 요소로서 수질이 좋아지면 생태계가 회복되고 다양한 생명활동이 일어난다.

한편 항만도시는 수많은 세월을 통해 자기만의 독특한 방식으로 형성되어왔으며 각자의 역사와 문화를 풍성하게 가지고 있기 때문에 특정한 성공사례를 모방하는 것은 실패의 중요한 원인이 된다.

또한 항만재개발이 공급자 중심으로 진행되면서 전체적인 계획 없이 개별 프로젝트에 따라 그때마다 대응해나가는 접근방식으로는 항만의 정체성이 파괴되고 장소의 특성을 잃어버리게 된다.

그리고 항만이 수변공간으로서 가지고 있는 잠재력을 제대로 활용하지 못하거나, 수변을 향한 공공접근성에 매우 인색함을 보이거나, 혹은 넘쳐나는 오락시설·주변과 어울리지 않는 고층건물·쓸데없이 넓은 주차장·상업성 위주의 시설 등이 나타나면 실패의 가능성이 높게 된다.

6 Rinio Bruttomesso, 'Complexity on the urban waterfront', p.45 참고.

그림 8.6 항만의 친수공간

8.3 항만재개발의 사례

8.3.1 부산항 북항재개발

국내에는 그림 8.7과 같이 12개 항 16개소를 대상으로 항만재개발이 계획 혹은 시행 중에 있다. 2012년 4월 정부가 확정·고시한 '제1차항만재개발 기본계획 수정계획'에서는 전국 57개 항만 가운데 항만재개발 예정지구 12개 항 16개소 14,130,000m^{2}를 확정하였다. 항만재개발의 사업대상지와 추정사업비는 다음 표와 같다.

표 8.1 항만재개발 추정사업비(상부건축비 제외)

사업 대상	총사업비(백만 원)	사업 대상	총사업비(백만 원)
인천항 영종도	857,903	광양항	211,271
인천 내항	193,972	여수항	566,906
대천항	256,677	고현항	662,789
군산항	130,540	부산항 북항	2,038,837
목포항 내항	14,044	부산항 북항 자성대	804,049
목포항 남항	99,764	부산항 북항 용호부두	13,746
제주항	210,090	포항항	85,749
서귀포항	37,267	동해·묵호항(묵호지구)	146,631
합계		6,331,054	

출처 : 국토해양부, '제1차 항만재개발 기본계획 수정계획', p.30

그동안 정부는 2007년 6월에 「항만과 그 주변지역의 개발 및 이용에 관한 법령」을 제정·시행했으며 이 법에 따라 2007년 10월 '제1차 항만재개발 기본계획'을 수립·고시하였고 2009년 12월에는 이 법을「항만법」에 통합하였다. 항만재개발 가운데 가장 먼저 사업이 시행된 부산항 북항재개발을 자세히 살펴보면 다음과 같다.

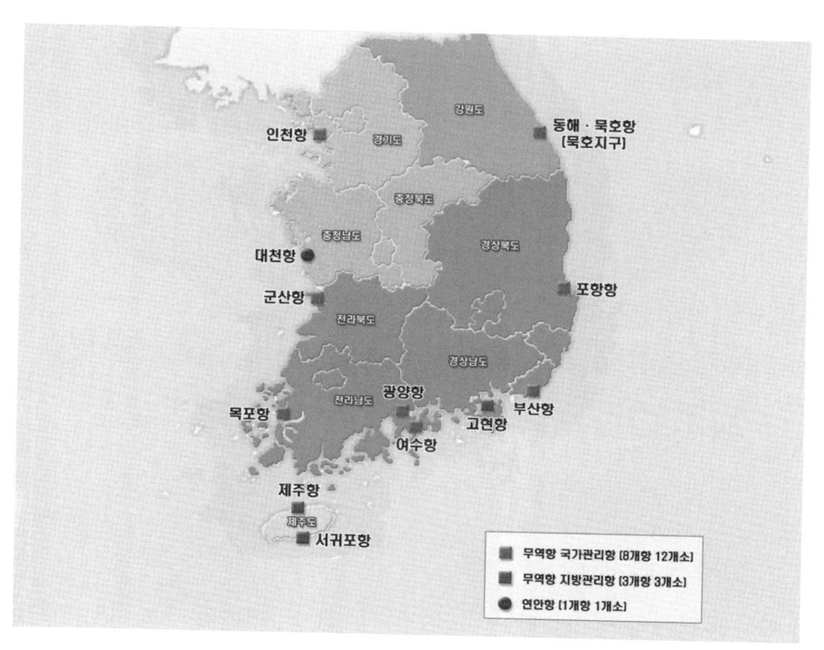

그림 8.7 항만재개발 예정구역

출처 : 국토해양부, '제1차 항만재개발 기본계획 수정계획', p.6

1) 배경 및 개요

부산항 북항은 일반화물의 처리를 위해 건설되었으나 컨테이너화물을 처리함에 따라 설계하중을 초과하는 부두 운영이 계속되었으며 이로 인해 부두시설이 파손될 위험을 가지고 있었다. 또 부산항의 컨테이너화물 급증으로 인해 일부 벌크화물을 제외하고는 부산항의 잡화화물이 점차 감소하고 있었다.

또한 부산신항 건설에 따른 물류환경의 변화와 해양관광수요의 증가로 기존 항만을 재정비할 필요성이 대두되었다. 그리고 북항의 운영이 기존의 건설목적과는 달리 컨테이너화물을 처리하면서 자체 컨테이너야드(CY)의 부족으로 부두 밖 컨테이너야드(ODCY)에 의존하였으며, 이는 시내 교통체증의 주원인이 되었다.

한편 북항은 시민들에게 바다로의 접근을 차단하고 도시성장의 제약요인으로 작용하였으며,

도시의 확장, 주 5일 근무제 확대, 삶의 질의 세계화 등의 사회변화는 도심에 있는 기존 항만의 재개발 압력을 증가시켰다.

또한 도시 측면에서 보면 북항의 여객부두를 부산역과 연계시키고 아울러 자갈치시장, 건어물시장, 롯데월드 등과 연계하여 원도심의 기능을 회복시킬 필요가 있었으며 도심의 수변에 도시기능, 해양레저기능, 시민휴식 및 여가기능이 조화를 이룬 새로운 도시공간에 대한 요구가 커졌다.

그림 8.8 북항재개발계획의 개념

출처 : 부산항만공사

이와 같이 부산항 신항의 개장에 따른 부산항 항만기능의 재편과 사회 환경 변화에 따른 개발 요구의 증대, 그리고 도심의 재생 필요 등에 따라 2007년부터 본격적으로 시행된 부산항재개발은 국제해양관광거점 육성, 친수공간 조성, 도심 재생 등을 목적으로 하고 있다.

부산 북항재개발은 도심에 위치한 부산항 북항을 대상으로 연안부두에서 4부두까지를 1단계로, 5~6부두 일원을 2단계로, 7~8부두와 영도 및 남항일원을 장기적으로 재개발할 계획이다.

2020년까지 진행되는 1단계 북항재개발은 총 사업비가 약 8조 2,600억 원(기반시설 1조 7,800억 원, 상부시설 6조 4,800억 원)이 소요되며 재개발지역은 항만지구, 국제교류·업무지구, IT·영상·전시지구, 복합도심지구, 해양문화지구 등으로 구성된다.

2) 토지이용계획

북항재개발의 토지이용계획의 기본구상은 다음과 같다.

(1) 기본방향

① 해양과 육지 거점 축을 연결하는 상징축 형성

② 수변·녹지 네트워크 형성 및 공공 교통망 도입
③ 입체적 도시형성 및 친환경 도시시스템 도입
④ 향후 자성대부두 재개발과 연계될 수 있는 계획 수립

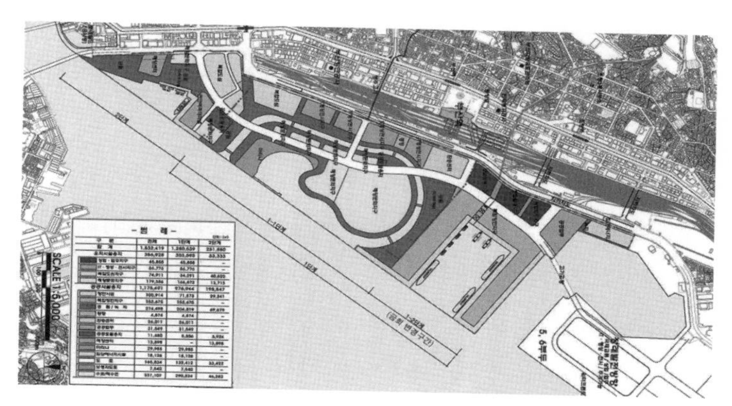

그림 8.9 북항재개발 토지이용계획안

출처 : 부산항만공사 홈페이지

(2) 토지이용계획 구상[7]

① 해양문화관광지구, 복합항만지구, 복합도심지구, 공공시설지구로 계획
② 해양문화관광지구(면적비율 25%)
- 특성 있고, 예술적인 부산의 향취를 담은 건축물 계획
- 대규모 수변공원을 조성하여 오픈스페이스 계획
- 문화 및 집회시설, 운동·위락·관광휴게시설, 업무·판매·근생시설, 숙박시설, 공원·광장 등으로 구성

③ 복합도심지구(면적비율 : 20%)
- 복합도심지구는 상업·업무지구 및 IT·영상지구를 포괄
- 원도심 인근에 도심생활권으로 계획하여 원도심과의 기능 연계
- 부산역세권과 연계된 비즈니스 공간 제공
- 공동주택, 판매, 업무, 근린생활시설 등으로 구성

④ 복합항만지구(면적비율 30%)
- 항만시설, 상업·업무시설, 여객터미널 및 공공시설 등의 복합시설 계획

7 국토해양부, '제1차 항만재개발기본계획 수정계획(2011~2012)', pp.491~492 참고.

- 항만시설(여객터미널, 부두시설), 근린생활시설, 관광휴게시설, 공원, 광장 등 공공시설 위주로 구성

⑤ 공공시설지구(면적비율 25%)

- 친수공간의 조성으로 시민 여가활동 및 관광 활성화
- 수변공원, 광장, 주차장, 마리나, 공공청사, 집단에너지시설 등으로 구성

3) 논의사항

수변공간계획 측면에서 북항재개발계획을 살펴보면 다음과 같은 문제점이 있다. 먼저 주변지역과의 연계 및 조화가 부족하다. 특히 개발밀도, 건폐율, 가로시각축 확보 등에 대한 고려가 미흡하며, 부산항 북항이 가지고 있는 정체성 및 역사성도 계획에 반영되고 있지 않다.

또한 부산항의 고유하고 독특한 개발 컨셉이 부재하며, 도시디자인, 가로공간계획 등에서 세부적인 어메니티 계획이 부족하고, 계획내용(기능, 시설 등)이 경제자유구역, 센텀시티, 동부산권관광단지 등과 중첩되어 있다. 그리고 북항을 포함한 부산항 전체에 대한 마스터플랜을 먼저 수립하고 이를 바탕으로 북항재개발이 계획되어야 함에도 이러한 노력이 부족하다.

그림 8.10 부산항 북항재개발계획안

출처 : 부산광역시 홈페이지

이러한 문제를 바탕으로 북항재개발의 성공을 위한 논의사항을 정리하면 다음과 같다.

먼저 기본계획안에 대해서는 도심에 이 많은 시설들이 꼭 들어서야 하는가에 대해 재검토할 필요가 있다. 특히 재개발지역 내에서 완결적인 구성보다는, 도심과 연계하여 상호보완적인 계

획이 되어야 하며, 부산 해안지역에 대한 장기적인 비전 및 계획과 합치되는 꼭 필요한 기능과 시설이 들어가야 할 것이다.

더욱이 부산시 지역별 균형 발전을 고려하여 북항재개발지역에만 시설을 집중시키지 말고 전체 항만공간 및 해안지역에 적절하게 분배하여 계획해야 하며, 사회적 및 경제적 변화에 대응하여 지역별, 단계별 장기적 개발방안이 마련되어야 한다.

또한 도시공간 측면에서 북항재개발계획은 기존 도시공간과 통합된 계획이어야 하며, 이를 위해 현재 도시공간의 골격이 되는 교통체계, 토지이용계획, 경관체계, 녹지 및 오픈스페이스 체계 등을 존중하여 이와 통합되어야 한다.

이와 더불어 도심에서 북항재개발지역으로 물리적·시각적 접근이 용이해야 하며, 이를 위해 도시와 항만을 나누는 도로와 철로에 대한 대책을 마련해야 하고, 지구단위계획과 별도로 경관계획과 시설물디자인가이드라인을 마련해야 한다.

한편 북항재개발지역은 시민들을 위한 친수공간을 중심으로 계획해야 하며, 따라서 친수공간, 즉 수변의 공공공간부터 계획하고 이를 중심으로 주변 시설물을 계획해야 하며, 수역과 육역을 통합한 계획으로서 수역활용계획을 세우고 수역의 매립은 최소한으로 해야 한다.

경관 측면에서 북항재개발계획은 부산항을 세계적인 미항으로 만들 수 있는 출발점으로 계획해야 하며, 부산 해안과 하천을 연결하는 친수공간네트워크의 시작점으로 계획하고, 항만의 문화와 역사가 살아 있는 문화공간으로서 계획하며, 질 높은 디자인을 통해 품격 있는 친수공간으로 계획해야 한다.

시설 측면에서 북항재개발은 주거를 비롯하여 복합용도의 개발이 이루어짐에 따라 사계절, 주야간을 불문하고 시민들이 누구나 쉽게 찾아와 이용할 수 있어야 하며, 디자인 측면에서는 뛰어난 공공디자인으로 인해 친수공간의 매력이 한껏 발휘되어 시민들에게 사랑받는 장소가 되어야 한다.

또한 북항재개발지역은 시민과 관광객을 위한 진정한 해양문화거점으로 만들어야 한다. 이를 위해 북항의 역사성과 정체성을 후세에도 알릴 수 있는 항만역사문화박물관을 만들고 기존 항만유물(예를 들면, 피어, 크레인 등)을 전시하면 좋을 것이다. 그리고 원도심권에서 진행되고 있는 문화혁명작업(예, 창작촌 또따또가 설립 등)과 연계해서 상호보완적인 해양문화거점을 조성하면 커다란 시너지효과를 얻을 수 있다.

한편 해양문화지구에는 공연, 전시, 이벤트를 위한 문화시설과 문화체험 및 교육을 위한 교육시설, 그리고 스튜디오 및 공방 등의 문화생산시설을 복합적으로 조성하며, 해양레저 및 레크리에이션시설, 카페, 상점가 등의 상업시설도 복합적으로 조성한다.

(a) 동물원(독일 브레멘하펜)

(b) 항공모함박물관과 조형물(미국 샌디에이고)

그림 8.11 항만문화공간

다음으로 북항재개발사업의 절차에 대해 현재는 부산항만공사가 주도하여 해양수산부의 승인 하에 사업을 추진하고 있어 부산시, 시민단체, 지역 전문가의 적극적인 참여 기회가 체계적으로 마련되어 있지 않다.

따라서 항만재개발과정에서 단계별로 부산지역 도시 및 건축 전문가의 참여를 제도적으로 확보해야 하며 시민, 예술가, 민간단체, 기업 등이 참여할 수 있는 시스템을 마련해야 한다.

또한 정부와 부산항만공사 주도로 일정에 쫓겨 진행하는 것보다 중장기적으로 단계적 개발의 합리적 절차를 마련하고, 단계별로 시민들의 공감대 형성 및 신뢰를 얻을 수 있는 체계를 마련해야 한다.

현재 북항재개발을 둘러싸고 철로 지하화, 수역의 매립면적, 토지이용계획, 주변지역과의 조화, 국고보조와 민간사업자의 참여, 수로의 오염 및 환경문제, 재난예방문제 등에서 많은 논란과 해결해야 할 문제가 있으므로 이를 공론화하고 의견을 수렴하며 갈등을 해결할 수 있는 신뢰성 있는 전문기구가 마련되어야 한다. 또한 북항재개발을 시민의 입장에서 끝까지 감시하고 시민 의견을 대변할 수 있는 자발적인 시민 조직이 마련되어야 한다.

결국 북항재개발이 성공하기 위해서는 이용자인 시민 중심의 항만재개발계획이 이루어져야 한다. 이를 위해 사업주체인 정부와 부산항만공사에서는 먼저 시민과 지역주민의 요구가 무엇인지 제대로 파악하여 이를 충족시키는 계획안을 마련하고 북항재개발로 인해 발생하는 이익을 부산 시민에게 돌려주는 방안을 마련해야 한다.

또한 부산항 북항에 존재하는 환경, 공간, 시설을 최대한 활용하여 부산의 해양문화 특성을 반영하는 계획안을 만들고, 또한 부산항 전체를 대상으로 단계적으로 균형 잡힌 개발계획을 마련하여 시간에 따라 변화하는 시민들의 요구를 제대로 수용할 수 있어야 한다.

그림 8.12 도심, 철도, 북항재개발지역

8.3.2 프랑스 마르세유(Marseille) 항만재개발[8]

1) 개요

프랑스 남동쪽 지중해 연안에 위치한 마르세유는 프랑스에서 가장 오래된 도시로서 기원전 600년경에 그리스인의 식민도시로 건설되었다. 마르세유는 오랫동안 지중해에서 중요한 항구 중 하나였으며, 근대 프랑스에서는 식민지와의 교류를 위한 항만으로서 역할을 했다.

마르세유는 한때 항구로서의 기능이 쇠퇴하기도 했지만, 20세기 말부터 항구도시로서의 기능을 회복하고 지중해의 영향력 있는 도시가 되었으며 최근에는 유로메디테라네(Euroméditerranée) 사업의 중심도시가 되었다.

유로메디테라네(Euroméditerranée)는 프랑스 최대 도시재정비사업으로서 1995년부터 2012년까지 3단계에 걸쳐 시행되었으며, 유럽과 지중해 지역의 문화와 경제 교류를 위한 유럽연합의 지역개발정책에 따라 전략적으로 계획된 프로그램이다.

유로메디테라네 사업에 의해 마르세유는 문화, 경제, 교육 분야에 필요한 시설을 확충하고 바다에 대한 접근성을 비롯하여 녹지, 공공시설, 이동시설 등을 포함한 도시정비를 시행하였다.

그 결과 마르세유는 문화복합도시로서 재탄생하게 되었고 이를 계기로 2013년에는 유럽문화수도로 선정되기도 했다. 이와 같이 유로메디테라네는 마르세유의 사회, 경제, 역사의 상징적 장소인 구 항만과 그 주변의 도심재개발을 통해 도시를 새롭게 탄생시켰다.

8 이 장의 내용은 홍석기, '코발트빛 바다를 품은 프로방스의 항구도시, 마르세유'와 최은순, '마르세이유항의 재개발–문화복합기능도시의 구상', 그리고 유로메디테라네 홈페이지(http://www.euromediterranee.fr/)를 참고함.

그림 8.13 마르세유 구항만지역

출처 : 유로메디테라네 홈페이지

2) 항만재개발

시테 드 라 메디테라네(Cité de la Méditerranée)는 메디테라네의 중심지로서 구항(VIEUX-PORT)과 아렌(ARENC) 사이의 항만지역이며, 이곳을 새로운 개념으로 재개발하여 교육, 과학, 문화, 서비스 등의 시설들을 도입하고 슬럼화된 지역에 새로운 활력을 불어넣었다.

마르세유 항만재개발은 기존항만의 기능을 대체할 신항만이 도시 서쪽의 연안에 새롭게 건설됨으로써 가능하게 되었으며, 항만재개발로 인해 마르세유가 유럽과 지중해지역의 문화와 경제교류에서 중요한 역할을 담당하게 되었다.

항만재개발지역에 새롭게 건설된 The CMA-CGM Tower는 세계적 건축가인 자하 하디드가 설계한 유리, 콘크리트, 강철로 된 33층의 건물로서 항만재개발지역의 랜드마크가 되었다.

또한 마르세유 항만의 역사를 보여주는 중요한 흔적인 아렌(Arenc)곡물사일로는 2,000석 규모의 극장 및 사무공간으로 바뀌었다. 그리고 이곳에 들어선 MuCEM은 프랑스정부가 파리 이외의 지역에 최초로 지은 국립박물관으로서 시테 드 라 메디테라네의 상징이 되었다. 19m 높이의 큐브 형태를 하고 있는 이 박물관은 전시공간, 회의공간, 문화센터 등으로 이루어져 있다.

그림 8.14 Museum of Civilization in Europe and the Medeterranean(MuCEM)

출처 : 유로메디테라네 홈페이지

또 하나의 중요한 건물인 테라스 뒤 포르(Les Terrasses du Port)는 항만공사(Port Authority) 건물 뒤편에 위치한 창고지역을 재개발하여 새롭게 들어선 복합기능의 여객터미널이다. 유럽과 아프리카를 잇는 페리선박 및 지중해 관광유람 크루즈선박의 여행객을 위한 이 여객터미널은 동시에 도시의 오아시스라고 할 수 있는 복합문화공간으로 조성되어, 상점, 해변산책로, 카페, 레스토랑, 피트니스시설, 수영장, 실내축구경기장 등을 갖추고 있다.

그림 8.15 테라스 뒤 포르(Les Terrasses du Port)

출처 : 유로메디테라네 홈페이지

8.3.3 영국 포츠머스(Portsmouth) 항만재개발[9]

1) 개요

영국 남부의 포츠머스는 런던에서 120km 떨어져 있는 항구도시로 1780년 미국 독립전쟁에 참여하였고 1805년에는 트라팔가 해협에서 프랑스-에스파냐 연합 함대를 물리쳐 영국의 영웅이 된 넬슨(Horatio Nelson)제독의 기함 HMS빅토리호의 모항이었던 항만이다.

포츠머스는 오랫동안 프랑스의 공격에 대항하기 위한 영국의 요새로서 기능하며 영국의 군수산업을 담당해온 도시이기 때문에 군항의 이미지가 강하고 해군과 관계된 일로 경제활동을 지속해왔다.

그러나 1904년에 영불협상이 체결되고 수백 년에 이르는 대립관계에 종지부를 찍었으며 20세기 말에는 동서전쟁도 없어져서 포츠머스의 군항 역할이 축소되었고, 해군과 관련된 일은 사우샘프턴 항만으로 넘어가게 되었다.

이와 같이 포츠머스가 군수산업이나 군항으로부터 밀려나면서 다른 길을 찾게 되었는데, 그 계기는 포츠머스의 바로 앞에 있는 와이트아일랜드(Wight Island)에서 열린 락페스티벌이었다.

와이트아일랜드는 빅토리아여왕(Queen Victoria)의 피서지였던 곳으로 1970년에 이곳에서 열린 락페스티벌에서는 지미 헨드릭스(Jimi Hendrix)가 60만 명의 관객을 동원하는 기록을 세웠다. 이때 포츠머스의 인구는 18만 명 정도였으며 와이트아일랜드의 인구는 12만 명이었다. 이 사건을 계기로 포츠머스 항만은 문화와 상업이 어우러진 도시 수변공간으로 새롭게 태어나기 시작하였다.

2) 항만재개발

포츠머스 항만은 밀레니엄 사업의 일환으로 본격적인 재개발이 이루어져 포츠머스 하버역의 남측 도크를 중심으로 등대, 출입 선박, 신호소 등 과거의 항만 유산을 남기면서 문화 및 상업용 시설을 새롭게 도입하여 '포츠머스 하버 르네상스(Portsmouth Harbour Renaissance)'를 완성했다.

포스머스의 항만은 원래 군항이었지만, 지금은 페리선착장이 되어 프랑스 쉘부르, 스페인 빌바오로 페리선박이 오가며 많은 관광객이 방문한다. 항만에는 HMS빅토리아호와 헨리 8세의 애선 메리로즈호의 실물전시, 왕립해군박물관, 찰스 디킨스(Charles Dickens)의 생가·기념관 등이 있어서 문화적으로나 쇼핑 측면에서도 아주 매력적이다.

---

9 이 장의 내용은 樋口正一郎,『イギリスの水辺都市再生』, pp.141~148 인용 및 참고.

항만재개발에 의해 새롭게 들어선 주요시설 중 하나인 건와프 부두 쇼핑센터(Gunwharf Quays Shopping Center)는 전체 2층의 건물로서 넓은 통로와 중정 등이 개방적인 쇼핑환경을 만들어내고 있으며 또한 2층은 회랑으로 모두 연결되어 있다. 이 건물로 인해 사람들은 수변으로 모이고 침체되었던 항만지역에는 활기가 되살아나게 되었다.

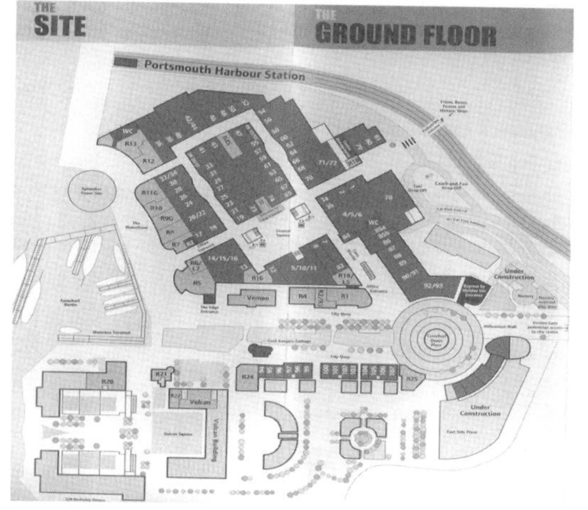

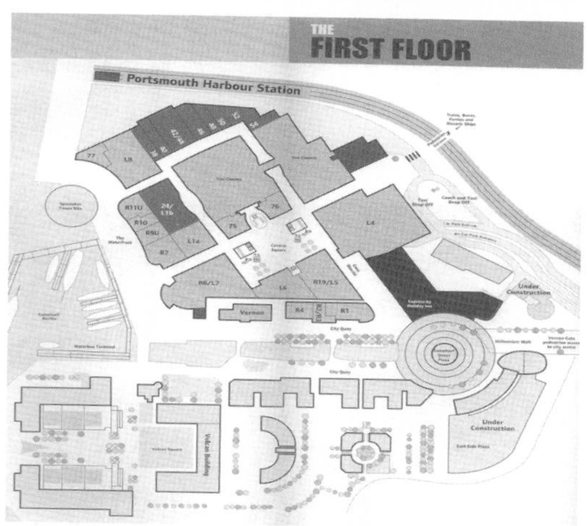

그림 8.16 건와프 부두 쇼핑센터(Gunwharf Quays Shopping Center)

한편 2005년에 완성된 포츠머스 항만의 랜드마크인 높이 170m의 '스피너커 타워(Spinnaker Tower)'는 요트의 돛을 이미지화하여 포츠머스의 상징이 되고 있다. 높이 100m에 있는 전망대에서는 도시가 한눈에 펼쳐지고 눈을 바다로 돌리면 좌우로 넓고 복잡한 영국의 남해안과 와이트아일랜드가 시계에 들어온다.

한편 항만재개발지역에는 수변에 주거지, 마리나, 호텔, 해변산책로 등이 새롭게 잘 정비되어 있으며 새롭게 개발된 지역 뒤편에는 항만재개발 이전에 사용되던 군항의 기지, 시설물, 건물들도 일부 보전되어 항만의 역사와 정체성을 보여주고 있다.

그림 8.17 스피너커 타워(Spinnaker Tower)와 수변공간

8.3.4 중국 다롄 항 재개발[10]

1) 개요

중국의 항만재개발은 2000년 전후부터 10여 개의 항만을 대상으로 계획이 진행되어왔으며 대표적으로 다롄 항, 친황다오 항, 옌타이 항, 칭다오 항, 상하이 항, 산터우 항, 샤먼 항, 광저우 항 등이 포함되어 있으며 그 구체적인 내용은 아래와 같다.

표 8.2 중국 항만재개발계획

도시명	재개발장소	계획부지(ha)	개시년도	재개발 워터프런트의 용도	현황
다롄(大連)	동다롄 항 구역	597	2003	업무 및 주거, 관광 및 여가, 크루즈 기항지	진행 중
친황다오(秦皇島)	서친황다오 항 구역(석탄터미널)	400	2008	관광 및 여가, 업무 및 금융	진행 중
옌타이(烟台)	지푸만(재활성화)	–	2011	업무 및 주거, 관광 및 여가, 물류	구상계획 중
칭다오(青島)	샤오강만/어항을 갖춘 6번 부두 및 서부 구항구역 내 베이하이 조선소(다강 항 구역)	128/–	2007/2011	업무, 관광, 여가, 마리나/크루즈 기항지	완료/계획단계
상하이(上海)	황푸강을 따라 있는 난푸교와 양푸교 사이의 동창과 같은 7개 항구 구역들	103.8	1998	관광 및 여가, 업무 및 주거	완료
산터우(汕头)	구항 구역과 주치 항 구역까지 뻗어 있는 서부 지역	–	2002	여가 및 업무	–
샤먼(厦門)	동두 항 구역	621	2011	크루즈 기항지 등	진행 중
광저우(廣州)	황푸 항 구역	2250	2010	살기 좋은 도시	진행 중

출처 : Haizuang Wang, 'Preliminary investigation of waterfront redevelopment in Chinese coastal port cities : the case of the eastern Dalian port areas', p.30

10 이 장의 내용은 Haizuang Wang, 'Preliminary investigation of waterfront redevelopment in Chinese coastal port cities : the case of the eastern Dalian port areas', pp.29~42를 참고.

다롄 항의 항만재개발은 중국 정부가 개혁·개방 정책을 수행하기 위해 홍콩에 버금가는 현대적인 국제 항구도시를 건설한다는 목표를 내걸고 2003년부터 시작되었다. 그 후 10년 뒤 다롄시는 도시환경을 개선함으로써 크게 변하였고 그리하여 외국의 투자를 끌어들이고 경제를 다각화하게 되었다.

결국 다롄시는 '낭만 도시'와 '최상의 관광도시'라는 평가를 얻게 되었으며, 최근에는 항만과 인접 산업들이 도심에서 역외로 유출함으로써 남겨진 부지들을 재개발하기 위해 '다이아몬드 만(Diamond Gulf)'계획을 수립하여 추진 중이다.

2) 항만재개발

동다롄 항만 구역은 '다이아몬드 만' 계획의 핵심 지역 중 하나이며 다롄 시의 동남부(도심)에서 북서부(변두리)로 진행되는 항만재개발의 출발점이다. 동다롄 항만 구역은 다롄만의 남쪽 연안에 있으며 현재 렌민로 중앙업무지구(RRCBD)에 이어서 다롄시의 동쪽 끝에 위치한다. 러시아-일본의 식민지 시기 동안 다롄시의 역사적 중심이었던 종산광장에서 그리 멀지 않은 곳이다.

동다롄 구역에는 시어구(Si'erGou) 부두와 다강(Dagang) 부두가 포함되는데, 이 둘은 전체 다롄 항만 가운데 도심 항만에 속한다. 두 부두구역은 다롄만 남동부 연안을 따라 뻗어 있고 다롄 도심 항만구역 중 가장 오래된 지역이다.

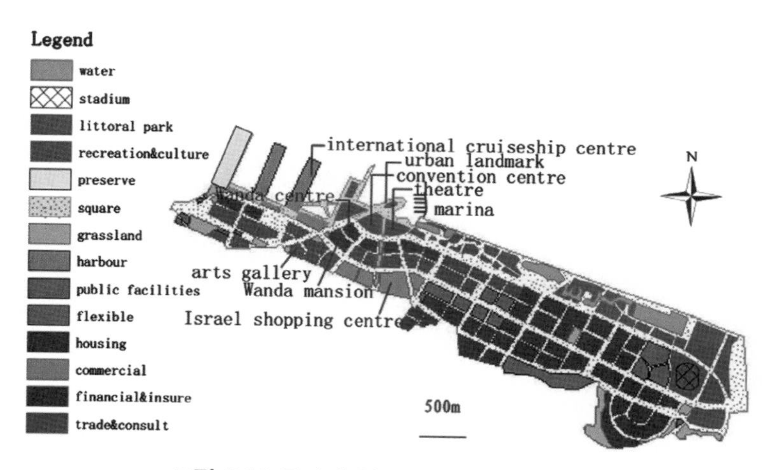

그림 8.18 동다롄 항 구역 항만재개발 계획

출처 : Haizuang Wang, 'Preliminary investigation of waterfront redevelopment in Chinese coastal port cities : the case of the eastern Dalian port areas', p.33

이 지역은 식민지시기를 거치며 가장 빨리 항만으로 개발된 곳으로 개혁·개방 이후 다롄항 기능이 대형 컨테이너선 처리 위주로 바뀌면서 주요 시설이 북쪽 신항지역에 들어서고, 이에 따라 이곳은 기능 저하를 겪고 있었다.

다롄시는 2004년 중국 국내와 해외에서 건축, 도시계획, 디자인 분야의 전문가 9명을 초빙하여 '구항 구역 이전 및 전환본부'와 '다롄도시계획 및 디자인연구소'가 공동으로 마련한 '동다롄 구역 전환 프로그램'을 진행하였다.

다롄항만공사는 2005년 가장 오래된 항만구역의 시설을 다롄만 북서쪽 연안에 위치한 다롄완 항만 구역과 니안유 만 및 다야오 만 항만구역으로 이전하기 시작하여 2007년 말 이전을 완료했다.

다롄 도시계획국(DBUP)은 2008년에 '동다롄 항 구역 전환조절계획'을 발표하였고 공식적으로 재개발활동을 시작하였다. 그 결과 2013년 말에는 계획의 일부 프로젝트인 다롄국제컨벤션센터 외에 음악분수광장과 다롄힐튼호텔, 완다맨션 및 완다센터와 같은 오피스건물 등이 완성되었다.

8.3.5 일본 야마시타 부두(山下ふ頭) 재개발계획[11]

1) 개요

요코하마는 1859년에 개항한 후 급속하게 발전하였으며 대규모 외국인 거류지를 중심으로 근대적인 도시구조를 형성하였다. 하지만 제2차 세계대전을 거치며 크게 파괴되었고, 전후에는 미군의 대규모 장기 주둔으로 인해 도시기반시설의 확충이 늦어졌으며, 중화학공업의 발전으로 급속한 도시화 및 인구증가가 이루어져 심각한 도시문제가 발생했다.

이런 문제들을 해결하기 위해 이미 1960년대에 요코하마시는 요코하마의 역사적 특징에 기초한 '국제문화도시'라는 콘셉트에 맞춘 개발사업을 시작했고, 이것이 오늘날까지 도시의 기본 골격을 유지하고 있다.

요코하마시는 1971년 도시만들기의 일환으로 '요코하마다운 개성 있는 도시공간의 형성'을 목표로 도시디자인 활동을 시작했다. 당시 요코하마시는 도심부 재정비, 고후쿠뉴타운 정비, 가나자와 매립, 고속도로정비, 지하철건설, 베이브릿지 건설이라는 6대 사업을 추진하였다.

이 가운데 도심부 재정비의 중심 사업으로서 도심 항만구역의 조선소 및 철도 야드를 이전하여 미래형 신시가지를 건설한다는 프로젝트를 계획하였고, 이 사업이 나중에 일본의 대표적인 항만재개발사업인 '미나토미라이21'이 되었다.

11 이 장의 내용은 横浜市, '横浜市山下ふ頭開発基本計画' 참고.

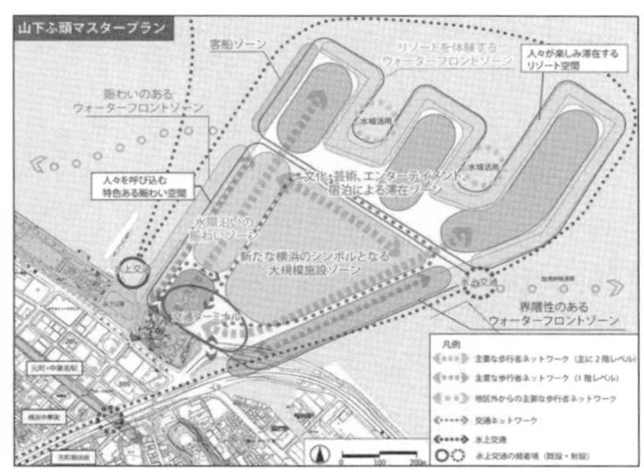

그림 8.19 재개발 전 야마시타 부두와 재개발계획안

출처 : 横浜市, '横浜市山下ふ頭開発基本計画', p.54

2) 항만재개발

요코하마시의 항만구역은 개항 이후 도심 중심지로 발전해왔지만, 사회경제상황의 변화에 따른 도시의 지속적인 성장발전을 위해 항만구역의 기능 변화가 불가피했다. 따라서 '미나토미라이21'에 의해 조성된 도시 친수공간을 좀 더 확장하기 위해 그동안 물류거점으로 활용되고 있던 야마시다부두에 대규모 매력적인 집객시설을 도입하여 도심 수변의 새로운 거점으로 만들기 위한 야마시타 부두 재개발계획을 추진하기로 했다.

야마시타 부두는 요코하마의 도심에 위치하며 요코하마를 대표하는 관광장소인 간나이지구에 인접해 있다. 약 47.1ha에 이르는 광대한 개발공간과 정온수역으로 둘러싸인 입지조건을 살려 '하버리조트의 조성'을 목표로 도쿄올림픽이 개최되는 2020년까지 단계적 개발이 진행되고 있다. 야마시타 부두 재개발계획에서는 세 가지 목표와 그에 따른 여덟 가지 계획방침을 세우고 있으며 구체적인 내용은 표 8.3과 같다.

표 8.3 야마시타 부두 재개발계획의 목표와 방침

목표	계획방침
[목표 1] 관광·MICE를 중심으로 한 매력적인 번화함 창출	[방침 1] 국내외에서 많은 사람들을 불러올 수 있는 번화함 창출 [방침 2] 지구 내외의 이동을 지지하는 교통네트워크 형성 [방침 3] 쾌적하고 회유성 있는 보행자 동선 확보
[목표 2] 친수성이 풍부한 워터프런트 창출	[방침 4] 물과 녹지를 가깝게 느낄 수 있는 공간 만들기 [방침 5] 항구도시의 매력을 높이는 경관 형성
[목표 3] 환경을 배려한 스마트에어리어 창출	[방침 6] 환경을 배려한 도시 만들기 [방침 7] 방재·안전을 배려한 도시 만들기 [방침 8] 알기 쉽고 편리하고 매력 있는 도시 만들기

출처 : 横浜市, '横浜市山下ふ頭開発基本計画', pp.25~26 내용 정리

8.4 항만재개발의 방향

8.4.1 친수항만의 개발

1) 친수항만의 개념

우리 항만도시가 세계적 경쟁력을 갖추고 살기 좋은 친환경 문화도시로서 도약하기 위해서는 항만이 '친수항만'으로 거듭나야 한다. '친수항만'이란 시민을 위한 항만으로서 친수성과 문화가 스며 있는 깨끗하고 매력 있는 항만을 의미한다.

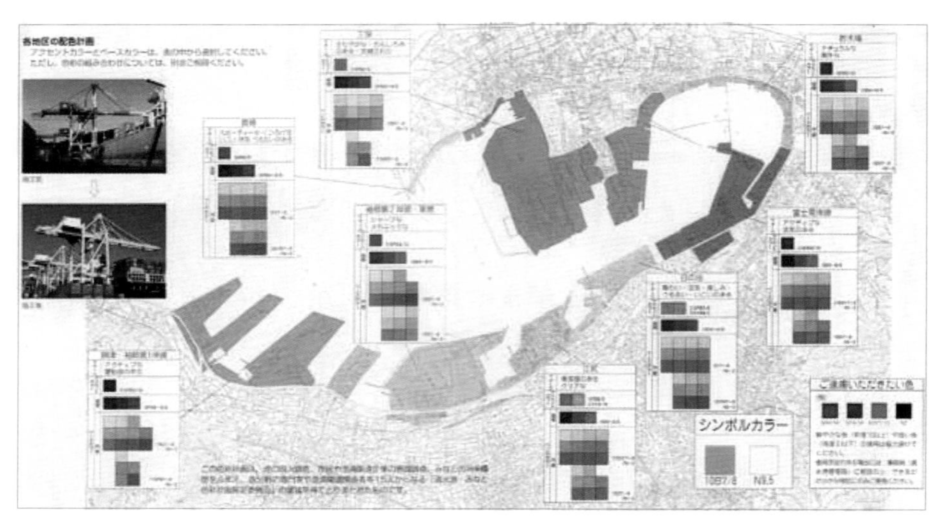

그림 8.20 일본 시미즈 항 색채계획

출처 : 시미즈항관리국, '시미즈 항 항만색채계획 책정조사 보고서'

외국의 사례를 살펴보면, 일본 시미즈 항의 경우에는 1980년대부터 후지 산을 배경으로 항만 색채계획을 통해 세계에서 가장 '아름다운 항만 만들기'를 시행하고 있으며, 일본 나고야 항은 일본 최대 공업항으로서 공업항의 이미지를 개선하고 시민 삶의 질 향상을 위해 '시민에게 다가가는 항만 만들기', '환경과 공생하는 항만 만들기'를 추진 중이다.

또한 미국 시애틀 항은 미국 북서부 최대 항만으로서 친수공간 및 해양 레크리에이션 시설이 조화를 이룬 '친근한 항만 만들기'를 시행하고 있으며, 프랑스 마르세유 항은 프랑스의 대표 항만으로서 도심과 인접한 구항에 고풍스러운 '역사문화항만 만들기'를 추진하고 있고, 독일 함부르크 항은 북유럽의 베네치아로 항만을 재개발하면서 문화예술공간이 풍성한 '문화항만 만들기'를 시도하고 있다.

(a) 미국 시애틀 항

(b) 일본 나고야 항

그림 8.21 친수항만 사례

2) 항만친수공간개발

이상의 사례에서 살펴본 바와 같이 항만이 복합기능의 친수항만으로 변화하기 위해서는 항만에서 친수공간의 개발이 무엇보다 필요함을 알 수 있다. 친수공간은 시민들이 자유롭게 이용가능하고 친수성이 높은 수변의 공공공간으로서, 최근에는 레저·문화공간의 성격을 더하고 있다. 항만에 들어설 수 있는 친수공간의 유형을 정리하면 표 8.4와 같다.

정부는 항만개발에서 항만의 기능을 유지하면서 다른 한편으로는 친수공간개발이라는 기본방향을 설정하고, 「신항만건설촉진법」에서 항만친수공간의 개발을 신항만건설사업 내용의 하나로 규정하고 있다.

특히 최근 항만을 둘러싼 여건 변화에 따라 기존 항만 내 유휴부지나 구 항만지역의 노후화된 시설부지에 친수공간의 조성이 촉진되고 있으며, 신규 항만에는 사업 초기단계부터 계획적인 친수공간의 조성을 의무화하고 있다.

한편 2011~2020년에 시행되는 '항만재개발 기본계획 수정계획'에 따르면 대상 항만마다 '해양문화관광지구'를 설정하고 기존에 별도로 설치되던 관광·휴양, 상업·업무, 문화·전시, 도로·공원 등 시설을 이 지구 내에 설치할 수 있도록 하였다.

그리고 정부는 2010년 '항만친수시설의 조성 및 관리지침'을 제정하여 차별화된 항만을 연출할 수 있도록 했으며, 여기에는 친수시설의 공간 확보 및 시설 조성, 친수공간의 조성계획 수립, 사업 시행주체 및 유지·관리 등에 관한 내용이 담겨 있다.

또한 정부는 항만별 친수공간 조성방향 및 개발계획 등이 포함된 '친수공간 확보 및 조성계획'을 수립하여 항만기본계획(국가항 및 연안항)에 반영하고 우선적으로 광양항, 마산항, 성산포항, 목포항 등에서 추진하고 있다.

표 8.4 친수공간의 유형

유형 분류		개발 내용
개발 목적	쾌적성 활용형	도시민들이 자연을 접할 수 있는 공간으로 쾌적한 공간 조성
	도시문제 해결형	주거문제 해결 이외에 토지의 절대량 부족에서 야기된 교통·환경·산업입지 등 문제 해결
	유휴지 재생형	노후화된 항만공간을 보존·수복 또는 재개발하여 새로운 도시공간으로 변모
	시장성 도입형	판매시설·식당가·위락시설·문화시설 등 다양한 시설을 갖춤으로써 도시 활력과 번영 제고
	도시기반시설 정비형	상하수처리장·변전소·터미널 등 도시기반시설을 정비하기 위해 넓은 공간 필요
개발 형태	신개발	수변개발의 가장 적극적인 형태로 매립과 인공섬을 만드는 방식
	재개발	항만을 그 주위 시설과 함께 새로운 목적으로 전용해서 도시생활의 중요한 지역으로 복원시키고자 하는 형태
	전용·보존·수복	• 전용은 보전의 일종으로 기존 건물에 최소한의 방법을 가미하여 원래 기능을 다른 것으로 변화시키는 것 • 수복은 토지이용을 원칙으로 개선하거나 변화시키고 좋지 않은 영향을 미치는 일부 건물이나 기능 등을 제거하고 지역의 양호한 스톡(자본, 건물)등을 부활·향상시키는 개발방법 • 보전은 현재 건물·기능 등을 그대로 남기는 것을 원칙으로 하고 물리적인 변형을 최소화하는 방법
개발 입지	도심 입지형	도시로부터 버려진 항만을 재개발이나 전용·수복·보존 등을 통해 개발하는 경우
	도시 주변형	도시 근거리에 여가, 위락 및 기반시설을 정비하는 경우
	교외 입지형	도시와 멀리 떨어진 어촌이나 지방항 등에 입지하는 경우
조성 시설	친수위락공간	물과 관련된 위락과 유희시설을 친수공간에 집중시켜 개발
	친수상업공간	도시민의 유인력을 바탕으로 백화점부터 소규모 판매점에 이르기까지 판매시설 위주 개발
	친수주거공간	주거에 대한 욕구를 효과적으로 충족시키기 위해 개발
	친수문화공간	역사나 문화를 경험할 수 있는 시설물 중심으로 개발
	친수교통공간	교통의 결절점이라는 특징을 바탕으로 개발

출처 : 김성귀, 『해양관광론』, pp.315~323

이와 함께 준설토 투기장인 해상매립지에도 항만친수공간 조성이 추진되고 있는데, 부산 동삼동 준설토투기장은 해양친수공원으로, 인천 영종도 준설토투기장은 해양복합테마공원으로, 창원 마산항 준설토투기장은 해양생태공원으로, 군산 해상 준설토투기장은 복합친수공간으로, 인천 송도 남항 제3준설토 투기장은 친수공간으로 조성되고 있다.

그림 8.22 군산항 해상투기장과 친수공간계획

출처 : 전북도민일보, 2012.07.05

8.4.2 항만친수공간의 계획

항만에서 친수공간계획의 구체적 방안을 보면 호안이나 방파제 등 항만구조물에 낚시시설, 전망장소, 산책로 등 친수시설을 조성하고, 항만 내에 오염되고 버려진 장소를 되살려 생태공원이나 생태습지, 녹지 등을 만든다.

또한 항만 기능에 지장이 없는 공간에는 공원, 산책로, 광장을 조성하며, 선박 항해 및 하역작업에 지장이 없는 수역에는 해양스포츠공간이나 마리나 등을 조성하여 시민과 관광객에게 개방한다.

한편 문화공간으로는 항만타워를 설치하고 이곳에 전망공간, 문화공간, 휴식공간, 항만역사문화관 등을 조성하며, 오래된 창고 및 항만시설물을 문화공간 및 상업공간으로 재활용하고, 여객터미널과 같은 항만시설물에는 친수문화공간을 조성한다.

이상에서 설명한 바와 같이 기존 물류 중심의 항만에는 변화가 불가피하다. 시민과 관광객의 요구에 따라 친수공간을 조성하며, 깨끗하고 아름다운 에코항만으로 변화하고, 항만과 도시의 역사·문화가 접목된 문화항만으로 거듭나야 한다.

(a) 일본 다카마츠 항 방파제

(b) 일본 시모노세키 항 호안

(c) 일본 나고야 항 박물관 및 전망탑

(d) 일본 나가사키 항 미술관

그림 8.23 항만친수시설 및 항만문화공간

이러한 변화는 지금까지 도시와 항만을 대상으로 한 기존 계획의 전반적 재검토를 의미하며, 지속 가능한 생활환경으로서의 항만, 글로벌 교류의 장으로서의 항만이라는 인식틀 안에서 새로운 항만도시계획의 수립이 필요함을 의미한다.

이와 함께 항만도시에서도 내륙을 중심으로 한 도시계획에서 벗어나 항만과 도시공간을 통합하고 도시 수변을 모두 포함하는 도시계획이 새로 마련되어야 한다.

특히 생태적으로 건강하고 안전한 항만도시로 거듭나기 위하여 강과 바다의 수계(水系)를 연결하고 생태환경을 회복시키며 물과 수변을 안전하게 관리할 수 있도록 도시수변관리계획을 수립하여야 한다.

8.4.3 항만재개발의 방향

세계 항만도시들은 항만재개발에 많은 관심을 기울이고 있다. 한때 무역과 상업으로 번창했던 항만이 도시와 격리된 채 버려지고 황폐한 곳으로 남겨짐에 따라 항만의 역할을 재설정하고 항만의 새로운 잠재력을 발굴하고 있다.

항만재개발의 목적은 사업에 따른 경제적 이익 추구와 공공을 위한 도시공간의 조성이 조화를 이루는 데 있다. 이 두 가지 목적을 달성하기 위해 항만은 도시와 조화로운 장소가 되어야 하고, 시설과 공간은 시민과 관광객에게 개방되어야 한다.

항만 주변의 산업시설도 시민과 관광객의 요구에 맞게 공공접근로를 정비하여 사람을 맞아들여야 한다. 특히 관광은 시민과 방문객이 항만을 만나는 또 다른 기회이므로 크루즈선박과 여객선을 이용한 관광산업의 활성화가 중요하다.

그림 8.24 항만재개발에 의해 회복된 공공공간(일본 나가사키 항)

이와 같이 항만재개발을 통해 항만은 도시에서 의미 있는 장소가 되어야 하고 도시의 회복과 활력을 위한 무대가 되어야 한다. 또한 항만의 장소성이 강화되고, 훼손된 자연이 치유되며, 끊임없는 매력과 기념비적 특성이 살아나는 항만으로서 감동을 주는 공간이 되어야 한다.

한편 항만재개발은 다른 개발사업과 유사하지만 더 많은 시간과 비용이 요구되고 더 큰 위험이 따른다. 특히 우리에게 항만재개발은 유례가 없고 검증되지 않았기 때문에 신중한 계획이 필요하다.

세계적으로 항만재개발이 사업성으로나 도시회복의 측면에서 성공할 확률은 그다지 높은 편이 아니며, 이 사업이 성공하기 위해서는 다음과 같은 전제조건을 고려해야 한다.

첫째, 항만재개발에서는 도시 활력의 회복, 생태환경과 지속 가능성의 중시, 시민의 일상생활과 인간 중심의 디자인, 도시의 문화적 정체성 회복 등이 중요한 목표가 된다.

둘째, 세상에 똑같은 항만은 하나도 없으며 같아서도 안 된다. 따라서 항만재개발은 해당 항만의 본질적 특성을 파악하고 항만과 그 주변에 숨겨진 정체성을 찾아내어 그 특성을 강화시켜야 한다.

셋째, 도시와 항만 사이에 놓인 기존 장애물을 제거하는 한편 활용되지 않는 대규모 공간이나 주변과 어울리지 않는 시설물과 같은 새로운 장애물을 만들지 않는다. 또한 항만의 역사와 문화를 기억나게 하는 유물들을 보존하고 활용하여 항만도시의 문화적 다양성을 살린다.

넷째, 항만으로 보행자, 자전거, 차량 등이 접근 가능한 다양한 통로를 조성하고 동시에 다양한 목적을 이룰 수 있는 도시기반시설을 설치한다. 그리고 항만에서 수역의 잠재력을 찾아내어 그 역할을 활성화하고, 육지와 수역이 일체가 되어 함께 활용하는 수변공간을 조성한다.

다섯째, 주거를 비롯한 도시기능을 항만에 접목하여 도시와 항만이 통합되도록 하고 항만이 도시의 어메니티와 가치를 높이도록 한다. 또한 항만에 들어서는 시설물은 시각적으로나 접근 측면에서 투과공간으로 만들고 시설물 규모, 형태, 공간구성은 바다를 향한 방향성을 고려하여 디자인한다.

여섯째, 항만재개발계획을 실행하기 위한 실제적인 사업계획이 필요하다. 여기에는 시장(market)의 요구와 투자여건 등을 고려한 단계적인 개발계획이 필요하고, 주변 환경에 내재된 가치를 이끌어내는 디자인이 포함된다.

일곱째, 항만재개발계획은 도시의 교통계획, 토지이용계획, 경관계획, 녹지 및 오픈스페이스 계획 등을 존중하여 이와 통합된 계획이 되도록 해야 하며, 더욱이 도시 및 항만을 자연재난으로부터 보호할 수 있는 안전대책을 필요로 한다.

항만도시는 항상 바다로부터 안전을 위협받는 상황에 처해 있다. 특히 최근에는 지구온난화에 따른 기상이변으로 인해 해수면이 상승하고 강력한 슈퍼태풍이나 집중호우의 가능성이 높아지고 있다. 따라서 도시와 항만의 안전에 대한 위협은 더욱 커지고 있기 때문에 항만재개발에서는 도시 생존의 차원에서 자연재난 예방대책과 피난 및 복구대책 등을 체계적으로 수립해야 한다. 지금까지 항만개발은 주로 제방이나 호안 등 해안구조물에 의한 방재에 중점을 두었다면, 이제는 도시 차원에서 시민의 생명 및 재산보호를 위한 안전대책, 특히 강풍과 침수에 대비한 대책을 마련해야 한다.

결국 우리의 항만재개발은 '도시와 통합된 수변공간', '시민을 위한 수변공간', '품격 있는 수변공간', '안전한 수변공간'을 조성하는 것이 그 기본방향이라고 할 수 있다.

CHAPTER 09

어촌 · 어항개발

어촌 · 어항개발

9.1 어촌 · 어항의 개념

9.1.1 어촌

어촌은 「어촌 · 어항법」 제2조 제1항에 따르면, 하천 · 호수 또는 바다에 인접하여 있거나 어항의 배후에 있는 지역으로서 주로 수산업으로 생활하는 지역을 말한다.

어촌은 어민들이 삶을 영위하면서 어업활동에 종사하는 현장으로서 농촌과 더불어 1차 산업의 기반이다. 수산업협동조합에서는 어촌을 '어촌계를 구성하는 어민들이 살고 있는 자연부락 또한 최소한 10가구 이상의 어민들이 살고 있으면서 별도의 마을이라는 이름을 가진 곳'으로 정의하고 있다.[1]

결국 어촌은 어항 중심의 정주체계 상 최소단위로서 어업활동이 이루어지는 경제공간이며 생산현장인 동시에 주민들의 생활중심지이다. 어촌에는 표 9.1과 같이 다양한 유형이 있지만 기본적으로 생산과 생활이 동시에 이루어지는 공간이며, 정주체계상 하나의 단위를 형성하고 있다.

1 김대식, '부산시 어촌 · 어항 개발정책 방향에 관한 연구', pp.6~9 참고.

그림 9.1 어촌의 모습

이러한 특성의 어촌은 자원의존형 마을이기 때문에 섬과 같이 불연속적으로 집락이 형성되어 있거나 바닷가 주위에 입지하는 형태가 많아 생활권으로서 독립성이 강하다. 이로 인해 대부분의 어촌은 재해에 취약한 점을 비롯하여 용지 부족, 보건위생 불량, 교통 불편 등 생활환경에 문제점을 가지고 있다.

한편 어촌은 수산물을 공급하는 곳이며, 지역 특색이 풍부한 식문화, 제례, 전통행사 등 고유의 문화를 형성하고, 동시에 연안 방재, 해양영토 감시, 연안환경 보전 등 다면적인 기능을 가지고 있다.

이러한 측면에서 주민의 생활공간이며 수산업의 근거지인 어촌의 지속적 발전을 위해 지역의 자연자원을 적극적으로 활용한 수익사업과 생활환경개선이 필요하다. 생활환경개선에서는 어촌의 접근도로와 상하수도 등 기반시설의 정비를 비롯하여 방재, 교통, 위생, 교육, 문화 등 생활환경의 정비 및 복지수준의 향상을 종합적으로 추진할 필요가 있다.

표 9.1 어촌의 유형

모델	어촌계	비고
순수 수산형	대부분의 어촌계 • 수산주도형 • 농업주도형	어촌 생산기반·환경시설 보강 및 어업자원 증강(바다 목장화 사업, 어항 및 유통시설 등)
혼합형 (수산+관광)	일부 지역 어촌 • 수산 우위 • 관광 우위	인구 집중지, 관광지 등의 배후 보강(어촌체험마을, 아름다운 어촌 100선 등)
도시화형 (상업형, 관광형 등)	제한된 지역(순수 관광단지화 혹은 상업화된 어촌)	숙박, 편의 시설 등 관광사업 인프라 보강 방안, 기타 민자유치(정동진, 제부도, 소래, 대천 등)

출처 : 김성귀, '중심어촌의 평가에 관한 연구'

9.1.2 어항

어항은 수산업 활동의 근거지로 어선의 안전을 확보하고 어업인의 생명과 재산을 보호하며,

어획물의 양륙장이 있고 출어에 필요한 어구 준비, 급유, 급수, 어선의 정비와 수리가 이뤄지는 항만공간이다. 또한 수산물의 시장기능을 제공하고 수산가공업기지의 역할도 맡고 있다.[2]

법적으로 '어항'이란 「어촌·어항법」 제2조에 의하면, 천연 또는 인공의 어항시설을 갖춘 수산업 근거지로 지정·고시된 것을 말하며, '어항시설'에는 방파제, 물양장, 정박수역시설 등 기본시설, 어선건조장과 수리장, 수산물 위판장을 비롯한 기능시설, 레저용 기반시설과 숙박시설 등 편익시설이 있다.

그림 9.2 어항의 모습

수산업 활동의 근거지인 어항의 기능은 시대에 따라 변화되어 왔으며 오늘날 어항의 역할은 크게 네 가지로 분류할 수 있다.[3]

첫째, 수산업 활동 지원 및 수산물 공급기지이다. 어선의 안전 정박, 어구제작, 유류 및 선용품 보급 등 수산업 활동지원의 근거지로서 어획물의 양륙과 집하를 담당하고, 가공공장을 통해 수산물을 가공하며, 소비지로 수산물을 공급하는 물류 출발점 기능을 수행한다.

둘째, 어촌 주민의 생활 및 경제활동의 중심지이다. 도서 지방의 교통 연계, 생활물자의 보급, 정보 공유의 기능을 가지며 수산물 판매시장, 제빙·냉동공장, 가공공장, 조선소 등 관련 산업의 경제활동 공간이다.

셋째, 해양레저 및 휴양지이다. 어항은 낙후된 어촌개발을 위한 중심시설이며, 도시민들의 휴식 및 레저를 위한 공간이고, 지역 및 계층 간 소통이 이루어지는 공간이다.

넷째, 어항은 항만과 차별적 특징을 가지고 있다. 항만은 화물이나 여객운송 등을 위한 공간이지만, 어항은 수산업 지원 기능을 수행한다. 또한 항만은 안전도가 높고 대형선박이 주로 이용하

2 한국어촌어항협회, 『어항개발 50년 : 대한민국 해양시대 어항 반세기』, p.30 참고.

3 한국어촌어항협회, 앞의 책, pp.30~31 참고.

지만, 어항은 태풍이나 자연재해에 취약한 외해나 도서지역에 위치하며 중·소형 어선이 이용하고 있어 이들을 보호하는 역할이 중요하다.

오늘날의 어항은 전통적인 어항의 역할과 기능을 뛰어 넘어 다양한 기능과 역할을 담당하고 있다. 특히 해양레저와 해양관광 등 고부가가치 산업을 통해 어촌 주민들의 소득을 증대하고 지역사회 발전의 디딤돌이 되는 공간으로 가치가 확대되고 있다.

「어촌·어항법」에서는 어항을 표 9.2와 같이 국가어항, 지방어항, 어촌정주어항, 마을공동어항으로 구분하고 있다. 2013년 말 현재 동해 최북단 강원도 고성군 대진항에서 시작해 국토 최서남단 전라남도 신안군 가거도항까지 국가어항 109개를 비롯해 지방어항 285개, 어촌정주어항 595개 등 법정어항 989개와 비법정항으로서 소규모 항·포구 1,309개 등 어항 2,300여 개가 있다.[4]

표 9.2 어항의 종류와 현황

구분	국가어항	지방어항	어촌정주어항	마을공동어항	법적근거
정의	이용범위가 전국적인 어항 또는 도서·벽지에 소재하여 어장의 개발 및 어선의 대피에 필요한 어항	이용범위가 지역적이고 연안어업에 대한 지원의 근거지가 되는 어항	어촌의 생활근거지가 되는 소규모 어항	어촌정주어항에 속하지 아니한 소규모 어항(항포구)	어촌·어항법 제2조
지정권자	해양수산부장관	시·도지사	시장·군수·구청장	시장·군수·구청장	어촌·어항법 제16조
개발주체	해양수산부장관	시·도지사	시장·군수·구청장	시장·군수·구청장	어촌·어항법 제23조
관리청	광역시장, 시장·군수	광역시장, 시장·군수	시장·군수·구청장	시장·군수·구청장	어촌·어항법 제35조
예산(지원율)	농특회계(국비 100%)	광역회계(국비 80%, 지방비 20%)	광역회계(국비 80%, 지방비 20%)	광역회계(국비 80%, 지방비 20%)	어촌·어항법 제49조, 보조금의 예산 및 관리에 관한 법률 제9조
항수	109개	285개	595개	지정 없음	

출처 : 한국어촌어항협회, 『어항개발 50년 : 대한민국 해양시대 어항 반세기』, p.37

9.1.3 어촌과 어항의 관계

어촌은 어항을 중심으로 집락(集落)을 형성하고 있으며, 어항과 어장은 각각 수산물의 양륙과 위판·가공 등 어촌경제 중심지 역할과 수산 동식물을 포획하거나 양식하는 수면공간으로 생산 기능을 담당한다.

4 한국어촌어항협회, 앞의 책, pp.36~37 참고.

어촌·어항은 각각 독립적인 기능을 가지고 있지만 상호 공간적·기능적 연계성을 가지고 있으며, 1차 산업부터 3차 산업까지 다양한 경제활동을 수행하고 있다. 또한 어촌과 어항은 상호 유기적으로 연계되면서 지역의 고유성, 배타성, 공동성 등의 특성을 나타낸다.[5]

어항은 어촌의 기능을 수행하기 위한 수단임과 동시에 어촌이 성립하기 위해 꼭 필요한 시설이다. 반면 어촌은 어항이 존재해야만 기능을 원활히 수행할 수 있고 어촌이 존재해야만 어항이 필요한 것이다.

이러한 상호관계는 어업의 관점에서 본 관계이고 새로운 수요를 고려하면 이들 상호관계는 더욱 다양해진다. 즉, 낚시, 관광, 체험 등 새로운 수요를 충족하기 위해 현재와 같은 어촌과 어항의 관계로는 부족한 점이 있다. 따라서 기존의 상호관계를 기초로 지역적 특성과 수요 특성을 반영하여 융통성 있는 상호보완 관계를 새롭게 만들어 시너지 효과를 이루도록 해야 한다.

그림 9.3 어촌·어항의 공간적 특성

출처 : 농림수산식품부, '어촌·어항·어장을 연계한 소득사업 모델 개발 연구'

9.2 어촌·어항의 개발유형

9.2.1 보유자원

어촌·어항을 수산업의 단일 기능에서 관광기능을 비롯한 복합기능을 가진 어촌·어항으로 개발하는 것이 최근 어촌·어항개발의 현황이며, 이를 위해 어촌·어항이 가지고 있는 자원을 살펴

5 박상우 외, '어촌 그랜드 디자인 개념정립', p.13 참고.

보면 표 9.3과 같다.[6]

첫째, 문화자원으로서 어촌의 축제, 어촌체험마을 및 전통마을 등이 있다. 이러한 문화자원은 전라남도 및 경상남도에 많이 분포되어 있으며 특히 갯벌·바다낚시·도서자원과 연계한 체험프로그램이 발달해 있다.

둘째, 자연자원으로서 해수욕장은 해안선이 발달된 강원지역에 많이 있고, 해안산책로는 제주도 및 경상북도 지역에 주로 분포하며, 특히 제주도 '올레길'은 해안산책로의 모범이 되고 있다. 또 보호구역은 갯벌이 발달한 전라남도에 습지보호구역의 30%가 분포하고 있으며, 전국 연안에 해안경승지가 고르게 분포되어 있다. 이와 같이 자연자원은 해역별 특색에 따라 상이한 분포를 보인다.

셋째, 휴양·레저자원으로서 낚시터·유어장은 경상남도에 많고, 수상레저사업장은 강원도와 경상남도에 집중해 있으며, 캠핑장도 최근 전국적으로 많이 생겨나고 있다. 또 어촌휴양지는 경상남도에 많이 있다.

표 9.3 어촌·어항자원 분포현황

구분			전국	부산	인천	울산	경기	강원	충남	전북	전남	경북	경남	제주
문화자원	마을	어촌체험마을	104	3	3	0	9	8	9	7	30	8	20	7
		전통마을	6	0	0	0	0	6	0	0	0	0	0	0
지원시설	스포츠체육시설	낚시터/유어장	90	1	6	3	3	1	8	5	13	2	40	8
		수상레저사업장	128	9	0	0	5	53	3	3	5	8	34	8
		마리나/요트계류시설	26	1	0	0	2	4	1	1	2	2	6	7
	숙박/음식	야영캠핑장/자동차야영장	37	1	2	1	1	7	2	2	8	2	5	6
	유원/휴양시설	테마공원/리조트	22	0	0	1	2	0	1	0	7	2	8	1
		유원지	16	1	0	0	1	1	0	0	5	1	6	1
		어촌휴양지	14	0	1	0	0	0	1	1	0	0	10	1
합계			429	16	11	5	23	80	103	18	70	25	119	38

출처 : 해양수산부, '제2차 해양관광진흥기본계획', p.18 내용 재구성

9.2.2 개발유형

다양한 어촌·어항의 개발이 시도되고, 여러 가지 사업들이 국가나 지방자치단체에 의해 시행

6 해양수산부, '제2차 해양관광진흥기본계획', p.18 참조.

되고 있다. 아래에서는 이들 어촌·어항 개발유형 가운데 중요한 것들을 살펴본다.

1) 해양복합생활공간[7]

해양복합생활공간은 다양한 연령층, 사회계층의 생활양식과 문화적 욕구를 충족시킬 수 있도록 바다를 중심으로 형성된 생활공간으로서, 새로운 가치를 창조하는 환경친화적 미래형 정주지이다.

해양복합생활공간은 미래의 생활양식과 문화적 욕구에 대비하고, 국토공간의 효율적 개발을 유도하기 위하여 바다를 중심으로 연안에 새로운 생활공간을 조성하여 연안의 부가가치를 높이고 체계적이며 환경친화적인 연안개발을 유도하는 것을 목적으로 한다.

여기서 '복합생활공간'이라 함은 표 9.4에서 보는 바와 같이 주거공간을 기반으로 상주인구의 정착에 따른 커뮤니티를 형성하고, 이와 더불어 관광, 레저 등을 위한 장·단기 체재공간의 확보와 상업·업무 등 지원기능을 입지시켜 연안의 종합적인 활용이라는 관점에서 다양한 기능을 유치한 공간을 의미한다.

표 9.4 해양복합생활공간 모델

유형	특성		모델
도시근교형	위치	도시근교연안에 위치하여 풍부한 자연자원이나 해안경관을 유지하고 다양한 도시민의 활동을 유치 지속시킬 수 있는 지역	
	특징	• 이용 예상인구가 많고, 도시생활과 해양공간의 특성을 접목 • 도시에서 언제나 쉽게 갈 수 있는 수변공간	
어촌형	위치	어촌연안에 위치하여 풍부한 자연자원이나 해안경관을 유지하고 어촌의 생활기반시설과 독특한 문화를 보전하고 있는 지역	
	특징	• 지역적 특성을 활용하여 도시와는 다른 체험을 할 수 있는 공간 • 기존시설의 적극 활용 • 주거 및 레저시설을 중심으로 하는 공간	
도서형	위치	도서연안에 위치하여 자연환경이 수려하고 육역에서의 접근이 편리하며 태풍 등의 재해로부터 안전이 확보된 지역	
	특징	• 자연적으로 형성된 공간의 활용 • 자연 위주의 주거, 레저 및 문화 활동을 영위할 수 있는 공간	

출처 : 해양수산부, '미래형 해양복합생활공간 조성방안 연구'

7 해양수산부, '미래형 해양복합생활공간 조성방안 연구', p.52 인용 및 참고.

2) 해변리조트

해변리조트란 일상의 공간을 떠나 해변에서 거주 혹은 체재할 수 있는 생활환경을 갖춘 여가공간을 의미한다. 해변에 장기체재나 단기거주 및 레저활동을 위한 시설들이 편리하게 갖추어진 일종의 레저커뮤니티이다.

최초의 해변리조트는 어촌으로부터 발달하였으며, 심신휴양 및 레크리에이션을 목적으로 바다와 어촌의 물리적, 환경적, 심리적 특성을 적극 활용하는 것이 특성이다.

해변리조트의 유형으로는 도시형 리조트, 단지형 리조트, 단일 시설형 리조트가 있으며, 개발방식으로는 기존 어촌을 리조트로 기능 전환하는 방식과 대규모 인공개발을 통해 새롭게 조성하는 방식이 있다.

해변리조트는 주거 및 숙박시설이 중심이 되어 사계절 고객을 유인할 수 있는 해양레저, 스포츠, 오락, 놀이시설 등이 복합적으로 구성되며 구체적 시설내용은 표 9.5와 같다.

표 9.5 해변리조트 시설구성

시설구분	시설내용
주거·숙박시설	주택, 호텔, 콘도미니엄, 캠프장, 펜션 등
해양위락시설	마리나, 해수욕장, 풀장, 해변공원, 낚시공원 등
주변위락시설	골프, 승마, 테니스, 라켓볼, 유원지 등
관광·문화시설	극장, 음악당, 미술관, 도서관, 박물관, 수족관 등
행정서비스시설	관광안내소, 행정기관, 여행대리점, 교통시설, 탁아소 등
의료·건강시설	병원, 진료소, 요양소 등
상업시설	음식점, 토산품점, 식료품점, 일용잡화점, 고급잡화점 등

출처 : 김성귀, 『해양관광론』, p.352

3) 해안휴양지

해안휴양지는 일정기간 동안 바닷가에서 휴양 목적의 여가활동을 즐길 수 있는 지역을 의미하며, 휴식을 즐길 수 있는 다양한 시설이 갖추어진 체제형 관광지이다. 해안휴양지의 특성으로는 좋은 입지조건을 갖춘 어촌지역에 사람의 정주가 가능한 도시기능과 리조트기능이 일체화한 것으로서, 이용객의 체재를 위한 생활기반시설과 다양한 관광·위락을 위한 시설을 구비하고 있다.

해안휴양지가 들어설 어촌은 도시지역으로부터 양호한 접근성, 온화한 기후조건, 좋은 경관 및 녹지, 요트 및 보트타기에 적합한 수역, 해수욕을 위한 모래사장 등 우수한 자연환경조건이 필요하다.

그림 9.4 해안휴양지

4) 낚시복합타운[8]

어촌에 낚시복합타운을 개발하는 목적은 낚시를 통한 귀어·귀촌 활성화, 어촌 지역경제 활성화, 어촌의 접근성·편의시설 등 생활여건의 개선 등을 들 수 있다. 낚시복합타운의 특성은 낚시를 중심으로 보고, 먹고, 즐기는 공간이 복합적으로 조성된 것으로서, 낚시인이 많이 방문하는 지역에 입지하며, 지역의 수산물판매장 및 인근 관광지와 연계하여 운영된다.

낚시복합타운을 구성하는 주요 시설내용을 살펴보면 다음과 같다.

① 낚시백화점 : 입출항 신고소, 낚시점포, 편의점, 식당, 숙박업소 등
② 편의시설 : 낚시어선 집하장, 낚시용 레저보트 보관시설 등
③ 체험시설 : 해상가두리 낚시체험장, 어린이 바다 체험장 등
④ 가족여가시설 : 가족 캠핑촌, 해상펜션, 해상공원 등

5) 해상낚시공원[9]

해상낚시공원은 그 의미가 명확하게 규정된 것은 없으나, 편안하고 안전하게 바다낚시활동을 할 수 있도록 조성한 낚시전용공간을 의미한다. 해상낚시공원은 갯바위낚시 및 선상낚시가 가지는 위험성, 번거로움, 해양오염 가능성 등의 단점을 보완하고, 전문낚시인뿐만 아니라 일반인도 쉽게 즐길 수 있는 낚시환경을 조성하고자 한다.

실례로서 경기도에서는 해양복합낚시공원[10]을 조성하여 경기도 연안에 특색 있는 관광상품을 개발하고 어촌관광 활성화 및 어업인 소득증대에 기여하고자 한다. 해양복합낚시공원의 구

---

8 해양수산부, '낚시진흥기본계획', pp.26~27 참고.
9 무안군, '해상낚시공원 조성계획 최종보고서', p.49 참고.
10 경기도, '경기도 해양수산중장기 발전방안 연구', p.226 참고.

체적인 시설구성은 다음과 같다.

① 유어장 내에 설치하며 낚시시설과 자연환경 감상시설로 구성
② 낚시시설 : 부잔교낚시터, 해상콘도식낚시터, 수상가옥 등
③ 자연환경 감상시설 : 수상데크, 쉼터정자 등

그림 9.5 해상낚시공원

6) 어촌복합생활공간[11]

어촌복합생활공간은 도시 사람들이 들어와 어촌에서 생활과 여가를 즐기도록 조성한 공간으로 도시에서 부족한 생활공간을 어촌에서 제공하며 바다경관이나 바다에서의 활동을 즐길 수 있도록 만든 생활공간을 의미한다. 즉, 도시를 떠나 바닷가에서 새로운 경제생활을 영위하면서 살아갈 수 있는 공간이다.

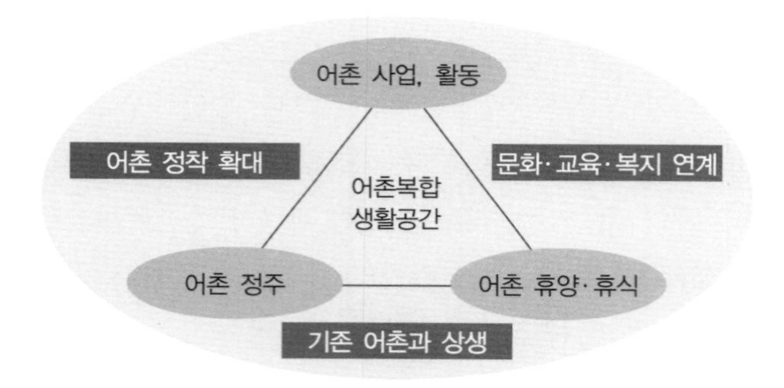

그림 9.6 어촌복합생활공간 개념도

출처 : 김성귀 외, '어촌복합생활공간 기본구상을 위한 연구'

11 김성귀 외, '어촌복합생활공간 기본구상을 위한 연구' 참조.

어촌복합생활공간의 유형에는 정주 혹은 체재의 특성을 고려하여 표 9.6과 같이 상시적인 주거를 위한 정주형과 휴양 목적의 일시적인 체재형으로 구분할 수 있다.

표 9.6 어촌복합생활공간의 유형

구분			개념
유형		예	
정주형	은퇴자형	요양지 취미농 은퇴노후생활	• 퇴직 후 어촌으로 이주하여 여유롭고 전원적인 생활을 즐김 • 건강상의 요양 및 취미농을 위한 고령자 이주
	도시 통근형	전원주택단지 도시근교 소규모 마을 공간 활용 전원주택	• 도시와 가까운 어촌지역에 거주하면서 도시로 출퇴근하는 생활 유형
	취업형	농·림·어업 기타 지역산업 도시 기업 이주	• 어촌으로 이주하여 실제로 어업 등의 지역산업에 종사 • 기업의 지방이주로 인한 어촌 이주
	업무 정주형	집필촌 예술촌 교육촌	• 예술가, 작가 등의 창작환경을 고려하여 어촌지역에 거주 • 대안적 교육환경 조성을 위한 어촌지역 이주
체재형	여가형	주말농장 별장 세컨드하우스 휴양단지	• 평일에는 도시에서 생활하다가 주말에 어촌지역에서 휴식
	업무 체재형	주말 소호 펜션임대업	• 펜션 임대사업 등을 위해 도시와 어촌을 오감 • 제한적으로 주말에만 어촌에서 소호활동을 하는 유형

출처 : 김성귀 외, '어촌복합생활공간 기본구상을 위한 연구'

9.3 어촌·어항의 개발사업

9.3.1 관련 계획

정부에서는 어촌·어항 개발과 관련하여 다양한 사업계획을 수립하고 있다. 이 계획들은 어촌·어항개발의 근거가 되며 방향을 제시하는 것으로서 이 가운데 중요한 계획들을 살펴보면 다음과 같다.

1) 제2차 해양수산발전기본계획(2011~2020년)

이 계획에서는 어촌에서 미래형 고품격 해양문화관광을 육성하고 추진하기 위해 다음 사항들을 포함하고 있다.

① 해수욕 및 바다낚시의 고품격화
② 안전하고 쾌적한 바다낚시공원 조성
③ 어린이를 동반한 가족단위 휴양공간 조성
④ 해상낚시공원, 부유식 낚시시설 등 특화시설 개발
⑤ 다양한 레저 선박 및 기구를 활용한 해양레저 활성화
⑥ 모터보트, 세일링 요트, 슈퍼요트 등 이용 활성화

2) 제2차 해양관광진흥기본계획(2012~2023년)

해양관광진흥기본계획에는 다음과 같은 사항이 계획되어 있다.

① 해양레저·관광 지역 특화 시설사업

해양자원 활용 및 새로운 관광수요 창출을 위하여 해양레저복합공간, 마리나, 친수공원, 낚시공원 등 지역 특성에 부합하는 해양관광시설 조성사업 지속 지원(매년 20~30개소)

표 9.7 해양레저·관광시설 요구사항

구분 \ 지자체	총계	부산	인천	울산	경기	강원	충남	전북	전남	경북	경남	제주
총계	171	8	7	3	9	18	11	4	38	17	41	15
낚시공원	6	–	–	–	–	–	1	–	2	–	2	1
해중공원	3	1	–	–	–	–	–	–	–	1	1	–
친수공원	25	2	2	–	–	7	2	–	3	1	6	2
마리나시설	29	–	–	–	2	–	4	–	8	1	9	5
해양레저시설	36	–	–	1	1	5	1	–	12	6	8	2
경관개선	13	2	1	1	–	2	–	1	1	2	2	1
이용시설개선	4	1	–	–	–	2	–	–	–	–	1	–
체험 등 복합타운	25	–	1	1	3	–	–	1	7	5	4	3
생태관광시설	4	–	1	–	–	1	–	–	2	–	–	–
섬 관광 콘텐츠	11	–	1	–	1	–	2	–	3	–	3	1
기타	15	2	1	–	2	1	1	2	–	1	5	–

주) 2013.7.9~8.16간 실시한 시·도별 시설사업 수요조사 결과

출처 : 해양수산부, '제2차 해양관광진흥기본계획', p.33

② 테마형 관광어항 정비사업

- 해양레저, 어업체험(낚시, 스킨스쿠버, 요트, 어촌체험 등) 등 지역여건을 고려하여 레저·관광 중심의 테마형 관광어항 조성
- 국가어항 레저관광 개발계획 및 기존 어항시설을 활용한 해양관광 활성화 방안 : 지역특성에 맞는 특화어항 10개 항(복합형 3개, 피셔리나형 5개, 낚시 관광형 1개, 자원조성형 1개) 개발 추진(2014~2018년)

③ 레저낚시의 대중화 기반 조성

- 낚시터 환경개선 사업을 통해 안전하고 깨끗한 낚시공간을 조성하여 자원 감소·환경오염·안전사고 방지
- 편의 및 안전시설의 구축, 안전사고 방지대책 수립 등 평가를 통해 우수낚시터 지정(2020년까지 매년 10개소), 홍보 및 예산지원

④ 어촌체험마을 확대 조성

염전, 갯벌어로 등 어촌문화체험에 대한 수요가 지속 증가할 것으로 전망됨에 따라 어촌체험마을을 확충하여 2013년 104개소에서 2023년 134개소로 확대

⑤ 어촌관광 서비스 품질 제고

- 수산물 축제와 연계하거나, 수산물 가공·유통과정 체험 등 이벤트 개최를 통해 관심을 유도하고 지역경제 활성화에 기여, 어항 내 친수시설, 낚시공원 등 관광기능을 강화
- 어촌자원복합산업화사업 : 생태공원, 경관시설, 편의시설, 체험시설 등을 조성하여 다기능어항을 2013년 13개소에서 2023년 22개소로 개발
- 어촌 고유의 생태·자연·문화자원을 관광객에게 안내하는 '바다해설사' 지속 육성 및 활동기회 확대(2013년 30명에서 2018년 150명으로 확대하고 2023년에는 350명으로 확충)

⑥ 수산물 먹거리 관광의 활성화

어촌체험마을과 연계한 수산물 요리교실 운영 등을 통해 해양음식관광 유도

3) 제2차 어촌어항발전기본계획(중기 2014~2018년, 장기 2019~2030년)

이 계획은 수산업의 미래를 선도하는 창조어촌을 위해 살고 싶은 부유한 어촌 키우기 및 가치있고 안전한 어항 만들기를 목표로 4대 추진전략과 12대 정책과제를 마련하고 있다.

어촌정책은 크게 소득창출을 통한 부유한 어촌 조성과 지속발전 가능한 어촌 구현의 두 축으로 나뉘어, 어촌지역의 경쟁력 강화와 지속 가능한 발전을 위한 전략을 제시하고 있다.

소득창출로 부유한 어촌 조성을 위한 정책과제는 융·복합어촌 추진, 어촌관광활성화, 어촌산업 경영활성화로 세분화되며, 지속발전 가능한 어촌 구현은 도시·어촌 상생 강화, 어촌복지환경 개선, 어촌경영 안정화로 구성된다.

어항의 창조적 활용계획은 어항기능을 사실상 상실한 어항의 경우, 민간매각 등을 통해 새로운 비즈니스 모델을 창출하거나 어항구역 내 유휴공간을 활용하여 창조적인 활용방안을 마련함으로써 어촌경제에 활력소가 될 수 있도록 하는 계획이다.

어촌관광활성화계획은 기존 어촌체험마을 조성사업의 문제점을 개선하고 해중레저거점마을 조성, 문화어촌 구축, 아름다운 어촌가꾸기(경관사업), 어촌특화민박 조성 등 도시민과 관광객의 수요를 최대한 흡수하여 다양한 어촌관광활동이 이루어질 수 있도록 기반을 마련하는 것이다.

2018년까지 총 900억 원을 지원하여 해양레저마을 3곳을 조성하여 요트가 정박할 수 있는 마리나 시설과 낚시터, 갤러리와 쇼핑센터 등 다양한 관광시설이 들어설 수 있도록 할 계획이다.

기존에 운영하고 있던 어촌체험마을은 2018년까지 34곳을 추가 지정하고 어촌의 폐교나 빈집을 활용해 예술인에게 창작공간을 제공하는 문화어촌 조성 계획을 2015년부터 추진한다.

4) 제3차 도서종합개발계획(2008-2017년)[12]

도서종합개발계획은 「도서개발촉진법」 제6조에 근거한 10년 단위 법정계획으로 도서지역의 기초생활 및 소득기반 조성을 목적으로 하고 있다. 제3차 도서종합개발계획은 도서의 특성을 고려한 유형화·특성화로 '매력 있고 살기 좋은 섬' 조성을 목표로 한다. 구체적으로는 도서를 관광자원형, 문화유적형, 농업자원형, 수산자원형, 체험관광형으로 세분화하고 이에 따라 도서를 지역별로 특성화하여 개발함으로써 섬 주민의 소득향상에 기여하고자 한다.

9.3.2 개발사업

어촌 인구가 고령화되고 어촌이 황폐화되고 있는 상황에서 국가나 지방자치단체는 어촌경제를 활성화하고, 어촌에 사람, 특히 젊은이들이 돌아오기를 바라는 목적으로 다양한 어촌·어항 개발사업을 진행하고 있다. 다음에는 이러한 개발사업 가운데 중요한 것을 살펴본다.

12 해양수산부, '제2차 어촌어항발전기본계획', p.106 참고.

1) 연안바다목장사업

연안해역에 인공적으로 바다목장을 조성하여 수산생물의 생태환경을 조성하고, 생태계를 고려한 체계적이고 다양한 관리를 통하여 연안의 수산자원을 회복·증강시켜 풍요로운 어촌을 만드는 사업이다. 연안바다목장사업은 「수산자원관리법」에서 정한 수산자원조성사업을 근거로 하여 2020년까지 50개소를 조성할 계획이다.

그림 9.7 통영해역 바다목장사업

출처 : 해양수산부 홈페이지

2) 해중레저거점마을사업

해중레저거점마을사업은 해중레저관광의 수요가 늘어나면서 해중레저활동의 지원을 위한 거점마을을 조성하는 사업이다. 해양수산부는 울진 오산항 잠수센터, 울진 직산항 일원 바다목장교육관 등을 조성하고, 강릉시는 해중공원을 추진하며, 울릉군은 해중전망대를 조성하고 있으며 이밖에도 전국적으로 스킨스쿠버 어촌체험마을 14개소 등이 추진되고 있다.

특히 강릉 해중공원 시범사업이 본격 추진되며 바다숲 조성 등 해중레저의 기반이 되는 해중경관조성사업이 2013년부터 본격화되었다. 해중레저거점마을은 공공영역의 기반시설 구축과 민간부문의 수익사업을 연계하여 개발함으로써 상호 시너지 효과를 얻고 있다.

인공어초, 해중전망대, 안내센터(교육장) 등 공공시설은 해양수산부와 지자체에서 기반을 마련하고, 쇼핑몰, 갤러리, 낚시터 등을 대상으로 민간투자를 통해 집객력을 높이며, 어촌은 수산물판매, 식당, 펜션 등 어촌비즈니스로 다양한 소득을 얻도록 하고 있다.

그림 9.8 해중레저거점마을 조성사업 개념도

출처 : 해양수산부, '제2차 어촌어항발전기본계획', p.263

3) 다기능어항개발사업

다기능어항개발사업이란 기존 어항에 관광기능 등 다양한 기능을 부가하여 어항의 부가가치를 높이는 사업으로서, 2013년 말까지 전체 국가어항 109개 중 13개 시범사업을 정하고 11개소에서 사업을 완료하였으며 향후 확대 방안을 마련 중에 있다.

특히 2013년 말 기준으로 국가어항 내 관광기반시설 확충을 위한 어촌관광단지개발사업 25개소 중 13개소가 개발을 완료하였으며, 해양레저 활동에 대한 국민적 관심 및 어항의 다양한 기능 요구가 증가하고 있어 다기능어항 수요가 늘어나고 있는 상황이다.

어항을 찾는 관광객은 점차 증가하고 있는데, 2013년에 어항에서 개최된 지역 축제로 인한 방문객은 250만 명이고 이로 인한 매출액은 600억에 달하고 있다. 또한 체험형 관광으로 관광패턴이 변화함에 따라 어항에 마리나 항 및 바다낚시 체험시설의 수요가 증가하고 있다.

이와 같이 어항의 방문객 증가, 관광·레저 활성화에 의한 어촌 소득증대를 위해 어항의 개발여건을 복합형, 자원조성형, 피셔리나형, 낚시관광형으로 구분하여 이에 따른 다기능어항을 개발하고 있다.

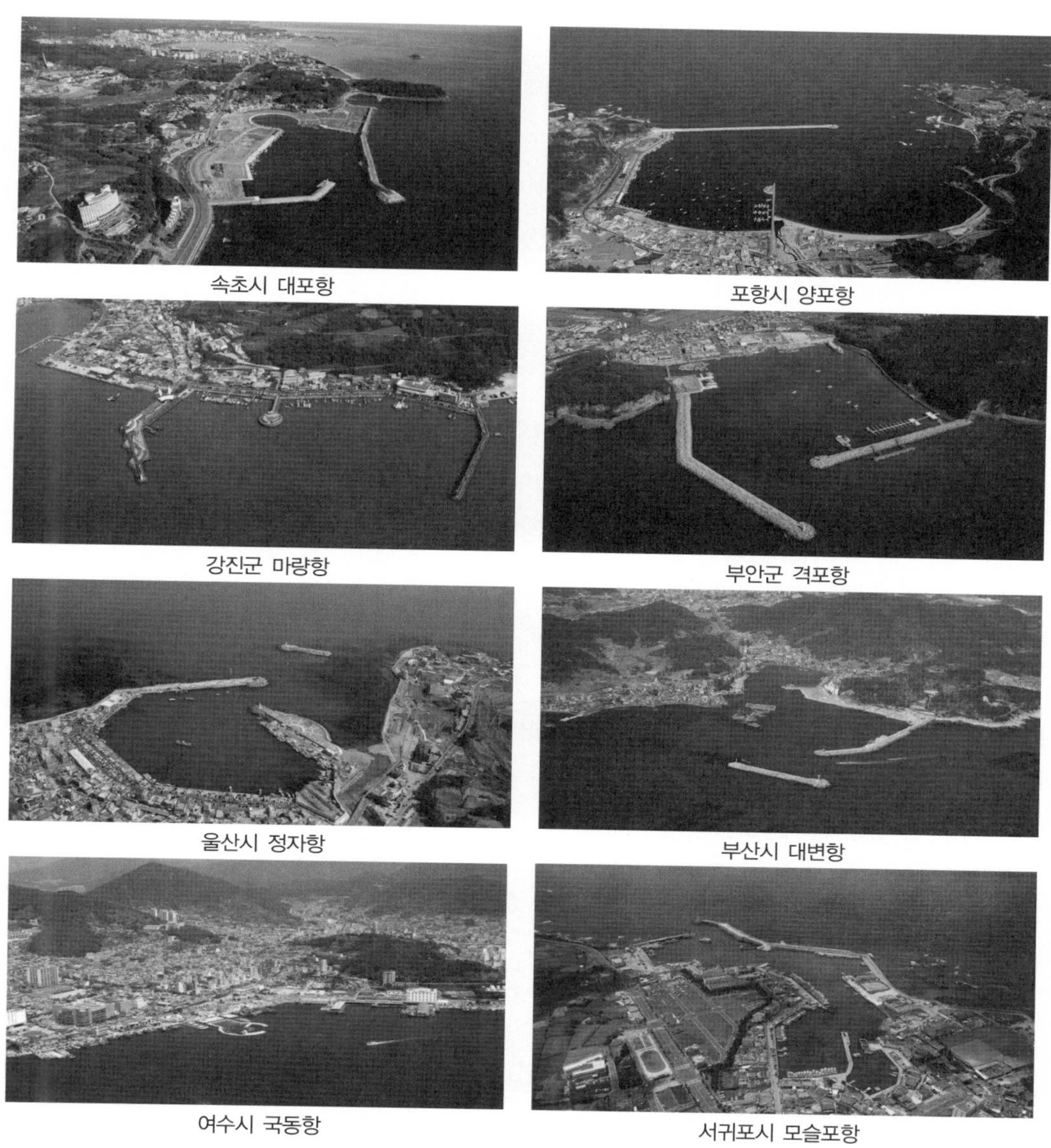

그림 9.9 다기능어항 개발사례

출처 : 한국어촌어항협회, 『어항개발 50년 : 대한민국 해양시대 어항 반세기』, pp.164~314

4) 어촌체험마을사업

어촌체험마을사업은 도시민들이 어촌에서 고유의 문화와 자연환경을 다양하게 체험하도록 어촌을 정비하여 도시민에게는 건전한 휴식과 여가를 즐기게 하고 어촌에는 활력을 불어넣기 위한 사업이다.

해양수산부에서는 2003년 10개소이던 어촌체험마을을 2013년 말 기준 104개소로 확대하여 운영 중에 있다. 10년 이상(2001~2003년에 조성된 28개소)된 어촌체험마을과 노후화된 체험마을시설을 대상으로 체험객들의 안전·위생 보장을 위해 체험마을 재생사업이 필요하게 되었다. 따라서 어촌체험마을의 운영실태평가를 통해 2013년 기준 21개소를 퇴출마을로 선정하고 이들의 사업의지, 수요 등을 검토하여 회생프로그램인 어촌체험마을 고도화사업을 시행하고 있다.

한편 어촌체험마을 발전대책수립 연구에서 조사한 결과를 보면, 어촌체험마을에 대한 장기적인 수요로서 351만 명의 초과수요가 발생하여 340개소가 더 필요한 것으로 추정되고 있다.[13]

5) 어촌종합개발사업

어촌종합개발사업은 UR(우루과이라운드) 이후 어촌의 경쟁력 강화를 위해 낙후된 어촌의 생산기반 조성, 소득 증대, 생활환경 개선과 정주여건 확립 등 복합적인 목적 달성을 위하여 1994년부터 시행하고 있으며 사업내용은 표 9.8과 같다. 어촌종합개발사업으로 82개 권역이 개발되었으나 2010년부터 지자체 자율편성사업으로 전환되면서 사업추진이 지연되고 있다.

표 9.8 어촌종합개발사업

구분	내용
사업 목적	수산업 소득기반 조성 및 주거환경개선으로 어업인의 삶의 질 향상
사업 기간	1994~2013년
사업 주체	시장, 군수, 구청장
사업 규모	총 232개 권역(어촌복합생활공간조성 시범사업 2개소 포함)
재원	균특회계
지원 조건	국비 70%, 지방비 25%, 자부담 5%
지원 한도액	대권역 50억 이내, 중권역 40억 이내, 소권역 30억 이내
총사업비/'08까지 투자액	8,795억 원 / 6007억 원

출처 : 윤상헌 외, '지속발전 가능한 어촌·어항개발 및 공사의 역할'

6) 낚시공원사업

정부는 「낚시관리 및 육성법」에 따라 「낚시진흥기본계획」을 수립하고 낚시터 환경개선, 용품시장 확대, 낚시업자 전문교육 등의 계획을 마련하였다. 또한 건전한 낚시문화를 조성하고 수산자원을 보호하며, 낚시 관련 산업 및 어촌의 발전과 국민의 삶의 질 향상에 이바지하는 것을 목적으로 「낚시진흥기본계획」에 의해 낚시공원사업을 추진 중에 있다. 이 사업에서는 현재 낚시터·유어

13 해양수산부, '제2차 어촌어항발전기본계획', p.175 인용.

장이 경상남도에 44.4%, 수상레저사업장은 강원도와 경상남도에 68%가 분포되어 지역적 편중이 심각하므로 이를 해소하는 방안도 포함되었다.

7) 어촌자원복합산업화사업[14]

이 사업은 어촌의 다양한 자원을 기반으로 1차·2차·3차 산업의 복합화를 촉진하고 창업 및 기업유치를 활성화함으로써 지역의 경제활동 다각화와 소득·고용기회 증대를 목표로 한다. 어촌자원복합산업화사업에는 어촌산업 발전을 위한 핵심주체 양성, 지역발전체계 구축, 지역 부존자원의 발굴 및 산업화에 필요한 지역 R&D 기반구축 등이 포함된다.

또한 수산업, 향토식품·특산품 가공 등 어촌형 제조업 육성 및 기업투자 유치, 어촌 체험·휴양서비스 및 도·농교류 활성화 기반구축사업을 포함하며 이 밖에도 체험·휴양마을 조성 및 체험휴양 프로그램 운영, 어촌 테마공원 등 거점 체험·휴양기반 구축, 지역단위 체험·휴양 패키지 프로그램 개발 및 마케팅, 어촌 관광·프로그램 전문가 육성 및 전문가 컨설팅 지원 등 사업이 들어 있다.

8) 어촌특화민박조성사업[15]

어촌관광이 단순 경유형에서 체류형으로 변화하기 위해서는 숙박문제의 선결이 필요하다. 해양관광수요는 지속적으로 증가하고 있으나 수요에 대응한 숙박시설은 여전히 부족한 실정이다. 예를 들어 어촌지역 숙박시설(민박+펜션)은 2012년을 기준으로 1,431가구로서 농촌지역 숙박시설 4,158가구의 34% 수준밖에 되지 않고 있다.

따라서 어촌관광의 수요에 맞는 안정적 숙박시설을 공급하기 위한 어촌특화민박조성사업은 현대화된 어촌민박을 위한 융자지원, 서비스 교육, 예약 및 결재 시스템 구축 등을 포함하고 있다. 또한 어촌지역의 폐교가 증가하고 있으므로 이에 대한 활용방안으로서 단체 인원수용이 가능한 양질의 중저가 숙박시설로 개발하며 개인사업자가 아닌 어촌 공동체 구성원에 의한 어촌민박사업을 추진하는 사업도 포함한다.

한편 어촌체험(갯벌, 어선어업체험, 낚시 등)과 어촌문화를 자연스럽게 느낄 수 있는 체계를 마련하고 숙박시설과 체험프로그램이 결합된 자연친화형, 교육체험형 숙박휴양모델을 개발하는 사업도 추진하고 있다.

14 해양수산부, '2014년도 해양수산사업시행지침서', III. 수산 분야 참고.

15 해양수산부, '제2차 어촌어항발전기본계획', pp.277~278 인용.

9) 어항개발사업[16]

어항개발사업은 다기능어항의 개발을 목표로 하는데, 사업의 종류에는 표 9.9에서와 같이 어항기본사업, 어항정비사업, 어항환경개선사업이 있다. 어항개발사업의 추진현황을 살펴보면 2010년 현재 국가어항 110개를 지정하여 개발 중이며, 지방어항은 2011년 말 현재 285개를 지정하여 개발 중에 있다. 또 어촌정주어항은 2010년 말 현재 576개가 지정되어 있다.

표 9.9 어항개발사업

구분	내용
어항기본사업	종합적이고 기본적인 어항시설의 신설 및 이에 부수되는 준설·매립 등의 사업
어항정비사업	어항시설의 변경·보수·보강·이전·확장 및 이에 부수되는 준설·매립 등의 사업
어항환경개선사업	어항정화 및 어촌관광 활성화를 위한 어항환경개선사업

출처 : 윤상헌 외, '지속발전 가능한 어촌·어항개발 및 공사의 역할'

9.4 어촌·어항의 개발사례

앞에서 살펴본 어촌·어항의 개발계획과 사업을 통해 그동안 다양한 형태의 어촌·어항이 개발되었으며, 여기서는 그 가운데 대표적인 사례로서 다기능어항과 바다낚시공원의 개발사례를 검토한다.

9.4.1 다기능어항

다기능어항은 증가하는 관광객 수요에 대비하고 지역주민의 생활 편익을 제공할 목적으로 어항기능의 다양화를 통해 기존 수산업을 비롯하여 해양관광, 유통 등 복합적인 기능을 수행할 수 있는 어항을 의미한다. 다기능어항과 이와 비슷한 개념의 어촌·어항복합공간의 차이점을 살펴보면 표 9.10과 같다.

16 윤상헌 외, '지속발전 가능한 어촌·어항개발 및 공사의 역할' 참고.

표 9.10 다기능어항 개요

구분	어촌·어항복합공간	다기능어항
개념	기존어항·어촌+관광기능	기존어항+관광기능
대상지역	배후어촌과 연계가 가능한 국가어항	배후에 어촌이 없어 연계가 곤란한 국가·지방어항
사업규모	7개소(2004.12.15. 선정) • 어유정항(인천 강화군) • 정자항(울산 북구) • 강릉항(강원 강릉) • 마량항(전남 강진) • 양포항(경북 포항) • 맥전포항(경북 고성) • 모슬포항(제주 남제주)	6개소(2004.10.25. 선정) • 대변항(부산 기장) • 대포항(강원 속초) • 홍원항(충남 서천) • 국동항(전남 여수) • 격포항(전북 부안) • 지세포항(경남 거제)
사업기간	2004~2013년(10개년)	2004~2013년(10개년)
사업비	(1개 항당) 100억 원	(1개 항당) 500억 원(민자 200억 원 포함)

다음에서는 현재 개발이 진행 중이거나 개발이 끝난 다기능어항의 개발 사례 중 대표적인 것을 살펴본다.

1) 홍원항

충남 서천군에 위치한 홍원항은 2004년 다기능어항으로 지정된 이후 2005년 기본설계 및 2006년 실시설계를 마치고 2009년에 다기능어항으로 개발되었다. 홍원항 다기능어항의 총 시설규모는 총 69,973m^{2}로서 기본시설 2,750m^2, 공공시설 34,500m^2, 그리고 어항편익시설 32,723m^{2}이다.

(a) 전망데크

(b) 낚시공원

그림 9.10 홍원항 다기능어항

홍원항 다기능어항은 정부투자에 의한 기반시설 조성 후 민자투자를 통해 상업 및 부대시설을 조성하기로 계획되어 있다. 정부투자에 의한 시설물은 주차장, 부잔교, 친수시설, 생태학습장, 갯바위 생태체험장, 전망데크 등 공공시설물과 기본시설이며, 민자투자에 의한 시설물은 숙박시설, 번지점프장 및 휴게실, 다이빙 공간 및 수상카페 등 수익창출의 목적을 가진 상업시설에 한정되었다.

홍원항은 정부투자 및 민간투자를 통해 다기능어항을 개발하려는 대표적인 사례로서 현재에는 기본시설과 전망데크 등 공공시설이 정비되어 있고 바다낚시공원도 조성되어 있다.

2) 격포항

전라북도 부안군에 위치한 격포항은 2004년 다기능어항으로 지정되어 2005년 격포 다기능어항 기본설계용역이 완료된 후 2007년부터 본격적인 개발 사업이 진행되었다. 계획안에서는 기존 어항시설 중 일부 기능을 축소하고, 기 개발지역에는 먹거리촌 개발계획을 수립하였다.

격포항 다기능어항시설은 크게 어항시설과 배후부지 이용시설로 구분된다. 총 개발규모는 86,098m^{2}로서 이 가운데 어항시설의 개발규모는 13,872m^{2}이며 기본시설, 기능시설, 보급시설, 복지시설 및 기타시설로 구성된다. 배후부지 이용시설의 규모는 72,843m^{2}로서 문화시설, 상업시설, 관광시설 및 공공시설로 구성된다.

격포항 다기능어항은 낚시관광형 다기능어항으로 국비 20억 원을 들여 2012년에 공사 완료되었으며, 시설구성으로는 낚시잔교, 해안산책로, 수산물판매장, 회센터, 요트계류장 등으로 구성되었다.

격포항 다기능어항의 관리는 부안수협 및 격포어촌계가 주체가 되어 운영하고 있으며, 관광객은 주로 가족단위, 단체 관광객, 친구 등으로 구성되고 연간 약 12만 명(하루 평균 320명)이 찾고 있다.

그림 9.11 격포항 다기능어항

3) 지세포항

경상남도 거제시 지세포항 다기능어항 개발 목적은 해양레저 및 휴양의 기능을 갖춘 어항으로 개발하여, 어촌지역의 활성화를 도모하고 향후 지역특성에 맞는 복합기능의 어항을 건설하는 것이다.

지세포항 다기능어항은 크게 해양레포츠지구, 육상어항기능지구 및 낚시테마공원지구로 구분되며 전체 개발면적은 93,845m^{2}이다. 해양레포츠지구는 59,425m^{2}로서 전체의 63.3%를 차지하며 관광시설, 상업시설, 문화시설 및 공공시설로 구성된다. 육상어항기능지구는 23,625m^{2}이며 전체의 25.2%를 차지하고 어항시설, 보급시설, 복지시설 및 공공시설로 구성된다. 낚시테마공원지구는 10,795m^{2}로서 전체의 11.5%를 차지하며 관광시설, 문화시설 및 공공시설로 구성된다.

현재 지세포항 다기능어항의 개발 진행은 미흡한 상태이고, 지세포항에는 2013년에 지상 4층 규모의 거제요트학교 건물이 준공되었으며 2014년에 돌고래 체험장인 돌핀파크가 개관하였다.

그림 9.12 지세포항 다기능어항

4) 대변항

부산의 대변항 다기능어항 개발은 수산물 생산 및 판매를 중심으로 한 어항 개발과 함께 주변 관광지와 연계된 거점 해양관광지의 개발을 목적으로 한다. 대변항 다기능어항의 기본설계에는 어항시설, 상업시설, 문화체육시설, 관광휴게시설 및 공공시설이 계획되어 있으며, 총 계획면적은 129,806m^{2}이나 실제 개발면적은 119,720m^{2}이다.

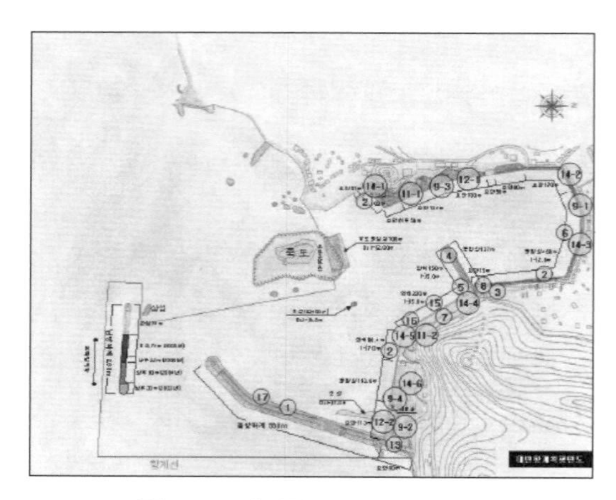

그림 9.13 대변항 다기능어항계획도

출처 : 해양수산부, '대변항 다기능어항 기본설계용역 보고서'

5) 대포항

강원도 속초시에 위치하고 있는 대포항은 국가어항으로서 수산물의 집산지이자 설악산 관광 명소에 위치하고 있는 어항이다. 다기능어항 개발 이전에 대포항은 어선 166척이 이용하였으나 배후부지가 적은 데다 연간 200만 명 이상의 관광객이 방문하여 대포항 정비계획을 수립하게 되었다.

대포항은 새로운 어항개발 모델인 다기능어항 개발의 첫 번째 사례이며 민자유치를 통해 개발하였다는 점에서 큰 시사점이 있다. 대포항 개발은 1997년 정비기본계획을 수립하였으나 사업이 지연되다가 2002년 12월 해양수산부와 속초시 간에 대포항을 다기능어항으로 개발하려는 개발기본협약을 체결하면서 본격화되었다.

그림 9.14 대포항 다기능어항계획도

출처 : 해양수산부, '대변항 다기능 어항 기본설계용역 보고서'

6) 낚시관광형 다기능어항

최근 다기능어항은 세 가지 유형으로 나누어 개발되고 있는데, 첫째, 수산·교통·관광·문화 등 종합적인 기능을 갖춘 복합형과 둘째, 어항 내 유휴공간을 활용하여 낚시와 관광이 가능한 낚시관광형, 셋째, 어업과 해양레저 기능을 즐길 수 있는 피셔리나형이 있다.

낚시관광형 다기능어항에는 능포항(경남 거제시), 위도항(전북 부안군), 안도항(전남 여수시)등 3곳, 피셔리나형 다기능어항은 물건항(경남 남해군), 위미항(제주서귀포)등 2곳, 복합형 다기능어항은 남당항(충남 홍성군), 다대포항(부산 사하구), 욕지항(경남 통영시), 저동항(경북 울릉군), 서망항(전남 진도군) 등 5곳으로 모두 10개 어항이 있다.

이 가운데 낚시관광형 다기능어항이 가장 적극적으로 추진되고 있으며 이들 세군데 어항의 구체적인 개발내용은 그림 9.16과 같다.

(a) 위도항

- (사업위치) 전북 부안군 위도면
- (개발방향) 천혜의 바다낚시터 조건을 구비, 서해안의 낚시특화어항으로 개발
- (시설내용) 낚시잔교, 갯바위낚시테크, 해상낚시콘도, 낚시공원, 낚시종합관, 해양레저파크, 오토캠핑장, 휴양펜션, 파크골프장, 플라워가든 등
- (사업규모) 264억 원(국비 200억+지방비 13억+민자 51억)

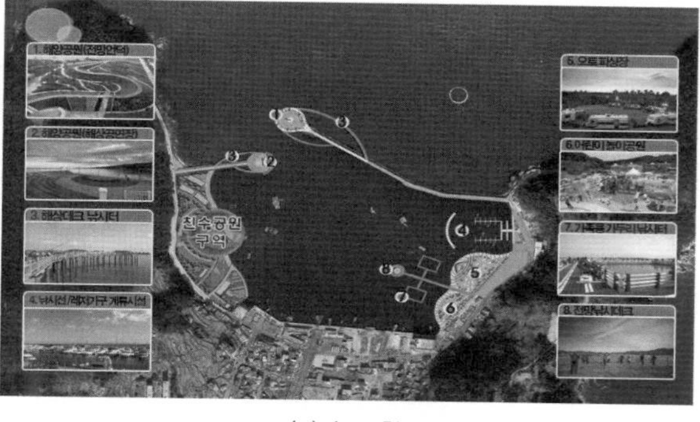

(b) 능포항

- (사업위치) 경남 거제시 능포동
- (개발방향) 자연과 공존하는 아름다운도심형 해양생태 낚시공원형 어항으로 개발
- (시설내용) 해상데크낚시터, 해양공원, 낚시배접안시설, 오토캠핑장, 주차장 및 편익시설 등
- (사업규모) 200억 원(국비 200억)

그림 9.15 낚시관광형 다기능어항

- (사업위치) 전남 여수시 남면
- (개발방향) 전남 바다목장의 중심지로 도서지역 체험형 낚시어항으로 개발
- (시설내용) 낚시어선용 부잔교설치, 낚시휴게소, 체험장, 야영지, 피싱파크, 갯바위낚시터 등
- (사업규모) 200억 원(국비 200억)

(c) 안도항

그림 9.15 낚시관광형 다기능어항(계속)

출처 : 해양수산부 홈페이지

9.4.2 바다낚시공원

우리나라 낚시 인구는 1990년 325만 명에서 2013년 705만 명으로, 지난 23년간 연평균 3.4% 증가하고 전체 규모는 약 2배 증가하였다. 2013년 현재 전국 낚시터는 872개소이며 이 중 바다 낚시터는 27.1%(236개소)이다.

낚시어선업[17]의 2013년 기준 수입은 1,232억 원으로 연평균 20.0% 증가하였으며, 2013년 척당 소득액은 2,800만원을 기록했고 어민들의 주요 어업 외 소득증대 수단 중 하나가 되었다. 낚시어선 이용객수는 2013년 195만 7,000명을 기록했고 최근 10년간 연간 200만 명이 낚시어선을 이용하고 있는 추이를 볼 때 안정적인 고객층이 형성되어 있음을 알 수 있다.

이러한 낚시인구 증가추세에 따라 정부에서는 어촌에 바다낚시공원을 본격적으로 개발하여 지금은 10여 개의 바다낚시공원이 운영 중에 있다. 다음에서는 이들 바다낚시공원 중 대표적인 사례를 살펴본다.

1) 경상남도 사천 비토 해양낚시공원

2010년부터 2014년까지 50억 원(국비 25억 원, 도비 7억 5,000만 원, 시비 17억 5,000만 원)의 사업비를 들여 서포면 비토리 낙지포항과 별학도 연안에 인공낚시터와 낚시 펜션 등 부대시설을 조성하였다.

17 어업인들의 소득증대를 위해 마련된 제도로 10톤 미만의 어선을 이용하여 승객을 낚시장소로 운송하거나 특정 낚시포인트로 이동하여 선상 낚시를 즐길 수 있도록 서비스를 제공하는 서비스업을 말함.

입지현황을 살펴보면 수심이 5m 이상이며 저질은 갯벌지역으로 시공이 용이하고 곤양IC에서 약 13km 거리로서 차량의 접근성이 양호하다. 문화관광의 활성화를 위해 추진 중인 별주부전보 전문학관 조성계획과 연계하여 낚시공원을 조성하였다.

바다낚시공원의 시설물의 구성을 보면, 먼저 길이 231m 해상보행교(연육교)가 별학도에 연결되어 있고 길이 134.4m의 낚시부잔교가 보행테크와 연결되어 있다. 해상에는 낚시펜션 4개가 설치되어 있고, 물속에는 인공어초 170개와 폐어선 2척이 투입되어 있으며, 편의시설로서 쉼터, 낚시안내소, 보행데크 및 휴식공간(파고라), 놀이터 등이 있다.

바다낚시공원의 운영을 보면 시설에 입장하는 모든 사람에 대해 기본입장료가 있고, 낚시이용객은 특별 입장료를 추가하며, 돔형 해상펜션은 어촌계 선박을 이용해 진·출입하게 된다. 관리는 어촌계를 중심으로 전담 체계가 확립되어 있으며, 이와 더불어 낚시공원 이용객과 주민들의 자발적인 참여를 통해 관리하고 있다.

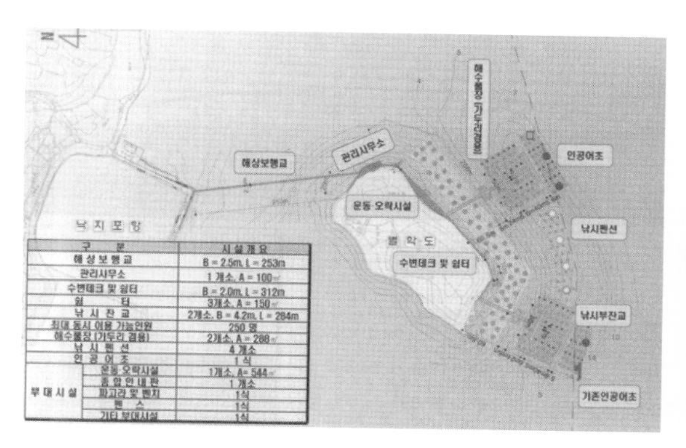

그림 9.16 사천 비토 해양낚시공원

출처 : 뉴스사천

2) 제부도 해양낚시공원

경기도 화성시 서신면 송교리에 위치하는 제부도 해양낚시공원은 경기도가 주체가 되어 사업비 9억 8,000만 원을 들여 2010~2011년에 조성하였다. 제부도 해양낚시공원의 시설은 낚시잔교, 해안산책로, 등대, 어촌체험안내소, 주차장, 공중화장실 등으로 구성되어 있으며 입장료는 무료이다.

제부도 해양낚시공원의 관리운영은 어촌계에 위탁하여 운영하고 있으며 관광객은 주로 가족, 친구, 연인 등으로 구성되고 연간 15만 명 정도 찾고 있다. 제부도 해양낚시공원의 특성으로는 수도권에 위치하여 방문객이 많으며 특히 단체 관광객 비중이 전체의 30% 이상이고 수산물 구매, 시식, 경관감상 등의 활동이 주를 이루고 있다.

그림 9.17 제부도 낚시공원

9.5 어촌·어항의 개발방향

향후 여가문화의 확산에 따라 우리나라 국민들의 국내여행은 지속적으로 증가할 것이며, 특히 해양관광은 표 9.13에서 보면 연평균 약 4.8%의 성장세를 보일 것으로 전망되고 있다.[18]

해양관광의 세부 활동별로는 요트·보트 등 수상레저, 스킨스쿠버 등 해중레저, 크루즈관광 등의 분야가 큰 폭으로 증가할 것으로 예상된다.

표 9.11 해양관광전망 (단위 : 백만 일, %)

구분	2010	2015	2020	2023	증감률
국내여행이동총량	339	554	675	765	3.6
해양관광분야	169	305	406	497	4.8
비중	50	55	60	65	–

주) 증감률은 2010년과 2023년의 23년간 연평균증감률임.

출처 : 한국해양수산개발원, '국민여행실태조사 및 해양관광실태조사'

우리나라 어촌·어항은 이러한 해양관광 증가추세에 맞추어 국민의 해양레저 수요를 충족시킬 수 있는 방향으로 개발이 이루어질 것으로 전망된다. 이런 측면에서 지금까지 추진되어온 다기능어항의 개발이 지속적으로 진행될 것이며, 특히 기존 어항의 보유 자원 및 지역적 특색을 반영하여 어항별로 특성화된 다기능어항 개발이 진행될 것이다.

18 해양관광은 2023년에 국민 국내여행이동총량 대비 65%인 약 5억 일이 될 것으로 예상되고 있음.

어촌의 경우에는 어촌 경제의 활성화 및 어촌으로 젊은이들을 돌아오게 할 목적으로 다양한 어촌개발사업이 진행될 것이며, 이와 함께 도시민들이 어촌의 자연과 문화를 직접 체험할 수 있도록 어촌별로 특화된 체험마을의 조성이 이루어질 것이다.

이러한 어촌·어항의 개발을 위해서는 어촌·어항이 가지고 있는 자연자원과 문화자원을 활용하여 복합다기능으로 개발할 필요가 있으며, 더욱이 다양한 자원의 융·복합을 꾀하고 시설 및 콘텐츠의 강화를 추진할 필요가 있다.

또한 자원에 따라 어촌·어항을 유형화·특성화하여 차별화된 개발이 필요하며, 실질적인 어촌의 수익 창출을 위해 어촌 주민이 직접 필요로 하고 참여할 수 있는 사업과 프로그램을 개발해야 한다.

특히 낙후되고 고령화된 어촌과 도서지역의 생활환경과 접근성을 강화하고, 귀어 촉진 대책 등을 통해 도시의 은퇴자나 젊은이들이 어촌으로 유입될 수 있도록 해야 하며, 지역 전문가, 기업, 공무원, 주민 등 관계자들이 참여하여 어촌·어항의 비전과 계획을 만들어 스스로 실천해 갈 수 있는 능력을 갖추도록 해야 할 것이다.

한편 어촌·어항의 자원은 해역별 혹은 지역별로 편중이 큰 것을 고려하여 국가적으로 종합적 계획수립을 통해 이를 극복할 필요가 있다. 그리고 어촌·어항 개발로 인해 어촌 고유의 자연환경과 문화를 훼손하는 일이 없어야 하고, 모든 개발은 어촌다움을 유지하고 어촌 주민들의 커뮤니티를 강화하는 방향으로 진행되어야 한다.

참고문헌

[국내문헌]

- 건설교통부, 보도 설치 및 관리지침, 2007.5
- 경기도, 경기도 해양수산중장기 발전방안 연구, 2012
- 국토개발연구원, 도시 스마트성장 평가방식을 활용한 친수공간 계획체제의 합리적 구축 및 관리방안 연구, 2011
- 국토해양부, 마리나 항만개발 활성화 방안수립 용역 보고서, 2009
- 국토해양부, 해일피해예측 정밀격자 수치모델 구축 및 설계해면추산 연구, 2010
- 국토해양부, 기후변화에 따른 항만구역내 재해취약지구 정비계획, 2011
- 국토해양부, 제1차 항만재개발기본계획 수정계획(2011-2020), 2012.4
- 김기호, 문국현, 『도시의 생명력, 그린웨이』, 렌덤하우스중앙, 2006
- 김남형 · 이한석 역, 『해양성 레크리에이션 시설』, 도서출판 과학기술, 1999
- 김대식, 부산시 어촌 · 어항 개발정책 방향에 관한 연구, 부경대학교 박사학위논문, 2005
- 김성귀, 『해양관광론』, 현학사, 2007
- 김성귀, 홍장원, 다기능 어항에서의 마리나 조성방안 연구, 한국해양수산개발원, 2006
- 김성귀 외, 어촌복합생활공간 기본구상을 위한 연구, 해양수산부, 2007
- 김진현, 홍승용 공편, 『해양21세기』, 나남출판, 1998
- 김춘선 외, 『항만과 도시』, 블루 & 노트, 2013
- 농림수산식품부, 어촌 · 어항 · 어장을 연계한 소득사업 모델 개발 연구, 2012
- 무안군, 해상낚시공원 조성계획 최종보고서, 2008
- 문화체육관광부, 국민여가활동조사, 2012
- 박상우 외, 어촌 그랜드 디자인 개념정립, 한국해양수산개발원, 2014
- 부산광역시, 환경친화적인 연안역 이용과 보전에 관한 사례조사, 2000
- 부산광역시, 부산해역 마리나시설 개발 타당성 보고서, 2010
- VLFS연구회, 해양공간활용기술 국제세미나, 2002
- PMG지식연구소, 『시사상식사전』, 박문각, 2012
- 송화철, 해안지역 건축물의 자연재해 대비 방재대책 연구, 영남시그랜트대학사업단, 2006
- 심미숙, 해수욕장 이용객의 선택속성이 전반적 만족도 및 행동의도에 미치는 영향, 부경대학교 석사학위논문, 2008
- 심우배, 왕광익, 이범현 외 2명 , 재해에 안전한 도시조성을 위한 방재도시계획 수립방안 연구, 국토연구원, 2008

- 오상백, 강영훈, 이한석, 국내 연안도시의 기후변화취약성 평가 연구, 대한건축학회연합논문집, 16권 4호, pp.87-97, 2014.8
- 육근형, 정지호, 안용성, 해수면 상승에 따른 연안 취약성 평가모형 연구, 한국해양수산개발원, 2011
- 윤경철, 『대단한 바다여행』, 푸른길, 2009
- 윤상헌 외, 지속발전 가능한 어촌·어항개발 및 공사의 역할, 농어촌연구원, 2009
- 이상춘, 『관광자원론』, 백산출판사, 2005
- 이승우 외, 어촌관광을 통한 어촌 활성화 방안, 한국해양수산개발원, 2008
- 이정훈, 해수욕장 관리의 개선방안에 관한 연구, 부산대학교 석사학위논문, 2015
- 이한석, 해양레저활동의 기반시설; 마리나계획, 마리나 개발의 녹색 패러다임을 위한 국제 심포지엄, 2010
- 이한석, 『영국의 해변리조트』, 도서출판 전망, 2004
- 이한석, 『영국의 피어건축』, 도서출판 전망, 2005
- 이한석, 해양건축의 입장에서 본 해양공간의 미래, 해양과 문학, 2005년 여름호
- 이한석, 『바닷가 자연경관과 정자건축』, 도서출판 전망, 2006
- 이한석, 이명권, 박건, 부산 워터프런트에서 바다낚시시설계획에 관한 연구, 대한건축학회논문집, 제17권 11호, pp.29-38, 2001
- 이한석·장만붕, 『세계 해양도시의 친수공간』, (사)해양산업발전협의회·한국해양대 국제해양문제연구소, 2007
- 이한석, 현대도시에서 물의 역할과 새로운 활용방안, auri M, winter 2010, vol 2, pp.23-30, 2010
- 이한석, 친수공간으로 거듭나는 수변, 『창조적 도시재생 : 부산 되살리기 이야기』, 부산발전연구원, 2012
- 이한석, 항만의 변화와 항만도시의 재생, 『항만과 도시』, pp201-239, 블루 & 노트, 2013
- 이한석·강영훈, 『해양건축계획』, 문운당, 2014
- 이한석, 정원조, 부산 해안지역 친수공간에 대한 시민의식조사 연구, 2007춘계 한국생태환경건축학회 학술발표대회논문집, pp.179-184, 2007.6
- 이한석, 정원조, 박경일, 부산 해안지역 친수공간현황조사 연구, 2007추계 한국생태환경건축학회 학술발표대회논문집, 2007.11
- 이한석, 도근영, 매립지 워터프론트의 생태/기후환경 조성 및 개선을 위한 기법개발, 부산항 주변 연안역 매립에 따른 환경친화적 해양환경 개선방안 연구보고서, 한국해양대학교 SG연구사업단, 2001. 11
- 전북도민일보, 2012.07.05 기사

- 조광우 등, 해수면 상승에 따른 취약성 분석 및 효과적인 대응 정책수립II – 연안역 범람 평가 및 대응방향, 한국환경정책 · 평가연구원, 2010
- 조홍연, 수변재해의 특성과 최적 방재기법, 한국방재학회지, v7, no2, pp.107-113, 2007
- 지삼업, 『마리나 조성계획과 실제』, 대경북스, 2008
- 최도석 외, 부산의 해양레저스포츠산업 활성화 방안, 부산발전연구원, 2009
- 최도석 외, 부산의 해양관광산업 특화 육성방안, 부산발전연구원, 2011
- 최은순, 마르세이유항의 재개발 -문화복합기능도시의 구상, 해양문화학 4, 2007
- 한국어촌어항협회, 『어항개발 50년 : 대한민국 해양시대 어항 반세기』, 2014
- 한국해양대, 부산 북항 재개발사업 생태도시 구축방안 연구, 2009
- 한국해양수산개발원, 국민여행실태조사 및 해양관광실태조사, 2013
- 한국해양수산개발원, 해양관광실태조사, 2010
- 한국해양연구소, 『해양과학총서2 : 해양과 인간』, 1994
- 해양경찰청, 2013년 해양경찰백서, 2014
- 해양수산부, 해양자원개발 중·장기실천계획, 2000
- 해양수산부, 미래형 해양복합생활공간 조성방안 연구, 2002
- 해양수산부, 해양과학기술개발계획, 2004
- 해양수산부, 대변항 다기능 어항 기본설계용역 보고서, 2005
- 해양수산부, 해양관광 기반시설 조성 연구용역, 2006
- 해양수산부, 제1차 항만재개발기본계획 수정계획, 2012
- 해양수산부, 낚시진흥기본계획, 2013
- 해양수산부, 제2차 해양관광진흥기본계획, 2013
- 해양수산부, 제2차 어촌어항발전기본계획, 2014
- 해양수산부, 2014년도 해양수산사업시행지침서, 2014
- 홍석기, 코발트빛 바다를 품은 프로방스의 항구도시, 마르세유, 『국토』 327, 2009
- 홍성기, CAD를 활용한 연안지역 침수 취약성 대응방안 연구, 한국해양대 석사논문, 2013
- 홍장원 외, 해양레저스포츠 진흥을 위한 정책방향 연구, 해양수산개발원, 2013

[일어문헌]

- 川崎浩司, 『沿岸域工学』, コロナ社, 2013
- 前田久明, 近藤健雄, 增田光一 著, 이명권 · 김봉경 · 이상준 · 김가야 역, 『바다와 해양건축』, 기문당, 2012
- 中村良夫 著, 강영조 역, 『풍경의 쾌락』, 효형출판사, 2007

- 磯部雅彦 編著, 박상길외 역,『워터프런트학 입문』, 부산대학교출판부, 2005
- 伊沢 岬,『海洋空間のデザイン』, 彰國社, 1991
- 鈴木信宏, 류방현 역,『수공간의 연출』, 기문당, 1999
- 横内憲久+워터프론트계획연구회 편저, 이한석 · 도근영 공역,『워터프론트계획』, 도서출판 이집, 2000
- 横内憲久+横内研究室,『ウォーターフロント開発の手法』, 鹿島出版会, 1988
- 横内憲久,『ウォーターフロント 開發と手法』, 東京 : 鹿島出版, 1990
- ダグラス · M · レン著, 横内憲久訳,『都市のウォーターフロント開発』, 鹿島出版会, 1989
- 近藤健雄 著, 이중우, 이명권, 신승호 역,『21세기 해양개발』, 기문당, 1997
- 畔柳昭雄 · 渡辺秀俊,『都市の水辺と人間行動』, 共立出版株式会社, 1999
- 畔柳昭雄＋親水まちづくり研究会編,『東京 ベイサイドアーキテクチュウアガイドブック』, 共立出版, 2002
- 中村茂樹 · 畔柳昭雄 · 石田卓矢,『アジアの水辺空間』, 鹿島出版会, 1999
- 日本建築学会編,『親水空間論』, 技報堂, 2014
- 日本建築學會編, 이한석 · 도근영 · 이명권 역,『해양건축용어사전』, 기문당, 2000
- 日本建築學會,『21世紀空間高度利用のキ-コンセプト』, 1995
- 日本建築学会編,『建築と都市の水環境計画』, 彰國社, 1991
- 日本建築学会,『親水工学試論』, 信山社サイテック, 2002
- 日本沿岸域学会編,『沿岸域環境事典』, 共立出版, 2004
- 日本土木學會編, 배현미 · 김종하 · 김경인 역,『워터프론트의 경관설계』, 보문당, 2001
- 日本海洋開發建設協會 海洋工事技術委員会,『これからの海洋還境づくり』, 山海堂, 1995
- 都市環境研究会,『都市とウォーターフロント』, 都市文化社, 1988
- プロジェクト · フォー · パブリックスペース著, 鈴木俊治外訳,『オープンスペースを魅力にする』, 学芸出版社, 2005
- 水環境創造研究会,『ミチゲーションと第3の国土空間づくり』, 共立出版株式会社, 1998
- 大連東方視野文化傳播公社編輯,『大連ひとり歩き』, 2006
- 横浜市,『横浜市山下ふ頭開発基本計画』, 2015
- 樋口正一郎,『イギリスの水辺都市再生』, 鹿島出版会, 2010
- 나고야항만관리조합, 나고야항경관기본계획, 1998
- 시미즈항관리국, 시미즈항항만색채계획책정조사보고서, 1992

[영어문헌]

- Ann Breen and Dick Rigby, 『The New Waterfront』, Singapore: Thames and Hudson, 1996
- Ann Breen, Dick Rigby, 『Waterfronts: Cities Reclaim Their Edge』, The Waterfront Press, 1997
- Auckland City, Coast to Coast Walkway, 2002
- Brooklyn Greenway Initiative, Regional Plan Association, 『A Planning Primer: Greenways』, 2004
- City of Sydney, Sydney Sculpture Walk, 2001
- Douglas Westwood사, 『WORLD MARINE MARKETS』, 2005
- Haizuang Wang, Preliminary investigation of waterfront redevelopment in Chinese coastal port cities: the case of the eastern Dalian port areas, Journal of Transport Geography 40, 2014, pp.29-42
- IPCC, 제4차 평가보고서, 제5차 평가보고서, 2007, 2014
- IPCC, Climate Change 2007: The Physical Science Basis, 2007
- Laurel Rafferty, Leslie Holst, An Introduction to Urban Waterfront Development, in Bonnie Fisher, etc., 『Remaking the Urban Waterfront』, Urban Land Institute, 2004
- New York City, Department of City Planning, 『MANHATTAN WATERFRONT GREENWAY MASTER PLAN』, 2004. 11
- RIBA, Building Futures, Institution of Civil Engineers, 『Facing up to rising sea-levels: Retreat? Defend? Attack?』, 2010
- RIBA Building Futures, Institution of Civil Engineers, Facing up to rising sea-levels: Retreat? Defend? Attack?, 2010
- Richard Marchall(ed.), 『Waterfronts in Post-industrial Cities』, New York: Spon Press, 2001
- Rinio Bruttomesso, Complexity on the urban waterfront, Richard Marshall(ed.), 『Waterfronts in Post-Industrial Cities』, Spon Press, 2001
- Steven Mikulencak, 『A Planning Primer: Greenways』, The Brooklyn Greenway Initiative and The Regional Plan Association, 2004
- Tom Turner, Greenway planning, design and management, Landscape Information Hub: Greenways, http://dmoz.org/
- Tourism Industry Association New Zealand, Auckland A·Z, 2002
- Waterfront Regeneration Trust, 『Lake Ontario Greenway Strategy』, 1995
- Waterfront Regeneration Trust, 『Design, Signage and Maintenance Guidelines: Waterfront Trail』, 1997

[인터넷]

- http://www.blackhole.on.ca/Greenway.html
- http://waterfronttrail.org/trail-facts.html
- http://www.rpa.org/pdf/greenway.pdf
- http://www.balticseabreeze.org/
- http://www.waterfrontcenter.org/(워터프런트센터)
- http://www.busanpa.com/ (부산항만공사)
- http://terms.naver.com/ (한국학중앙연구원, 한국민족문화대백과)
- http://www.euromediterranee.fr/ (유로메디테라네)
- http://www.mof.go.kr/ (해양수산부)
- http://www.busan.go.kr/ (부산광역시)
- http://www.shimizukou-shikisai.net/ (시미즈항 색채계획추진협의회)
- http://waterjournal.co.kr/ (워터저널)
- http://www.climate.go.kr/index.html (기상청 기후변화정보센터)
- http://rm.samsungfire.com/ (삼성방재연구소)
- http://weekly.donga.com/ (주간동아)
- http://www.scienceall.com/index.sca (한국과학창의재단 사이언스 올)
- http://web.hallym.ac.kr/~physics/course/a2u/earthmoon/japanq.htm (한림대학교)
- http://www.wijngaarden.com/ (Van Wijngaarden Marine Services)
- https://ko.wikipedia.org/ (위키백과)
- https://www.itc.nl/ (ITC: International Institute for Geo-Information Science and Earth Observation)
- https://www.wbdg.org/ (WBDG: Whole Building Design Guide)
- https://www.burnaby.ca/ (City of Burnavy)
- http://www.visitguam.com/listings/Fish-Eye-Marine-Park/ (비지트 괌)
- http://www.jungmunresort.com/ (제주중문관광단지)
- http://kr.oceanpark.com.hk/kr/home/ (홍콩 오션파크)
- http://www.news4000.com/news/ (뉴스사천)
- http://www.coast.kr/(해양수산부 연안포탈)
- http://www.nixe.co.jp/(노보리베츠 마린파크닉스)
- http://www.commons.wikimedia.org/(위키미디아 커먼스)

찾아보기

[ㄱ]

[ㄴ]

[ㄷ]

[ㄹ]

[ㅁ]

[ㅇ]

[기타]

저자 소개

이한석

- 한국해양대학교 해양공간건축학부 교수
- 연세대학교 건축공학전공 공학박사
- 이메일 주소 : hansk@kmou.ac.kr

강영훈

- 한국해양대학교 해양과학기술연구소 연구교수
- 한국해양대학교 해양건축전공 공학박사
- 이메일 주소 : hun0707@kmou.ac.kr

김나영

- 한국해양대학교 국제해양문제연구소 HK연구교수
- 니혼대학(日本大學) 해양건축전공 공학박사
- 이메일 주소 : nykim@kmou.ac.kr

수변공간계획

초판인쇄 2016년 02월 22일
초판발행 2016년 02월 29일

저　　자 이한석, 강영훈, 김나영
펴 낸 이 김성배
펴 낸 곳 도서출판 씨아이알

책임편집 박영지
디 자 인 김진희, 윤미경
제작책임 이헌상

등록번호 제2-3285호
등 록 일 2001년 3월 19일
주　　소 (04626) 서울특별시 중구 필동로8길 43(예장동 1-151)
전화번호 02-2275-8603(대표)
팩스번호 02-2275-8604
홈페이지 www.circom.co.kr

I S B N 979-11-5610-187-1 (93530)
정　　가 20,000원